COCKTAIL CODEX

FUNDAMENTALS · FORMULAS · EVOLUTIONS

鸡尾酒法典

基本原理、公式、配方演变

〔美〕亚历克斯·戴　〔美〕尼克·福查德　〔美〕大卫·卡普兰◎著

舒　宓◎译　摸灯醉叔叔◎审订

北京科学技术出版社

著作权合同登记号　图字：01-2020-4265

图书在版编目（CIP）数据

鸡尾酒法典 /（美）亚历克斯·戴，（美）尼克·福查德，（美）大卫·卡普兰著；舒宓译. —北京：北京科学技术出版社，2020.10（2025.2 重印）
书名原文：Cocktail Codex
ISBN 978-7-5714-1052-0

Ⅰ. ①鸡… Ⅱ. ①亚… ②尼… ③大… ④舒… Ⅲ. ①鸡尾酒—配制 Ⅳ. ① TS972.19

中国版本图书馆 CIP 数据核字（2020）第 127630 号

策划编辑：廖　艳
责任编辑：廖　艳
责任校对：贾　荣
责任印制：李　茗
图文制作：天露霖文化
出 版 人：曾庆宇
出版发行：北京科学技术出版社
社　　址：北京西直门南大街16号
邮政编码：100035
电　　话：0086-10-66135495（总编室）
　　　　　0086-10-66113227（发行部）
网　　址：www.bkydw.cn
印　　刷：北京捷迅佳彩印刷有限公司
开　　本：720mm×1000mm　1/16
字　　数：342千字
印　　张：20.25
版　　次：2020年10月第1版
印　　次：2025年2月第7次印刷
ISBN 978-7-5714-1052-0

定　　价：98.00元

前 言

2006 年冬天，我正在纽约上大学，白天上学，晚上则经常在城里闲逛。一个寒冷的雪夜，我喝得半醉，决定去第 7 大道和利莱街拐角的一家酒吧里歇歇脚。这家酒吧位于一栋熨斗形的建筑里，入口正好在"熨斗"的尖上。透过开着的门，我看到通往地下的阶梯，里面传来鸡尾酒摇壶有节奏的摇晃声和小号的旋律，我情不自禁地走进去。那个晚上的其他记忆有点模糊了。我只记得一只小小的碟形杯，一片柠檬皮在杯子上方被挤了一下，还有嘴唇接触到冰凉杯沿时闻到的令人愉悦的香气和金酒马天尼入口时的丝滑质感。

那一口改变了一切。

我 和 小 布 朗 奇（Little Branch）酒吧的首次亲密接触在我的心中播下了一粒种子，原本我对鸡尾酒和烈酒的兴趣只是业余爱好，此后却迅速成为我毕生研究的对象。很快，我就开始在城中四处寻觅好酒，最终在 2008 年年初来到了"死亡公社"酒吧。我立刻就下定决心要在这里工作：这里不但出品无懈可击的鸡尾酒，还拥有面向未来的开拓性眼光，并且让每位客人都感觉宾至如归。3 年后，我成为了死亡公社酒吧的合伙人，而撰写这本书的初衷也早已注定。我们的第一本书《死亡公社：现代经典鸡尾酒》（*Death & Co: Modern Classic Cocktails*），记录了死亡公社创办初期的故事及其背后的创意。而这本书反映

了我们的成长历程：我们已经不只拥有东六街上的一家酒吧了。现在我们不但经营着其他酒吧，还提供鸡尾酒项目的咨询服务。

对许多人而言，学做鸡尾酒的第一个策略就是记住大量配方。然而，调酒师之间有一个广泛流传（却很少被承认）的秘密：今天存在的所有鸡尾酒几乎都源自少数几款始祖级鸡尾酒。许多经典鸡尾酒被分成了不同的"家族"，也就是一脉相传的一组鸡尾酒。因此，我们只需要掌握少数几个配方，就能举一反三地了解其他许多相似配方。尽管这有助于我们记住大量"规格"（调酒师行话，意思是简化版配方），并了解它们的共同点，但对我来说，这个方法有些

空洞——因为只触及了鸡尾酒制作原理的表面。一个调酒师可能知道马天尼和曼哈顿是相似的，但为什么要用不同的味美思，有时还要用不同的分量呢？牢记鸡尾酒家族是有用的，但这没办法让你懂得对原始配方的调整为什么会效果好（或者不好）。

过去 15 年里，我对鸡尾酒的研究从未停止。无论是在吧台后调酒，还是坐在其他酒吧的吧椅上品酒，抑或是研习大量关于烈酒、技法和饮酒理念的书籍。早年在小布朗奇和死亡公社（以及其他许多酒吧）的日子不仅给了我灵感，还让我感到迷惑不解。对初学者而言，鸡尾酒是神秘的，制作时要用到看上去无穷无尽的各种瓶子，然后倒入极小的酒杯，装点华丽的饰品。要是再加上一个表演欲很强的调酒师，调酒这门手艺可能会让你觉得难于登天。如果你刚接触调酒，鸡尾酒可能既让你欢欣鼓舞，又让你心生胆怯。如果你正在读这本书，说明你受到了鼓舞，别停下来，我们会在你身边支持你。

随着我和同事们对鸡尾酒了解的加深，我们不再把它们看作是一个家族，而是一种源自少数几个著名经典模板的自然演变：老式鸡尾酒、马天尼、大吉利、边车、威士忌高球和弗利普。本书旨在通过这六大经典模板，来分析所有鸡尾酒的内在机制，让配方不再神秘，并激发你的创意。通过多年的调酒师培训和酒吧运营，我们认识到吧台后的创意几乎是无穷无尽的，而调酒师可以用一种更直观的方式去享受这种创意。有些调酒师通过学习以往大师的作品来理解鸡尾酒，另一些调酒师则选择用精准的科学来分析构成不同鸡尾酒的量化数据。虽然我们认为学习经典和了解鸡尾酒背后的科学原理都很重要，但我们的方法把两者结合了起来。在掌握了经典，并对实体（鸡尾酒）世界有所了解之后，你可以把这种知识应用于实践。通过本书，我们希望帮助你了解鸡尾酒是如何真正地从根本上工作的，并能够了解鸡尾酒的世界，最终创作出属于自己的新配方。

干杯!

亚历克斯·戴

引 言

　　本书旨在向初学者和资深调酒师传授如何掌握六大经典鸡尾酒的调制，并创造出属于自己的新配方。我们传授的这种方法已经成为我们编写酒单时不可或缺的一环——基础鸡尾酒的制作。本书分为 6 个章节，每一章的知识点都围绕着一款经典即基础鸡尾酒展开，进而举一反三，把这些知识点用于所有鸡尾酒配方上。

　　本书的目的并非研究鸡尾酒历史，这项研究要留给更有能力的人〔如大卫·旺德里奇（David Wondrich）、格瑞·里根（Gary Regan）和其他佼佼者〕去完成。本书也并非对鸡尾酒的科学研究〔谢谢，戴夫·阿诺德（Dave Arnold）！〕。我们的六大基础鸡尾酒之间很少有历史传承关系，而更多的是一种理解基本原理的方式。通过对这六大鸡尾酒的学习，你将了解到某个鸡尾酒家族背后的原理，以及哪些技法和原料能够提高你的整体调酒水平。在过去的 15 年里，我们不但花了许多时间来研究鸡尾酒，还把自己的心得传授给其他无数调酒师。而且，我们还发现这个方法——讲解上述六大鸡尾酒、分析它们的基因、解释它们为什么和其他鸡尾酒有关——的确行之有效，让你发现在种类浩如烟海的鸡尾酒背后其实有规律可循。

　　就这样，书里的配方变成了现实中的酒，抽象变成了具象，而技法的精准性将决定一杯酒仅仅是好还是精彩绝伦。所有伟大的艺术家——从画家和诗人到大提琴家和主厨——都是从研习自身领域内的经典开始的，然后他们会效仿和练习这些经典，直到形成属于自己的个人风格和原创能力。我们采用了相似的方法：深入研究每一款基础鸡尾酒，分析其他人是怎样对配方进行改编的——换掉其中一种原料，或者加上一点新的风味原料，再去思考一下每项变化为什么能成功。

　　在本书中，我们会用一些专业术语来解释某种原料（或某类原料）在每款鸡尾酒中发挥的作用。总体而言，有 3 个关键词——核心、平衡和调味——能帮你理解鸡尾酒内部的工作原理。我们把"核心"定义为一款酒的主要风味成分。核心可以是一种或多种原料。以老式鸡尾酒为例，它的核心是威士忌，而马天尼的核心则由金酒和味美思组成。

尽管核心是所有鸡尾酒的灵魂，但每款鸡尾酒都含有平衡性的原料，它们可能是甜的、酸的或酸甜兼具的，从而让核心原料的味道更易入口。最后，我们要用另外的原料来给鸡尾酒调味，对核心原料起到衬托或对比作用，令整杯酒更具吸引力和丰富性。这3个组成部分（核心、平衡和调味）是理解鸡尾酒内在原理的基础——一旦你做到了这一点，创作新鸡尾酒就会变得超级简单。

不管这是你第1次还是第1000次研习鸡尾酒，阅读本书会使你对调酒的认识逐步提高。在每一章的开头，我们会分别对六大基础鸡尾酒进行解析，将它们约定俗成的经典配方和我们改良过（在我们自己看来）的基础配方进行对比。我们会用一个简单的守则来归纳每款基础鸡尾酒的关键特点，然后分解它的配方，并进行深入分析。接着，我们会详细讲解每款酒的核心、平衡和调味，探讨每个组成部分的相关原料和技法，包括瓶装产品推荐，其中大部分都容易买到且价格合理，适合日常调酒使用。

如果你已经准备好把书放下，并喝一杯，我们还收录了一些实用性超强的试验和配方，它们能够让你更好地了解鸡尾酒的基本原理，你会发现那些看上去完全不相干的鸡尾酒其实存在着联系，比如老式鸡尾酒和香槟鸡尾酒、马天尼和内格罗尼、弗利普和椰林飘香。接着，针对每一章的基础鸡尾酒，来自我们酒吧集团的一位优秀调酒师将简要阐述其观点。然后，我们会重点介绍某种特殊的技法，帮助你进一步掌握基础配方（和众多类似配方），并告诉你为什么要选择一款特定的酒杯来盛放。

如果你只对配方感兴趣，可以直接翻到每一章的后半部分：我们收录了每款基础鸡尾酒的改编版配方，以及从那款酒衍生而来的同一家族的其他配方。如果你喜欢复杂仪器和尖端技术，每一章都在最后用专门篇幅介绍了各种前卫技法，帮助你重新认识那些常见原料，并创造出全新原料，涉及包括低温慢煮浸渍和糖浆、澄清果汁、另类酸味剂、气泡鸡尾酒等。

你可以按顺序从头到尾阅读本书，也可以只翻阅自己感兴趣的部分。如果书中的某些配方能够成为你的最爱，我们会非常开心，但同时我们也希望你能进行更深入的研究。如果你能够花时间去掌握这六大经典鸡尾酒——老式鸡尾酒、马天尼、大吉利、边车、威士忌高球和弗利普，那么你就能制作一切鸡尾酒。

目 录

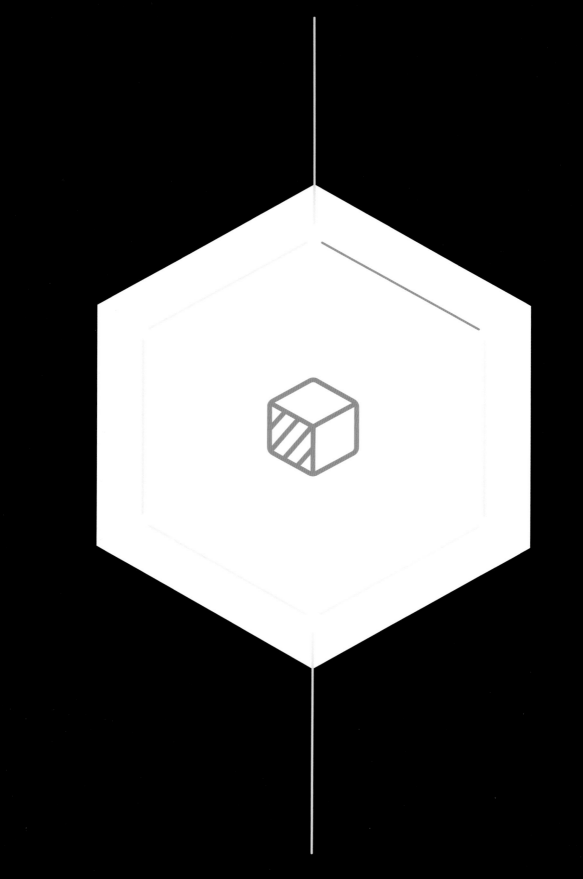

1

老式鸡尾酒

经典配方

在几乎所有的权威鸡尾酒书籍里，你都能找到不同版本的老式鸡尾酒配方。最简单的配方形式就是烈酒、糖、苦精和水（冰），配方和下面的非常接近：

老式鸡尾酒

1 块方糖
2 滴安高天娜苦精[1]
2 盎司波本威士忌
装饰：1 个柠檬皮卷和 1 个橙皮卷

将方糖和苦精放入老式杯中捣压。加入波本威士忌和一大块方冰，搅拌至酒变得冰凉。以柠檬皮卷和橙皮卷装饰。

---

[1]本书配方中苦精的用量单位"滴"，约为 0.8 毫升。——译者注

我们的基础配方

正如你在经典配方中看到的，老式鸡尾酒基本上就是一种用糖来增甜、用苦精来调味的烈酒。而这也正是老式鸡尾酒本质的关键：烈酒就是我们所说的核心——鸡尾酒的决定性风味。在做了很多年的老式鸡尾酒之后，我们从不同方面对它的经典"规格"进行了改编，把它变成了我们的理想老式鸡尾酒。

首先，我们要选择一款风格鲜明、不会过于霸道的波本威士忌。在波本威士忌的世界里，选择多种多样，而不同的单品会让老式鸡尾酒呈现出不同的面貌。它们有着不同的装瓶酒精度，而且是用不同比例的甜味和辛辣谷物酿成的：玉米的比例越大，波本威士忌就越甜；黑麦的比例越大，波本威士忌就越干、越辛辣。在稍后会讲到的基础配方里，我们选择了一款风格兼收并蓄的波本威士忌，既酒体饱满，又充满个性：爱利加小批量波本威士忌。而且，它的价格正好也不贵。

其次，经典老式鸡尾酒的做法是先捣压方糖。我们认为这种做法已经过时了，因为方糖不易融化。所以，我们选择改用糖浆，确保糖能够均匀分布在整杯酒里。但是，如果按照方糖的比例加入相同分量的 ¼ 盎司标准单糖浆，酒会被过度稀释，因为单糖浆是由等量的糖和水组成的。因此，我们选用了更浓稠的德梅拉拉树胶糖浆，它能给酒带来更大的黏稠度，并带出波本威士忌的部分陈年特质。

再次，为了加深安高天娜苦精带来的结构感，并让整杯酒更有吸引力，我们还添加了一滴比特储斯芳香苦精，营造出一丝似有若无的肉桂和丁香风味，进一步烘托出波本威士忌的风味特质。

最后，我们同时用柠檬皮卷和橙皮卷来装饰老式鸡尾酒。我们先在酒的上方挤一下橙皮卷，然后用它轻轻抹一下杯沿：这样的话，甜橙皮油不但能为整杯酒增香，还会成为酒初入口时体验的一部分。接着，我们在酒的上方挤一下柠檬皮卷，但是由于柠檬皮油不像橙皮油那么甜，而是更刺激，我们不用把它抹在杯沿上。随后，我们把橙皮卷和柠檬皮卷竖直放入杯中，让它们继续给酒增添风味，但客人也可以根据自己的喜好把它们拿出来。（关于柑橘类水果皮装饰的深入探讨，请见"调味：装饰"。）

通过上面的这些改编，我们的理想老式鸡尾酒诞生了。

我们的理想老式鸡尾酒

2 盎司[1] **爱利加小批量波本威士忌**
1 茶匙德梅拉拉树胶糖浆
2 滴安高天娜苦精
1 滴比特储斯芳香苦精
装饰：1 个橙皮卷和 1 个柠檬皮卷

将所有原料加冰搅匀，滤入装有 1 块大方冰的双重老式杯。在酒的上方挤一下橙皮卷，然后用它轻轻抹一下整个杯沿，并放入酒杯。在酒的上方挤一下柠檬皮卷，然后将其放入酒杯。

---

① 1 盎司 ≈ 28.35 克。——译者注

鸡尾酒始祖

老式鸡尾酒是什么？问 10 个调酒师，你会得到 10 个不同的配方，而且每个都号称是调制老式鸡尾酒"唯一正确的方法"。从纸面上看，它们可能非常相似，但喝上一口，它们的味道可能大不相同。用音乐术语来说，老式鸡尾酒不是一支 5 人乐队，而是 1 位只需要轻柔伴奏的独奏音乐家，占主导性的核心风味——威士忌——是演出的主角。

老式鸡尾酒的精髓在于简约，它的配方看上去很简单：烈酒、糖、苦精。正因如此，你可能觉得要掌握它是小菜一碟，但它的简约意味着你要充分考虑到各种细微之处。如果糖加得稍微多了一点，整杯酒就会太松垮，没

有鲜明的风味。苦精加太多，整杯酒的口感会脱节、药味太重，但苦精加太少，做出来的酒会和冰威士忌没什么区别。所以说，老式鸡尾酒能够完美地展现核心、平衡和调味是如何共同作用而创造出一杯和谐之作的。其他基础配方对制作过程的要求会宽松一点（比如大吉利），但对老式鸡尾酒而言，要求严格得多。精准是关键。

在我们看来，要想做出最好的老式鸡尾酒及其改编版，必须把重点放在构成其核心的烈酒（或多种烈酒，但我们一般不会超过 4 种）上，任何改动都应该加强烈酒的特质。老式鸡尾酒是我们所能想到的向优质烈酒致敬的最佳方式。其他基础配方的核心风味都来自多种不同的原料。例如，

马天尼的核心风味由金酒和加香葡萄酒组成。因为老式鸡尾酒的精髓在于简约，所以它能够很好地突出核心风味。

老式鸡尾酒守则

本章中所有老式鸡尾酒的决定性特点：
老式鸡尾酒以烈酒为核心。
老式鸡尾酒以少许甜味来平衡。
老式鸡尾酒以苦精和装饰来调味。

理解配方

钟情于老式鸡尾酒的人往往都喜欢酒精度高或烈酒风味浓郁的酒。因此，老式鸡尾酒对某些人来说可能是个挑战，因为如果调得不好，喝了会特别呛口。如果你喜欢纯饮烈酒，老式鸡尾酒及其众多改编版应该能讨得你的欢心。

品饮老式鸡尾酒能够调动起你的所有感官。装着一大块冰的厚底玻璃杯让你的手变得冰凉，当你靠近酒杯，柑橘皮油的清新香气直冲你的鼻腔，啜上一口，味道强劲，又不失顺滑。而且，因为酒精度偏高，老式鸡尾酒需要慢慢啜饮，细细品味。

一旦你理解了老式鸡尾酒的基本原理，改编就变得轻而易举了——这正是我们在这一章中要做的。你还会开始注意到，其他一些看上去可能毫不相关的经典鸡尾酒居然也有着相同的"DNA"，比如薄荷茱莉普、热托蒂和香槟鸡尾酒。但首先让我们来研究一下它的核心部分。

核心：美国威士忌

美国威士忌之所以很适合用来调酒，原因如下：第一，它是世界上监管最严的烈酒之一，所以品质基准很高，即使是最差的美国威士忌，品质也过得去，尽管味道单一，而不同风格的酒之间也有着很大的一致性，如波本威士忌、黑麦威士忌等。然而，由于全球需求增长，我们钟爱的美国威士忌有时也会做出妥协，以解大众之渴。有些酒厂曾经坚持只有满足年份要求的威士忌才会上市，现在由于激烈的市场竞争，也开始推出年份更低的威士忌。所以，要关注你最爱的威士忌品牌的动向，并且定期品尝。

所有美国威士忌的酿造方法都是相似的。谷物（主要是玉米、黑麦、小麦和大麦）先要进行发芽处理，在谷物发芽的过程中淀粉会转化为糖。然后发酵，以蒸馏罐或连续蒸馏柱蒸馏。大部分美国威士忌陈酿过程是在橡木桶中完成的。

你需要了解各种美国威士忌之间的差异以及它们在鸡尾酒中的作用，才能在调酒时选对产品。尽管美国威士忌在全球不断增长的人气使其价格一路飙升，但调酒师和业余调酒爱好者仍然可以找到很多物美价廉的威士忌。当然，市面上有大量好喝的高价美国威士忌，但并不是最贵的威士忌才能做出最好的鸡尾酒。在接下来的篇幅里，我们将为你简要介绍美国威士忌的主要风格，然后列出我们最喜欢拿来调制老式鸡尾酒和其他酒的品种。这些品种并不能代表我们使用的所有品牌，但鉴于它们的风味特质、稳定性、性价比和普遍性，这些威士忌一直都是我们酒吧里的常备品。

Whiskey（威士忌）的拼写

你或许已经注意到，whiskey 的拼写中有时没有 e。苏格兰人的拼法是没有 e 的，加拿大的苏格兰移民和受苏格兰威士忌风格所影响的其他地方的酿酒商也采用了这一拼法。爱尔兰人的拼法是有 e 的，而美国威士忌酿造与爱尔兰移民渊源极深，因此基本上也把加 e 当成了标准拼法。不过，例外也不少，所以我们并不愿意强迫大家遵循某种所谓的标准拼法。

波本威士忌

波本威士忌无疑是美国威士忌中使用最广泛的一个品种，因此风格也是最多元化的。我们最爱用于调酒的波本威士忌必须满足以下条件：它在橡木桶中的时间足够长，从而拥有浓郁的风味，但同时又不会让木桶的味道盖过威士忌本身的味道；我们很少会用超过 12 年或 15 年的波本威士忌来调酒。在为一款鸡尾酒挑选合适的波本威士忌时，我们还会看一下它的谷物配方，也就是酿造时分别使用了多少玉米、黑麦和（或）小麦，以及每种谷物原料对威士忌和最终鸡尾酒风味的影响。玉米带来可感知的甜味，黑麦带来明显的辛辣味，小麦则带来微妙的柔和感。在我们喜欢的波本威士忌中很多都拥有这 3 种原料带来的平衡口感，但有些只体现了某一种原料的特质，所以当我们想要凸显某种风味时就会选择一款相应的威士忌。

推荐单品

鹰牌 10 年：鹰牌产自水牛足迹酒厂（The Buffalo Trace distillery），它的谷物配方可能与酒厂同名且同样好喝的水牛足迹威士忌相同，但前者年份更高一些，黑麦的影响明显，因此带有更多辛辣味。它很适合单独用来调制以烈酒为核心的鸡尾酒，但我们也爱把它和其他基础烈酒混合在一起，比如干邑。

爱利加小批量：这是我们用来调制老式鸡尾酒的首选。无论是用来调制需要摇合还是搅拌的鸡尾酒，它的表现都同样出色。玉米的甜味与黑麦的劲道相互平衡，储存时间足够长，可以与其他很多原料相抗衡。这是一款经典波本威士忌，口感醇厚，但价格亲民，适合日常调酒之用。

老祖父 114：一般情况下，我们会避免用酒精度超过 50% 的烈酒来调酒。首先，它们会让我们的客人醉得太快。其次，高度烈酒往往会掩盖其他原料的味道。这款波本威士忌的酒精度高达 57%，而且谷物配方中黑麦比例很大，用于调酒似乎太霸道了，然而事实并非如此。在橡木桶陈酿"魔法"的作用下，它出人意料地适合纯饮，无须加冰或加水。（对大多数酒精度超过 50% 的波本威士忌而言，我们通常会加一点水，让它们更适口。）尽管我们常说真正的曼哈顿应该以黑麦威士忌为基酒，但老祖父 114 有着足够强烈的个性来做出出色的曼哈顿。只不过要注意：喝的时候慢一点。

威廉罗伦古典风华：派比·凡·温克当下广受追捧，但我们爱的是它的"表兄"威廉罗伦古典风华（两者都在水牛足迹酒厂酿造，谷物配方也一样）。威廉罗伦古典风华是一款非常可口、小麦风味浓郁的波本威士忌。尽管小麦有时会让波本威士忌的口感过于柔和，从而不适合调酒（因为它很容易被其他原料掩盖），但这款威士忌的酒精度很高，所以风味能够在高烈度鸡尾酒里凸显，比如老式鸡尾酒和曼哈顿。如果你用它来调制酸酒类鸡尾酒，它的小麦特质会和柑橘类水果相得益彰。

怀俄明威士忌：精酿烈酒市场从未像现在这样繁荣。这意味着我们有更多产品可以选择，但同时消费者也要开始做更多功课。不是所有的新品牌都愿意公开它们的产地和酿造商，而且有不少新品只是精心包装后的大宗商品级别的威士忌。而位于怀俄明州科比镇的怀俄明威士忌却不走所谓的捷径，始终按照自己的方法来酿造威士忌。怀俄明威士忌以生长在酒厂方圆 100 英里①之内的本地谷物为原料，属于波本风格，但拥有明显的矿物特质，是怀俄明州本土特色的直接体现。

黑麦威士忌

在禁酒令颁布之前，黑麦威士忌是美国最流行的烈酒。但随后美国人的饮酒口味变甜了，黑麦威士忌行业因此过了几十年才恢复元气。在最近的行业复兴之前，市面上容易买到的黑麦威士忌品牌并不多，而它也尚未夺回美国"头号威士忌"的称号。和玉米必须至少占谷物配方 51% 的波本威士忌不同，黑麦威士忌的谷物配方中必须包含不低于 51% 的黑麦。

黑麦威士忌的辛辣风味和其他原料非常搭配，其作用有点像老式鸡尾

---

① 1 英里 ≈ 1.6 千米。——译者注

酒中的苦精。在我们看来，黑麦威士忌的风味特质和金酒的植物原料有着同样的功能，其独特的风味就像伸出的手指，和鸡尾酒的其他原料连接在了一起。

推荐单品

瑞顿房黑麦威士忌：瑞顿房是一款保税威士忌，这意味着它必须储存至少 4 年，而且装瓶酒精度为 50%。高酒精度让它成为了调酒的理想之选，无论是哪种风格的鸡尾酒，它都能展现自己的个性，唯一的缺点在于，每个人都知道它很棒，所以总是很快就卖断货。如果你找到了一瓶，一定要买下来，然后赶紧回家调一杯曼哈顿。

罗素大师珍藏 6 年黑麦威士忌：罗素家族两代人都是威凤凰酒厂（Wild Turkey）的蒸馏大师，他们的家传技艺随着时间流逝而日益精进。这款威士忌有着你意料之中的辛辣黑麦特质，但美妙的花香和果味起到了平衡作用。它还具有一丝微妙的甜味，非常适合用于调制老式鸡尾酒和曼哈顿风格的鸡尾酒，但同时口感又足够柔和，可以用来搭配柑橘类水果。

其他美国威士忌

所有人都在关注波本和黑麦威士忌，但其他风格的美国威士忌也可以用来调酒，比如酸麦芽威士忌和小麦威士忌。尽管我们不会经常用这些风格的威士忌来调酒，但我们还是想把

它们收录进来，因为在当下的美国威士忌酿造大繁荣中，不是所有品牌都属于波本或黑麦威士忌。

田纳西酸麦芽威士忌：根据品牌的宣传介绍，你可能会认为这款威士忌非常特别，因为它用到了酸麦芽工艺（在每次发酵时加入少量之前发酵时形成的麦芽浆）。然而，这种工艺是所有美国威士忌都会用到的。田纳西威士忌和其他美国威士忌的不同之处在于林肯县工艺（The Lincoln County Process）：在进入橡木桶陈酿之前，酒液必须以糖枫木炭过滤。这使得威士忌的口感更清淡，并且拥有了独一无二的风味特质，比波本威士忌更甜，余味更悠长。除此之外，田纳西威士忌和波本威士忌非常相似，而且遵守同样的规定。在现有的两款田纳西威士忌〔乔治·迪科尔（George Dickel）和杰克·丹尼（Jack Daniel）〕，我们发现乔治·迪科尔的风味更复杂。但我们很少用田纳西威士忌来调酒，因为我们觉得波本和黑麦威士忌的用途更广，而且给鸡尾酒带来的风味更丰富。

小麦威士忌：尽管有些波本威士忌的小麦含量很高，包括美格、威廉罗伦古典风华、古典菲仕杰鲁德和派比·凡·温克，但真正的小麦威士忌必须含有 51% 或以上的小麦。市面上只有少数几款小麦威士忌，我们用过其中的伯汉来调酒。伯汉的价位对调酒来说可能有点高，但用它调制的曼哈顿风格鸡尾酒口感微妙，让我们为之赞叹。

改变核心

老式鸡尾酒被改编的历史几乎和它本身一样悠久。这款"鸡尾酒始祖"诞生后不久，其他原料就开始融入它的配方，从而创造出各种如今早已成为经典的改编版。要对它（或其他任何鸡尾酒）进行改编，最容易的途径莫过于一套被我们称之为"蛋头先生"（The Mr. Potato Head）的方法，这是死亡公社前调酒师主管菲尔·沃德（Phil Ward）创作的。方法很简单：去掉一种原料，然后用另一种相似的原料来代替，就可以了！

老式鸡尾酒的美妙之处在于，几乎所有烈酒都可以用来作为核心，只要其他原料能够衬托和增强那种烈酒的风味。想要让老式鸡尾酒更辛辣？鹰牌 10 年波本威士忌是个很好的选择。想要它更烈？老祖父 114 的酒精度足够高了。如果你想让老式鸡尾酒更柔和，可以试试小麦风味浓郁的威廉罗伦古典风华。我们更喜欢中和了所有这些特质的老式鸡尾酒，所以在基础配方中选用了小批量的爱利加，它能让整杯酒的核心更柔和，同时又保留了强烈而不会过分霸道的个性。

另一个改变核心的方法是浸渍。老式鸡尾酒的主要原料是烈酒，所以只需要把烈酒和其他风味一起浸渍就能创造出大不一样的鸡尾酒。在附录中，我们详细介绍了大量浸渍原料，我们使用了其中的部分对老式鸡尾酒进行了改编。

最后，老式鸡尾酒并不一定要强劲的烈酒用作核心，加强型葡萄酒或阿玛罗也可以充当这一角色，尽管两者都需要对基本配方做一些调整。例如，如果用甜味美思代替波本威士忌，你就需要减少糖的用量、增大苦精的用量才能保持整杯酒的平衡。

金色男孩

亚历克斯·戴和德文·塔比，2013

一直以来，亚历克斯都对苏格兰威士忌和葡萄干的组合非常着迷，因为他经常在深夜就着葡萄干啜饮大杯威士忌。事实上，葡萄干的浓郁果味与威雀这样的调和型苏格兰威士忌的甘美可以说是绝配。马德拉葡萄酒和法国廊酒不但风味更丰富，而且有恰到好处的甜味，所以不再需要添加额外的甜味剂。

1½ 盎司以葡萄干浸渍的苏格兰威士忌
½ 盎司巴贝托 5 年雨水马德拉葡萄酒
¼ 盎司布斯奈苹果白兰地
¼ 盎司法国廊酒
2 滴北秀德苦精
装饰：1 个柠檬皮卷

将所有原料加冰搅匀，滤入装有 1 块大方冰的老式杯。在酒的上方挤一下柠檬皮卷，然后放入酒杯。

味美思鸡尾酒

经典配方

在鸡尾酒萌芽时期，风靡美国的味美思融入了老式鸡尾酒配方，从而调出一款微妙、低酒精度的鸡尾酒。这个经典配方还说明，并非所有老式鸡尾酒风格的酒都要用装有冰块的洛克杯盛放。

2 盎司卡帕诺·安提卡配方味美思

½ 茶匙单糖浆

2 滴安高天娜苦精

1 滴橙味苦精

装饰：1 个柠檬皮卷

将所有原料加冰搅匀，滤入冰过的碟形杯。在酒的上方挤一下柠檬皮卷，然后把它放在杯沿。

小潘趣

撤退策略

娜塔莎·大卫，2014

用阿玛罗充当老式鸡尾酒的核心可以体现它的百搭性，它同时还有调味和增甜的作用，所以不再需要添加苦精或糖。在这个配方中，白兰地的主要作用是增加酒的烈度，同时令余味变干，适量的盐溶液中和了苦味。

1½ 盎司诺妮酒庄阿玛罗

¾ 盎司热尔曼-罗宾手工白兰地

¼ 盎司梅乐蒂阿玛罗

6 滴盐溶液

装饰：1 个橙皮卷

将所有原料加冰搅匀，滤入装有 1 块大方冰的老式杯。在酒的上方挤一下橙皮卷，然后用它轻轻擦一下整个杯沿，放入酒杯。

小潘趣

经典配方

据说，在小潘趣的诞生地马提尼克（Martinique），当地人的喝法是不加冰一口喝掉。我们的版本加了冰，而且需要慢慢啜饮。如果你改变原料的比例，并采用摇合的做法，做出来的就是大吉利，但小潘趣是一款彻头彻尾的老式鸡尾酒，里面的青柠皮相当于苦精，起到了调味作用。而且，青柠皮上一定要带一点果肉，这能让整杯酒的口感更佳。

1½ 英寸①厚的圆盘形带一点果肉的青柠皮

1 茶匙甘蔗糖浆

2 盎司拉法沃瑞蔗心农业白朗姆酒

在老式杯中捣压青柠和糖浆。倒入朗姆酒，加满碎冰，稍微搅拌一下。无须装饰。

① 1 英寸 ≈ 2.54 厘米。——译者注

平衡：糖

老式鸡尾酒的平衡是通过核心风味（威士忌）和调味剂（苦精）的结合来实现的，而这也正是配方中有糖的原因：糖能减轻基酒的浓烈酒精味，并带出苦精中的香料特质。在老式鸡尾酒里放的糖只要能够稍微中和一下烈酒的粗犷口感就可以了。

你可能觉得自己不喜欢"甜"鸡尾酒，那你不妨试试不用糖来平衡。提供甜味只是糖在鸡尾酒中的多个作用之一，如果用量正确，它能强化其他风味并增强酒体及丰富度，就像脂肪在烹饪中的作用一样。

大多数时候，甜味剂是以糖浆形式出现的。许多鸡尾酒都会用到以相等的水和糖混合而成的单糖浆。在糖浆大范围普及之前，调酒用的是方糖或砂糖。但正如前文所述，糖不稳定，而且需要较长时间融化，而任何让调酒过程慢下来的因素对一家繁忙的酒吧来说都是灾难性的。此外，一勺砂糖的量比糖浆更难进行精确测算。所以说，除了怀旧之外，我们几乎想不出其他用糖来调制老式鸡尾酒的原因了。

改变平衡

就老式鸡尾酒而言，关于甜味剂主要有两方面的考量即甜味剂的种类和它的用法。尽管单糖浆的中性风味有助于衬托基础烈酒，尤其在老式鸡尾酒中，但实际上单糖浆会过度稀释鸡尾酒。至少在我们看

来是这样。为了保持威士忌在老式鸡尾酒中的主角地位，我们选择了用两份德梅拉拉蔗糖和一份水混合而成的糖浆，它能够提升威士忌本身的丰富度。德梅拉拉蔗糖就是未经精炼的蔗糖，保留了大量糖蜜特质，而精炼过程会将这些特质去除。为了在增强酒体的同时避免味道过于甜腻，我们通过添加阿拉伯树胶来让德梅拉拉树胶糖浆变得更厚重。这种粉末状树胶由变硬了的刺槐树胶制成，在问世之后不久就被用于调酒。德梅拉拉树胶糖浆有着出乎意料的增强酒体的作用，哪怕你只添加了一点点。它带来的质感变化很难形容，但绝对能感觉到。阿拉伯树胶增加了老式鸡尾酒的圆润口感，同时又带来更多层次。

除了加糖，你还可以用其他方式来平衡老式鸡尾酒。有时，类似于甜的感觉和真正的甜味一样有用。陈年烈酒（比如陈年特其拉、陈年苏格兰威士忌或高年份朗姆酒）通常喝上去会比年轻烈酒更甜，因为储存过程产生了能令人联想到甜味的化合物,橡木桶的香草醛和辛香选用这样的烈酒无疑会对老式鸡尾酒的平衡产生影响。那么，你可能就需要稍微减少甜味剂的用量，以半茶匙糖浆为基准，同时苦精的用量也要适当减少。

任逍遥

经典配方

这款古典鸡尾酒是调酒师用风味甜利口酒来代替糖的早期范例之一。黑樱桃利口酒不像单糖浆那么甜（而且还含有酒精），所以我们把它的用量提高到了 ½ 盎司

2 盎司瑞顿房黑麦威士忌

½ 盎司路萨朵黑樱桃利口酒

1 滴安高天娜苦精

1 滴豪斯橙味苦精

装饰：1 个橙皮卷

将所有原料加冰搅匀，滤入装有 1 块大方冰的老式杯。在酒的上方挤一下橙皮卷，然后用它轻轻擦一下整个杯沿，放入酒杯。

秋菊

经典配方

这是一款不含基础烈酒、糖类甜味剂和传统苦精的低烈度老式鸡尾酒，但要用不加冰的碟形杯来盛放，可以说是很特立独行了。尽管秋菊看上去像是来自曼哈顿或马天尼家族，但原料的比例却暴露了它的血统，即少量的法国廊酒和苦艾酒分别起到了增甜和调味的作用，而药草味十足的味美思则是核心。

2½ 盎司杜凌干味美思

½ 盎司法国廊酒

1 茶匙潘诺苦艾酒

装饰：1 个橙皮卷

将所有原料加冰搅匀，滤入冰过的碟形杯。在酒的上方挤一下橙皮卷，然后用它轻轻擦一下整个杯沿，放入酒杯。

史丁格

经典配方

改变老式鸡尾酒的核心与平衡有时会带来很有趣的效果。史丁格是一款诞生于禁酒令时期之前的鸡尾酒，起源不详，传统上只用白兰地和薄荷利口酒作原料，后者同时

起到调味和增甜的作用。我们在自己的版本中加入了少许单糖浆，用来强化薄荷利口酒的风味，并减轻白兰地的烈度。尽管传统上是不加冰饮用，但我们决定用茱莉普的方式来呈现我们的史丁格，并且放上两根吸管，供两个人分享，就像动画片《淑女和流浪汉》（*à la Lady and the Tramp*）里的情节那样。

2 盎司皮埃尔·费朗琥珀干邑

½ 盎司白薄荷利口酒

1 茶匙单糖浆

装饰：1 根薄荷嫩枝

将所有原料加冰摇 5 秒钟左右，然后滤入装有碎冰的老式杯。以薄荷嫩枝装饰，放入两根吸管。

蒙特卡洛

经典配方

在蒙特卡洛这款经典鸡尾酒中，法国廊酒——一种具有药草和蜂蜜味道的甜利口酒——代替了糖的作用。

2 盎司瑞顿房黑麦威士忌

½ 盎司法国廊酒

2 滴安高天娜苦精

装饰：1 个柠檬皮卷

将所有原料加冰搅匀，滤入装有 1 块大方冰的老式杯。在酒的上方挤一下柠檬皮卷，然后放入酒杯。

史丁格

调味：苦精

在现代药品出现之前，人们用苦精来治病。直到工业革命期间，苦精都被宣传成一种万能药：失眠？喝苦精！想增强性功能？喝苦精！这些宣传并非全无道理，因为苦精里的许多原料都有疗愈功能。

苦精是在高烈度酒精中加入树皮、根茎、药草和柑橘类水果干浸泡而成的，如今几乎你能想到的所有东西都能成为苦精原料，其浓度非常高。如果大口纯饮，它的味道会很难使人接受，所以它的主要作用是调制鸡尾酒，而且用量极小——只是一滴滴地加入。它的作用其实和烹饪用的香料很像，只需要一点点就能给酒带来更多风味，口味也更复杂。

直到 10 年前，市面上的苦精种类还不是很多。一般而言，你总是能买到经典的安高天娜，如果运气好的话还能买到北秀德，可能还有几个橙味苦精品牌〔感谢格瑞·里根（Gary Regan）带来了一个正好适合我们的橙味苦精品牌〕。德国的比特储斯和纽约的比特曼催生了 21 世纪早期的第一波苦精复兴。它们的苦精产品通常以历史配方为雏形，有时也会推出大胆的创意新品。但真正的苦精大爆发是在几年之后，现在有数百个酿造商在生产苦精，你能想到的味道几乎都有。我们确定，我们的朋友、奇迹里苦精创始人路易斯·安德曼（Louis Anderman）能根据本书生产出全新的苦精。

苦精是最迷人的鸡尾酒原料之一。只需要从外表神秘的瓶中倒出一滴，就能改变整杯鸡尾酒的风味。在老式鸡尾酒中添加苦精是一种微妙的平衡，就像用盐来给汤调味。一旦苦精盖过了基酒的味道，说明苦精太多了。

苦精种类：芳香型、柑橘型和开胃型

安高天娜是世界上最普及的苦精品牌，其主打产品代表着一个最常见的苦精种类——芳香苦精。你可能会问，所有的苦精不都是芳香的吗？但就苦精而言，"芳香"（与柑橘型和开胃型相比）的定义是以浓郁甜味作基底、苦味作主干，再加上香料成分。龙胆根（提供苦味）和温暖香料（如丁香和肉桂）往往是主要风味。

安高天娜在特立尼达生产，配方严格保密，是所有调酒工具包中不可或缺的原料。如果纯饮，它的味道就像是泡在朗姆酒里的圣诞派对。当然，你肯定能找到其他类似的苦精，但我们认为安高天娜才是芳香苦精之王。

对我们来说，柑橘苦精在鸡尾酒中的作用几乎和芳香苦精一样大。橙味苦精能让酒的整体风味特质更凸显，西柚、血橙、北京柠檬和柚子苦精也是如此。芳香苦精是陈年烈酒的好搭档，尤其是在老式鸡尾酒和曼哈顿风格的酒中，而橙味苦精则非常适合用来搭配非陈年烈酒，特别是金酒和特其拉，以及加强型葡萄酒。橙味苦精也和其他苦精很搭配。很多人都更喜欢用安高天娜和橙味苦精一起来调制老式鸡尾酒。

相比之下，开胃苦精则通过自己的胡椒或蔬菜风味给鸡尾酒增添了更多复杂层次。目前，最流行的开胃苦精之一是比特曼巧克力香料苦精，它具有丰富的巧克力风味和一丝红椒的辣味。其他人气品种包括芹菜苦精（搭配波本威士忌效果惊艳）、小豆蔻苦精和薰衣草苦精。

苦精在鸡尾酒中的作用

随着苦精种类越来越多，我们开始根据苦精在鸡尾酒中的作用，把它们分为两大类。要么它们能增添一种鲜明的风味，要么它们能增强其他风味，对鸡尾酒中的主要风味起到强化和衬托作用。用烹饪来打个比方，增味苦精像胡椒，强化苦精像盐。有时，同一款苦精能同时起到两种作用。

例如，在我们的基础老式鸡尾酒配方中，我们在安高天娜苦精之外还用了一滴比特储斯芳香苦精。安高天娜是增味苦精，使威士忌和糖融合在一起，而那滴比特储斯则带来了丁香和肉桂风味，从而增强了爱利加波本威士忌的香料风味。如果你在一款用到了浓郁香料味原料（比如肉桂糖浆）的鸡尾酒中添加比特储斯芳香苦精，它对香料风味的增强作用会更加明显。

增味苦精： 代表性品种包括安高天娜芳香苦精、亚当博士博克斯苦精、费氏兄弟威士忌酒桶陈年苦精、比特储斯芳香苦精、柚子苦精、桉树苦精、烤山核桃苦精和芹菜苦精。

强化苦精： 代表性品种包括费氏兄弟西印度橙味苦精、里根橙味苦精和比特曼巧克力香料苦精。

品鉴苦精

你可以用下面这个方法来品鉴自己不熟悉的苦精风格：在两个玻璃杯中倒满冰凉的赛尔兹气泡水（不要用矿泉水，因为它含有更多风味）。一个杯子用来清洗味蕾（在品鉴过程中要一直这么做），另一个杯子用来加几滴苦精，稍微搅拌一下。赛尔兹气泡水会稀释苦精的浓郁风味，同时它的气泡还会让易于挥发的苦精香气飘散到你的鼻内。如果你不能从杯中闻到或尝到足够多的风味，可以继续加入苦精，直到它的风味显现为止。

喝了几口加有苦精的赛尔兹气泡水之后，在你的手背滴几滴苦精，然后舔掉。之前被稀释的风味现在变得强烈而刺激。直接品尝从瓶中取出的苦精的味道非常重要，因为这样你才能了解苦精的甜度，不同苦精的甜度可能大不一样，其中一个决定因素是它们添加了多少用于增色的焦糖。许多品牌还含有甘油，它也带有甜味。考虑到这些因素，在一杯鸡尾酒中加入太多苦精会让酒变得莫名其妙的腻，反而尝不出明显的甜味了。

如果你还是不清楚某款苦精的特质，可以在掌心里滴一滴，双手掌心相互摩擦，然后双手呈杯状凑近你的鼻子和嘴。这么做能够让苦精强烈的香气释放出来。

改变调味

　　老式鸡尾酒是探索苦精的绝佳模板，因为苦精是这个模板不可或缺的一部分。你可以改用不同风格的苦精，看看效果如何。它是否能带来更丰富的味觉体验（增味苦精）？或者，它是否能让鸡尾酒中的其他原料呈现出更鲜明的风味特质（强化苦精）？如果两者都不是，试试另一种苦精，或者重新思考一下你运用苦精的方式。你选用的苦精可能风格太弱了，换另一种苦精的效果会更明显。

　　你不需要在每杯鸡尾酒里都加苦精，更多苦精也不一定意味着鸡尾酒会更好。你可以把不同的苦精搭配在一起，但如果缺乏这么做的理由或者它们起不到真正的调味作用，那么就是没有意义的。柚子苦精可能听上去很棒，在特定的情况下也很好喝，但是把它加入以波本威士忌为基酒的老式鸡尾酒里，效果不一定很好，因为柚子的涩和波本威士忌的烈会有冲突。

诺曼底俱乐部老式鸡尾酒

亚历克斯·戴和德文·塔比，2015

　　这款老式鸡尾酒是我们在诺曼底俱乐部中最畅销的酒之一。我们用浸渍过的波本威士忌和加香糖浆去改变核心与平衡。这款酒证明椰子并不是提基鸡尾酒的专属，它还能用来浸渍烈酒。和坚果一样，它能带来丰富的酒体和烘烤味。

2 盎司以椰子浸渍的波本威士忌
1 茶匙克利尔溪 8 年苹果白兰地
1 茶匙加香杏仁德梅拉拉树胶糖浆
1 滴安高天娜苦精
装饰：穿在酒签上的 1 片苹果干

将所有原料加冰搅匀，滤入装有 1 块大方冰的老式杯。以苹果干装饰。

改良威士忌鸡尾酒

经典配方

在任逍遥中，仅仅加一滴橙味苦精就能带出烈酒的更多风味，但主要的调味剂仍然是安高天娜苦精。相比之下，改良威士忌鸡尾酒（可能是最早流行起来的改编版老式鸡尾酒之一）用苦艾酒来调味，从而提升了复杂度。

2 盎司爱利加小批量波本威士忌
1 茶匙马拉斯卡樱桃利口酒
1 滴苦艾酒
1 滴安高天娜苦精
1 滴北秀德苦精
装饰：1 个柠檬皮卷

将所有原料加冰搅匀，滤入装有 1 块大方冰的老式杯。在酒的上方挤一下柠檬皮卷，然后放入酒杯。

突击测试

德文·塔比，2010

用甜味利口酒或阿玛罗来代替老式风格鸡尾酒中的糖是个很棒的做法，既能平衡整杯酒，又能起到独特的调味效果。在我们出版的第一本书里，超老式鸡尾酒就是按照这个方法创作的，而之后它也给我们提供了源源不断的灵感。在这款突击测试中，德文用到了一款橙味阿玛罗——拉玛佐蒂（Ramazzotti），并且换上了一款辣巧克力味苦精。

2 盎司爱利加小批量波本威士忌
½ 盎司拉玛佐蒂
1 茶匙单糖浆
2 滴比特曼巧克力香料苦精
装饰：穿在酒签上的 1 片苹果干

将所有原料加冰搅匀，滤入装有 1 块大方冰的老式杯。在酒的上方挤一下橙皮卷，然后用它轻轻擦一下整个杯沿，放入酒杯。

猫头鹰

亚历克斯·戴，2013

这款酒是对突击测试鸡尾酒的改编，也是"蛋头先生"改编法的一个范例，即换掉一个或多个元素就能创造出一款新鸡尾酒。就这款酒而言，亚历克斯希望它喝起来像含酒精的巧克力，但同时又不会像液体甜点。它的调味不仅来自苦精，还来自阿玛罗。

2 盎司爱利加小批量波本威士忌
½ 盎司以可可粒浸渍的拉玛佐蒂
½ 茶匙德梅拉拉树胶糖浆
3 滴奇迹里烤山核桃苦精
装饰：1 个柠檬皮卷

将所有原料加冰搅匀，滤入装有 1 块大方冰的老式杯。在酒的上方挤一下柠檬皮卷，然后用它轻轻擦一下整个杯沿，放入酒杯。

戴夫·弗尼（Dave Fernie）

戴夫·弗尼是来自洛杉矶的调酒师兼酒吧主理人，曾先后任职于哈尼卡特（Honeycut）、沃克小馆（The Walker Inn）和诺曼底俱乐部（The Normandie Club）。此前，戴夫还和洛杉矶的休斯敦餐饮集团（Houston Hospitality）和萌芽 LA（Sprout LA），以及纽约市的河流咖啡（The River Café）有过合作。

我的老式鸡尾酒初体验并没能让我爱上这种酒。那是在一家体育酒吧里的假日派对上，有人递给我一杯酒说："试试这杯老式鸡尾酒。超棒的！"酒里面还放了一颗鲜红的糖渍樱桃和捣过的橙片。我喝了一口，结果……太甜了……太难喝了。我不明白那个人为什么要郑重其事地推荐它，我决定还是只喝啤酒。没过多久，我又在纽约市的坎贝尔宅喝了一杯老式鸡尾酒，而这次的体验好多了。从此，我就慢慢爱上了它。

最终，我在布鲁克林河流咖啡做调酒师时学会了制作老式鸡尾酒。当时我对鸡尾酒了解得不多，而且非常害怕失败。于是，我在空闲时间里去城里最棒的那些酒吧——小布朗奇、佩古俱乐部、奶与蜜——观摩调酒师工作，并阅读了一些老鸡尾酒书。我记得我是根据《萨伏依鸡尾酒手册》（The Savoy Cocktail Book）中的配方做出了第一杯真正的老式鸡尾酒。

我爱老式鸡尾酒的最大原因在于，它打开了我的眼界，让我接触到了很多全新的鸡尾酒理念。我记得在布鲁克林的理查森（The Richardson）喝到过一杯用朗姆酒做的老式鸡尾酒。那时我并不太喜欢朗姆酒，也不知道农业朗姆酒是什么，但在理查森喝到的这杯老式鸡尾酒是用嘉冕 J.M 牌 VSOP 朗姆酒调的，并且用蜂蜜来增甜。我记得自己想

的是：这杯简简单单的酒真的太不可思议了。从那以后，我就迷上了朗姆酒，并且开始尝试制作其他朗姆酒版本的老式鸡尾酒。

如果不爱老式鸡尾酒，你很难成为调酒师。在每一份鸡尾酒单上，你基本上都需要加入某种老式风格的酒。从很多层面上看，它堪称酒吧里的多面手。你可以用很多不同的方式去诠释它，而它的模板也很适合拿来改编。因此，它往往是最后才被加到酒单里的。

对我而言，我不喜欢用顶级烈酒来调制老式鸡尾酒。我理解为什么有人会想用派比·凡·温克或威利这样的高端威士忌，但我认为那样就失去了老式鸡尾酒本身的意义。老式鸡尾酒最初是用来让劣质烈酒变得好喝，我们应该记住这一点。

戴夫·弗尼的老式鸡尾酒

2 盎司爱威廉斯黑牌波本威士忌

1 茶匙德梅拉拉树胶糖浆

2 滴安高天娜苦精

装饰：1 个橙皮卷和 1 个柠檬皮卷

将所有原料加冰搅匀，滤入装有 1 块大方冰的老式杯。在酒的上方挤一下橙皮卷，然后用它轻轻擦一下整个杯沿，放入酒杯。接着在酒的上方挤一下柠檬皮卷，放入酒杯。

探索技法：
不完全稀释搅拌

　　许多老式鸡尾酒的传统做法都是在酒杯中制作完成后直接饮用。糖（砂糖或方糖）最先放，然后加入苦精和少量水一起搅拌或捣压。接着倒入威士忌，再放入一大块方冰，搅拌至适宜的稀释度。

　　因为老式鸡尾酒是加冰饮用的，所以它会在杯中继续稀释。"不完全稀释"是相对某些鸡尾酒需要完全稀释而言的，比如马天尼。后者需要加冰搅拌至原料完全融合、酒变得冰凉、稀释度足以中和烈酒的强劲，然后不加冰饮用。对老式鸡尾酒而言，我们必须降低稀释度，在达到完全稀释之前停止搅拌，从而确保烈酒的风味仍然凸显且带一点粗犷。

　　在时间充足、注重细节的前提下，用传统技法能够制作出一杯出色的老式鸡尾酒。然而，经过多年的调酒师培训，我们发现生意繁忙的酒吧永远不会有足够的时间或精力去确保糖完全融化，或者使酒达到适宜的稀释度。传统技法要用大约 3 分钟才能制作出一杯合格的老式鸡尾酒，而忙碌的调酒师大概只有 1 分钟的时间。因此，有时他们做出来的成品稀释度不够，杯底还有未融化的糖。

　　考虑到这些因素，我们通常会在搅拌杯中制作老式鸡尾酒：加入几块 1 英寸见方的冰块搅拌，在即将完全稀释时停下来。也就是说，酒已经冰凉，原料也已经充分融合，但威士忌的强劲口感还在时，将酒液滤入装有一块大方冰的老式杯（用几块 1 英寸见方的冰块也可以）。加入 1 英寸见方的冰块搅拌能够迅速冷却稀释酒，随后倒入装有一块大方冰的酒杯中则能够让酒在杯中缓慢稀释，延长整杯酒处于平衡状态的时间。

　　在搅拌杯中制作不但能节省时间，而且更容易地做出品质稳定的老式鸡尾

酒，还有助于对不同原料进行调整。酒精度偏高的烈酒（50% 及以上）可能比 40% 烈酒需要更长的稀释时间。除了老式鸡尾酒，我们还用这个方法来制作其他所有需要搅拌和加冰饮用的鸡尾酒。

然而，直接在酒杯中调制老式鸡尾酒也是可行的。你需要一块足够大的方冰把酒杯填满，而且在搅拌之后不会融化太多，否则它会浮在酒中。这可是调制老式鸡尾酒的大忌：冰块浮起来了，酒就会迅速稀释。如果你更喜欢直接在酒杯中调制老式鸡尾酒，那就选一块看起来比酒杯大一点的方冰。将原料倒入酒杯，把方冰放在上面。冰可能不会马上和酒接触，但是随着搅拌，冰会开始进入酒中。继续搅拌，不断品尝，直到核心烈酒的粗犷口感渐渐消失，但一定要在酒的味道变稀薄之前停下来。根据冰的大小和你的搅拌速度，整个过程需要大约两分钟。

杯型：老式杯

跟马天尼和高球一样，老式鸡尾酒是鸡尾酒世界中少数拥有同名酒杯的幸运儿之一。老式杯也被称为洛克杯，理想的容量在 12 ～ 14 盎司之间，这意味着它有足够的空间容纳 2 ～ 3 盎司鸡尾酒和一大块冰，而且冰的顶端正好处于杯沿之下，不会浮在酒里。（浮动的方冰会更快地融化并稀释鸡尾酒，而且在喝的时候更容易把酒溅在脸上。）老式杯还能用来盛放加碎冰的鸡尾酒，比如寇伯乐，在必要情况下甚至能盛放茱莉普。

老式杯的杯底应该是厚重的。至于杯壁，我们喜欢越薄越好，尽管酒吧苛刻的工作环境往往让我们不得不选择更厚实耐用的款式。理想的老式杯应该是微微朝着底部收窄，这样更容易拿（和闻香）。不过也有例外：在制作萨泽拉克及其改编版时，我们一般会用容量更小、杯壁笔直的老式杯，这样能集中用来洗杯的苦艾酒（或其他烈酒）的香气。

老式杯不像碟形杯或马天尼杯那样有着很多不同的风格，但有几种款式是我们非常喜爱而且会重复购买的。和其他酒吧用品（或者任何用品）一样，日本制造的老式杯是最好的。我们最爱的品牌是强化（Hard Strong）：日本出品的玻璃杯非常悦目，既精致又耐用。德国制造的杯子也不错，尤其是肖特·圣维莎（Schott Zwiesel），特别推荐他们的查尔斯·舒曼系列（The Charles Schumann Line）（详见第 309 页资源推荐部分"酒吧用品供应商"）。当然，选择多多的醴铎永远不会让你失望。最重要的是根据你的个人风格来做出选择。

老式鸡尾酒改编

　　到现在为止，我们已经谈到了理解和改编老式鸡尾酒的 3 种不同方法。但在实际操作中，我们经常会把这 3 种方法结合起来。这一部分的配方是通过对鸡尾酒多个元素——核心、平衡与调味的改变而创造出来的。

雪鸟

德文·塔比，2014

　　让奈德·瑞尔森大获成功的等份基酒法可以催生出各种各样的新配方。我们特别喜欢减少基酒的用量，然后加入另一种烈酒（比如苹果白兰地），衬托出主要烈酒的风味特质。黑麦威士忌和苹果白兰地是一对人见人爱的神奇搭档，而圣哲曼不管放在什么

里面都会让味道更好。一滴芹菜苦精带来了恰到好处的咸鲜味，让整杯酒不会太甜。

- 1½ 盎司瑞顿房黑麦威士忌
- ½ 盎司克利尔溪 2 年苹果白兰地
- ½ 盎司以小豆蔻浸渍的圣哲曼
- ½ 茶匙德梅拉拉树胶糖浆
- 4 滴奇迹里芹菜苦精
- 装饰：1 个西柚皮卷

酷女孩狂热

德文·塔比，2016

在创作新的鸡尾酒时，我们经常会从现有的配方里拿出一款来改编。这款酒的原型就是金色男孩（见第 10 页），尽管它的原料和原版配方完全不同，但在风味上却同出一脉。德文从同一个风味起点——葡萄干和威士忌——出发，在核心中加入少许泥煤味艾雷岛威士忌，并用葡萄干蜂蜜糖浆（见第 295 页）做平衡，让这款酒拥有了更多烟熏特质。

- 1¾ 盎司威雀苏格兰威士忌
- ¼ 盎司拉弗格 10 年苏格兰威士忌
- 1 茶匙葡萄干蜂蜜糖浆
- 2 滴安高天娜苦精
- 装饰：1 个橙皮卷和 1 个柠檬皮卷

将所有原料加冰搅匀，滤入装有 1 块大方冰的老式杯。在酒的上方挤一下橙皮卷，然后用它轻轻擦一下整个杯沿，放入酒杯。接着在酒的上方挤一下柠檬皮卷，放入酒杯。

奈德·瑞尔森

德文·塔比，2012

在这款奈德·瑞尔森中，核心包括少量

年份少的苹果白兰地，从而给整杯酒带来水果风味，而用于调味的奇迹里卡斯提尔苦精则饱含橙子、甘草和墨西哥菝葜风味。这是一款对老式鸡尾酒的改编，但改动非常少。

- 1½ 盎司布莱特黑麦威士忌
- ½ 盎司克利尔溪 2 年苹果白兰地
- 1 茶匙德梅拉拉树胶糖浆
- 2 滴奇迹里卡斯提尔苦精
- 1 滴豪斯橙味苦精
- 装饰：1 个柠檬皮卷

将所有原料加冰搅匀，滤入装有 1 块大方冰的老式杯。在酒的上方挤一下柠檬皮卷，放入酒杯。

冷面笑将

亚历克斯·戴和德文·塔比，2014

这款酒最大程度地体现了老式鸡尾酒的丰富与令人迷醉的特质，却没有用到一滴糖浆。相反，它的甜味来自葡萄干风味的雪莉酒和香草利口酒，与等份基酒——干邑和用芝麻浸渍的朗姆酒——形成平衡。只需要一滴苦精就能把这些饱满风味结合在一起。

- 1 盎司皮埃尔·费朗 1840 干邑
- 1 盎司以芝麻浸渍的朗姆酒
- ¼ 盎司卢士涛东印度索雷拉雪莉酒
- ¼ 盎司吉发得马达加斯加香草利口酒
- 1 滴比特储斯杰瑞·托马斯苦精
- 装饰：1 个橙皮卷

将所有原料加冰搅匀，滤入装有 1 块大方冰的老式杯。在酒的上方挤一下橙皮卷，然后用它轻轻擦一下整个杯沿，放入酒杯。

秋日老式鸡尾酒

德文·塔比，2013

死亡公社前调酒师主管布莱恩·米勒曾经创作过一款名为"大会"的老式鸡尾酒改编版，它的核心由 4 种不同的棕色烈酒组成。秋日老式鸡尾酒则是更浓郁深沉的版本。在融合这么多风味饱满的原料时，我们通常会将枫糖浆作为甜味剂，它的清新口感让这些烈酒不会变得那么厚重。

½ 盎司乔治·迪科尔黑麦威士忌

½ 盎司莱尔德 50° 苹果白兰地

½ 盎司塔希克 J.M 牌 VSOP 朗姆酒雅文邑

½ 盎司班克·诺特苏格兰威士忌

1 茶匙深色浓郁枫糖浆

2 滴比特曼巧克力香料苦精

1 滴安高天娜苦精

装饰：1 个橙皮卷和 1 个柠檬皮卷

将所有原料加冰搅匀，滤入装有 1 块大方冰的老式杯。在酒的上方挤一下橙皮卷，然后用它轻轻擦一下整个杯沿，放入酒杯。接着在酒的上方挤一下柠檬皮卷，放入酒杯。

圣诞坏老人

德文·塔比，2015

这款外表纯净透明的鸡尾酒喝起来却像是薄荷黑巧克力，我们喜欢把这样的酒叫作"毁三观鸡尾酒"。当然，伏特加绝对不是老式风格鸡尾酒的传统基酒，但把它和可可黄油一同浸渍，并加上少许巧克力利口酒，它就拥有了陈年烈酒般的浓郁和复杂。对一款如此浓郁、甜美的鸡尾酒来说，你要用少许咸鲜来调味（这款酒用的是盐溶液），让

风味变得清新。

2 盎司用可可黄油浸渍的绝对亦乐伏特加

¼ 盎司吉发得白可可利口酒

¼ 盎司吉发得马达加斯加香草利口酒

1 茶匙吉发得白薄荷利口酒

1 滴盐溶液

装饰：1 小块糖渍甘蔗

将所有原料加冰搅匀，滤入装有 1 块大方冰的老式杯。以糖渍甘蔗装饰。

海滩篝火

亚历克斯·戴，2015

海滩篝火出自沃克小馆的首份太平洋海岸高速公路主题酒单，希望给人一种围坐在篝火边共享一壶威士忌和一瓶冰啤酒的感觉。我们把自己的基准威士忌作为出发点，加上一点带有巧克力和肉桂风味的卡莎萨，再用菠萝糖浆增甜。在酒吧里做这款酒的时候，我们会在最后喷上山核桃木烟雾，并在饮用时搭配一小杯皮尔森（pilsner）啤酒。如果是在家中制作，你可以省略烟雾和啤酒。

1½ 盎司爱利加小批量波本威士忌

½ 盎司阿弗阿良木桶卡莎萨

1 茶匙菠萝树胶糖浆

1 滴安高天娜苦精

1 滴比特曼巧克力香料苦精

装饰：1 杯皮尔森啤酒

所有原料加冰搅匀，滤入装有 1 块大方冰的老式杯。用波利赛斯烟熏枪或类似工具给酒喷上山核桃木烟雾，只需产生一丝烟熏香气即可。

海滩篝火

老式鸡尾酒大家庭

　　通过对老式鸡尾酒模板的改编，你可以创造出全新种类的鸡尾酒。基础配方和大家庭中的配方有一个共同点：它们都着重于表现一种核心风味，只含有少量甜味剂和调味剂。接下来要给大家介绍几款我们常用的经典配方，并在它们的后面分别列出了一款以这些经典为灵感来源的原创鸡尾酒。

香槟鸡尾酒

经典配方

　　香槟鸡尾酒本质上就是一款用香槟代替了威士忌的老式鸡尾酒。由于香槟的酒精度偏低，像老式鸡尾酒那样进行不完全稀释显然是没有必要的，而且香槟的气泡也会因搅拌而破坏。因此，这款酒是在细长型香槟杯中直接调制。由于它不会像老式鸡尾酒那样加冰搅拌，调制时一定要用冰过的香槟。

1 块方糖
安高天娜苦精
干型香槟
装饰：1 个柠檬皮卷

　　将方糖放在一张纸巾上。将苦精滴入方糖，直至方糖被完全浸透。将方糖放入冰过的细长型香槟杯中，慢慢倒满香槟。无须搅拌。在酒的上方挤一下柠檬皮卷，放入酒杯。

任逍遥

蒙特卡洛

秋菊

诺曼底
俱乐部
老式鸡尾酒

突击测试

改变平衡

改良威士忌
鸡尾酒

改变调味

史丁格

猫头鹰

奈德·
瑞尔森

酷女孩
狂热

老式鸡尾酒

甜味剂 苦精

味美思
鸡尾酒

2 盎司 波本威士忌
1 茶匙 德梅拉拉树胶糖浆
（第 54 页）
1 滴 安高天娜苦精
1 滴 芳香苦精

冷面笑将

老式鸡尾酒
大家庭

波本威士忌

改变核心

撤退策略

雪鸟

海滩篝火

小潘趣

金色男孩

圣诞坏老人

秋日老式
鸡尾酒

欢庆

香槟
鸡尾酒

老式鸡尾酒
大家庭

美丽的翅膀

陆军元帅

剪切和黏贴

萨泽拉克

相约今宵

最后赢家

薄荷
茱莉普

香蕉拉克

传统茱莉普

山茶茱莉普

雪莉寇
伯乐

热托蒂

热魔

水深火热

牵引

偷窥假小子

枪械俱乐部托蒂

起泡酒

用起泡酒来调酒能起到多种作用，能增添气泡、烈度（酒精含量）、风味、酸度和甜度。了解具体的起泡酒品牌以及它们对配方的影响是非常有用的。但更基础的是你有必要去了解最常见的起泡酒种类，我们将在下面一一介绍。我们没有推荐具体的品种，因为有些品牌不是一直都能买到。而且，任何一款起泡酒在不同年份都有所不同。

香槟——起泡酒之王。它的售价也同样不菲，所以最好还是留给特殊场合享用。如果你追求高级感，我们推荐风格偏干的香槟（不要比天然型香槟更甜），它具有桃子、樱桃、柑橘类水果、杏仁和面包风味。常见风格包括无年份（酒庄的旗舰产品，带渣储存至少15个月）、白中白〔仅以霞多丽酿造〕、黑中白〔仅以黑皮诺和莫尼耶皮诺酿造〕、桃红（葡萄皮和酒接触形成粉色）和特酿（带渣储存平均6～7年）。

克雷芒是我们调酒时的首选起泡酒，它的酿造方式类似于香槟（但储存时间短一些），产自法国的8个不同区域，而且价格比香槟便宜得多。我们最喜欢勃艮第克雷芒和阿尔萨斯克雷芒，因为它们和香槟很相似，它们由生长在香槟附近的类似葡萄品种酿造，拥有极高的复杂度。和香槟一样，我们倾向于选择风格偏干的克雷芒。

卡瓦属于西班牙的香槟，用和香槟一样的传统方式酿造。用来酿造卡瓦的葡萄〔马家婆、沙雷洛和帕雷亚达〕造就了它类似香槟的某些特质，但风味却全然不同：新鲜苹果和梨、青柠皮、温柏，以及少许香槟拥有的杏仁味。卡瓦分为

3种不同的品质等级：卡瓦是标准等级，需要带渣储存至少9个月；珍藏卡瓦需要带渣储存至少15个月；顶级珍藏则需要带渣储存至少30个月，并在酒标上注明年份。

普洛塞克以查马法酿造，这意味着它要在大型容器中进行2次发酵，以产生气泡（而香槟法／传统法则是在瓶中进行2次发酵）。普洛塞克在意大利威尼托和弗留利—威尼斯朱利亚大区酿造，拥有清新的风味特质：青苹果、甜瓜、梨，甚至还有一点乳制品的顺滑。按照甜度的不同，它分为3个不同种类：天然型、特干型和干型。与按照传统法酿造的起泡酒相比，普洛塞克的风味、酒体和气泡大小都颇为不同，所以我们不建议只常备普洛塞克用于调酒。不过，它非常适合用来调制像阿佩罗汽酒（见第229页）这样的传统意大利餐前鸡尾酒，它就像是一位温柔的配角，衬托出风味更强烈的原料。

蓝布鲁斯科也是产自意大利的知名起泡酒，但除了酿造方法之外，它和普洛塞克几乎没有共同之处。名为蓝布鲁斯科的葡萄品种有13个，但种植最广泛的两个品种是蓝布鲁斯科萨拉米诺和蓝布鲁斯科格斯帕罗萨。葡萄先被制成清新的甜红葡萄酒，然后再制成起泡酒。蓝布鲁斯科通常具有强烈的草莓、覆盆子和大黄风味。按照甜度的不同，它分为3个不同种类：干型、半干型和甜型。我们不经常用蓝布鲁斯科来调酒，但它能给鸡尾酒增添复杂果味和少许气泡感。

陆军元帅

亚历克斯·戴，2013

改编香槟鸡尾酒就和改编其他老式鸡尾酒的变种一样容易。在这个配方中，糖被一款更甜的利口酒代替。孔比耶是一款橙味利口酒，而配方中用到的"皇家"款则是以干邑为基酒，营造出口感丰富的主干。从某种程度上说，这款改编介于经典香槟鸡尾酒和老式鸡尾酒之间，只不过它的原料是雅文邑和香槟，而非威士忌。

1 盎司塔西克经典 VS [1] **雅文邑**
½ 盎司皇家孔比耶
2 滴安高天娜苦精
2 滴北秀德苦精
干型香槟
装饰：1 个柠檬皮卷

将除了香槟之外的所有原料加冰搅匀，滤入冰过的细长型香槟杯。倒入香槟，用吧勺轻轻搅拌一下，令香槟和鸡尾酒融合。在酒的上方挤一下柠檬皮卷，放入酒杯。

美丽的翅膀

德文·塔比，2016

这款酒的灵感来自知名调酒师戴夫·库普钦思科（Dave Kupchinsky）在西好莱坞埃弗莱（Everleigh）创作的柠檬水鸡尾酒，同时又借鉴了香槟鸡尾酒的简单之美。通过浸渍的方式，它将风味丰富的洋甘菊和带着柔和草本味、略苦的好奇美国佬结合在了一起。在炎热天气里饮用这款酒会有非常清新的感受。

½ 盎司用洋甘菊浸渍的好奇美国佬
1 茶匙苏姿
1 滴比特曼西柚味苦精
5 盎司香槟
装饰：1 个柠檬圈

将除了香槟之外的所有原料加冰搅匀，滤入冰过的细长型香槟杯。倒入香槟，用吧勺轻轻搅拌一下，令香槟和鸡尾酒融合。用柠檬圈装饰。

欢庆

德文·塔比，2016

在这个配方中，尽管香槟之外的其他原料分量颇重（已经超过了一块浸满苦精的方糖），但它们的作用是一样的：增强基础烈酒自身已有的风味，从而进一步突出它的特质，包括核果、面包、坚果和香料。此外，我们还增加了一样新的原料——香槟酸，它由酒石酸和乳酸组成，能够增加干型香槟的酸度。

½ 盎司克利尔溪梨子白兰地
¼ 盎司卢士涛加拉娜菲诺雪莉酒
1 茶匙福塔莱萨微酿特其拉
¼ 盎司肉桂糖浆
½ 茶匙香槟酸溶液
4 盎司干型香槟

将除了香槟之外的所有原料加冰搅匀，滤入冰过的细长型香槟杯。倒入香槟，用吧勺轻轻搅拌一下，令香槟和鸡尾酒融合。无须装饰。

---

① VS：陈酿至少 2 年。——译者注

茱莉普

从本质上说，茱莉普就像是一款特别清新的老式鸡尾酒，用薄荷代替了苦精。许多美国南方人会对这个说法表示强烈反对，他们坚信制作茱莉普是梅森—迪肯森线以南地区的神圣传统，而扬基佬们永远不会懂。

即便如此，我们还是要冒着风险在这里写下对茱莉普制作技巧的建议。首先，你要取 4 ~ 5 根健康的薄荷枝，放在一起形成紧密的一束，直径约 6 英寸，然后把它们的茎剪成 6 英寸长。除去底部的叶片（最好把这些叶片留着做其他用途）。从杯沿处拿着空的茱莉普杯（避免双手的油脂粘在杯子上，否则杯壁结不了霜），把薄荷束倒过来放进杯中，让薄荷叶轻轻摩擦杯子的内壁，力度要刚好——你能闻到薄荷的香气，但又不会损伤叶片。取出薄荷，放在一旁备用。在杯中

倒入烈酒和甜味剂，用吧勺迅速搅匀。加入碎冰至杯约 2/3 处，缓慢搅拌至杯子的外壁结霜。一旦结霜之后，加入更多碎冰，让它们高高地隆起，然后沿着酒杯一侧插入吸管。用画小圆圈的方式轻轻摇动吸管，直到出现一道小小的空隙。把薄荷束小心地插入空隙中，确保叶片紧紧合在一起，薄荷枝看上去就像是从碎冰里长出来的一样。

薄荷茱莉普

经典配方

1 束薄荷

2 盎司水牛足迹波本威士忌

¼ 盎司单糖浆

用薄荷束摩擦茱莉普杯内壁，然后取出备用。倒入波本威士忌和糖浆，加满一半碎冰。按住杯沿搅拌 10 秒左右，要让碎冰也一起转动。加入更多碎冰至杯约 2/3 处，搅拌至杯子的外壁完全结霜。加入更多碎冰，让它们高高地超出杯沿。以薄荷束装饰，插入吸管。

尝试其他草本植物

作为一种草本植物，薄荷在调酒中的用途十分广泛。它可以通过捣压或浸渍的方式来增添风味，或者作为装饰以增添香气。不过，我们还是强烈建议用更换草本植物的方式来对茱莉普模板进行试验，无论是其他薄荷品种（比如菠萝薄荷或巧克力薄荷）还是种类繁多的罗勒、鼠尾草或百里香。要记住的是，有些草本植物（比如某些鼠尾草品种）在捣压后味道会变得令人不快，而且捣压鼠尾草会导致一片狼藉，味道也不那么好。在改用这样的草本植物时，你应该把它们作为装饰，或者用浸渍或糖浆的方式来萃取风味。

最后赢家

娜塔莎·大卫，2014

干邑和牙买加朗姆酒的组合经常会在经典鸡尾酒配方中出现。在这个配方中，它们构成了一种饱满、强烈的核心风味，正好与桃子利口酒明亮的果味形成对比。阿玛罗就好比连接这两大不同阵营的桥梁，像苦精一样平衡着其他不同的风味。

1 束薄荷
1 盎司皮埃尔·费朗 1840 干邑
½ 盎司汉密尔顿牙买加罐式蒸馏金色朗姆酒
¾ 盎司奇奥奇阿拉阿玛罗
1 茶匙吉发得桃子利口酒
装饰：1 片桃子和糖粉

用薄荷束摩擦茱莉普杯内壁，然后取出备用。倒入其他所有原料，加入一半满的碎冰。按住杯沿搅拌 10 秒左右，要让碎冰也一起转动。加入更多碎冰至 2/3 满，搅拌至杯子的外壁完全结霜。加入更多碎冰，让它们高高地超出杯沿。以薄荷束和桃片装饰，在薄荷束上轻轻撒上糖粉。插入吸管。

传统茱莉普

亚历克斯·戴和德文·塔比，2015

对想要尝试清新口感的老式鸡尾酒爱好者而言，这款具有烤核果和温暖秋日风味的鸡尾酒再合适不过了。我们使用了两种梨子味原料，梨子白兰地带来烈度和梨子般的颗粒质感，梨子利口酒则增添了柔和果味。配方中的阿玛罗·蒙特内罗将这款酒归入了餐前酒的阵营。

1 束薄荷
1¼ 盎司布斯奈 VSOP 苹果白兰地
½ 盎司克利尔溪梨子利口酒
¼ 盎司克利尔溪梨子白兰地
¼ 盎司阿玛罗·蒙特内罗
1 茶匙肉桂糖浆
2 滴磷酸溶液
装饰：穿在酒签上的 3 片苹果和糖粉

用薄荷束摩擦茱莉普杯内壁，然后取出备用。倒入其他所有原料，加入一半满的碎冰。按住杯沿搅拌 10 秒左右，要让碎冰也一起转动。加入更多碎冰至杯约 2/3 处，搅拌至杯子的外壁完全结霜。加入更多碎冰，让它们高高地超出杯沿。以薄荷束和苹果片装饰，在薄荷束上轻轻撒上糖粉。插入吸管。

山茶茱莉普

德文·塔比，2013

在用未陈年烈酒充当一款鸡尾酒的核心时，我们通常会加入其他原料来复制橡木和岁月产生的风味。在这个配方中，我们用的是用苦可可粒浸渍的无色梨子白兰地，并用阿蒙提那多雪莉酒的坚果和香料风味来强化。

1 束薄荷
1½ 盎司用可可粒浸渍的梨子白兰地
½ 盎司卢士涛路爱可阿蒙提那多雪莉酒
1 茶匙德梅拉拉树胶糖浆

用薄荷束摩擦茱莉普杯内壁，然后取出备用。倒入其他所有原料，加入一半满的碎冰。按住杯沿搅拌 10 秒左右，要让碎冰也一起转动。加入更多碎冰至杯 2/3 处，搅拌至杯子的外壁完全结霜。加入更多碎冰，让它们高高地超出杯沿。以薄荷束和桃片装饰，在薄荷束上轻轻撒上糖粉。插入吸管。

萨泽拉克

经典配方

　　真正出色的鸡尾酒将成为标志性经典。萨泽拉克就是这样的鸡尾酒。看看萨泽拉克的构成——烈酒、糖、苦精、柑橘类水果，它很显然和老式鸡尾酒有关，但又有所不同。两者都以老式杯盛放，但老式鸡尾酒要加冰，萨泽拉克则不加冰。老式鸡尾酒要在杯中加入柑橘果皮卷装饰，而萨泽拉克需要挤一下柠檬皮，随后丢弃。更具戏剧性效果的是，萨泽拉克还和饮者玩了个小小的感官恶作剧：在倒入酒之前，酒杯要先用苦艾酒冲洗，留下强烈的茴香和柑橘水果香气，直到整杯酒喝完还不散，而这种香气正好和冰凉强劲的酒液形成对比。这一技法——用香气浓郁的烈酒洗杯——让萨泽拉克与众不同，成为了萨泽拉克及其改编版的标志性特点。

　　萨泽拉克还很好地体现了经典鸡尾酒是怎样根据原料在某个地区的流行而进化的。19 世纪中期，新奥尔良法语区——萨泽拉克的诞生地——最流行的烈酒是干邑，但到了 19 世纪末，法国葡萄园爆发了葡萄根瘤蚜虫灾害，造成干邑短缺，新奥尔良人开始转而喝黑麦威士忌。在新奥尔良生产的北秀德苦精带有独特的茴香味，一直以来都是萨泽拉克不可或缺的原料，但我们发现在基准配方中加入法国苦艾酒和安高天娜苦精的效果也很棒。

老蓬塔利耶苦艾酒

1½ 盎司瑞顿房黑麦威士忌

½ 盎司皮埃尔·费朗 1840 干邑

1 茶匙德梅拉拉树胶糖浆

4 滴北秀德苦精

1 滴安高天娜苦精

装饰：1 个柠檬皮卷

　　用苦艾酒冲洗老式杯后倒掉。将其他所有原料加冰搅匀，滤入酒杯。在酒的上方挤一下柠檬皮卷，无须放入酒杯。

苦艾酒

从很多方面来说，苦艾酒和苦精都如出一辙。与苦精一样，苦艾酒也是一种高度浓缩的调味剂，可以少量加入鸡尾酒中，带来浓烈的药草味。我们有时会用苦艾酒洗杯，然后再倒入鸡尾酒——这正是萨泽拉克不同于老式鸡尾酒的关键性技法。因为烈度足够高，苦艾酒会留在杯壁上，起到增香作用，带来和鸡尾酒相辅相成或截然不同的独特香气。苦艾酒还能在调酒时少量使用，用来产生药草味，为鸡尾酒的核心风味增添复杂层次。秋菊就是一个例子：一茶匙苦艾酒加强了干味美思的药草特质和法国廊酒的蜂蜜香料特质。我们在调酒时使用苦艾酒很少超过 ¼ 盎司，因为它会迅速盖过核心风味，并破坏其他原料的味道。

苦艾酒可以分为几种不同的风格。我们更喜欢风味纯净的瑞士或法国风格。我们最爱的一部分品种来自潘诺、埃米尔潘诺和圣乔治烈酒。

剪切和黏贴

亚历克斯·戴，2012

尽管储存了 8 年，但这个配方中的苹果白兰地喝上去并不像陈年烈酒，所以我们在核心中加入了一款罐式蒸馏的爱尔兰威士忌，带来香草和香料风味。由于爱尔兰威士忌和蜂蜜很搭配，我们用蜂蜜糖浆来充当甜味剂，它能让整杯酒的口感轻盈爽脆，而德梅拉拉树胶糖浆则太甜腻了。

老蓬塔利耶苦艾酒
1½ 盎司克利尔溪 8 年苹果白兰地
¾ 盎司知更鸟 12 年爱尔兰威士忌
¼ 盎司蜂蜜糖浆
3 滴北秀德苦精
1 滴安高天娜苦精

用苦艾酒冲洗一下冰过的老式杯，然后倒掉。将其他所有原料加冰搅匀，滤入酒杯。无须装饰。

牵引

德文·塔比，2014

莉蔻伯乐在 19 世纪的美国风靡一时，雪莉酒和雪莉鸡尾酒的忠实信徒，我兴能够以现代方式来呈现它。在这款，朗姆酒带出了阿蒙亚那多雪莉酒中觉察的干果风味。

个柠檬角
块切成一半的草莓
½ 盎司卢士涛路爱可阿蒙提亚多雪莉酒
盎司圣特蕾莎 1796 朗姆酒
盎司奶与蜜自制橙皮利口酒
饰：半颗草莓、1 个柠檬角、1 根薄荷

摇酒壶中捣压柠檬角和切成一半的倒入其他所有原料，加冰摇匀。双重有碎冰的老式杯。以半颗草莓、柠檬荷装饰，插入吸管。

偷窥假小子

德文·塔比，2017

仁和核果（比如杏子、桃子和李子）学上是有联系的，所以就调酒而言，一起的味道通常会很好。阿蒙提亚多延续着坚果主题，干邑增添了少许浓烈度。尽管新鲜核果可能在甜度和酸有点不平衡，但整个配方的平衡度极好地融合了不同成熟度的水果。

个柠檬角
个橙圈
片当季核果
½ 盎司卢士涛路爱可阿蒙提亚多雪莉酒
盎司皮埃尔·费朗琥珀干邑

¼ 盎司以烤杏仁浸渍的杏子利口酒（第 295 页）
1 茶匙德梅拉拉树胶糖浆
装饰：1 根薄荷、1 个柠檬圈、1 个橙圈、1 片当季核果

在摇酒壶中捣压柠檬角、橙圈和糖浆。加入其他所有原料，加几片碎冰搅打至均匀。滤入双重老式杯，加满更多碎冰，让它们高高隆起。以薄荷和水果片装饰，插入吸管。

雪莉寇伯乐

雪莉寇伯乐

经典配方

用分量更大、酒精度更低的阿蒙提亚多雪莉酒代替老式鸡尾酒中的高烈度威士忌，再用捣压过的橙皮代替苦精，这样做出来的就是寇伯乐。阿蒙提亚多雪莉酒是一种加强型葡萄酒，能够为鸡尾酒带来酒体和酸度，这使得它成为了绝佳的基酒。橙圈被捣压过后，橙肉给酒增添了一丝甜味，苦的海绵层和口感活泼的橙皮油则起到了调味作用。这种复杂度正好与用新鲜薄荷装饰的清爽香气形成平衡。

装饰的选择不限于这个配方中的橙圈加薄荷。各种当季水果都是雪莉寇伯乐的传统装饰，所以你可以大胆尝试手头现有的水果或草本植物。我们的调酒师朋友喜欢开一个圈内人才懂的玩笑：每当有别的调酒师点了一杯雪莉寇伯乐，他们做出来的酒一定特别浮夸、装饰过了头。

3 片橙子
1 茶匙蔗糖浆
3½ 盎司阿蒙提亚多雪莉酒
装饰：半个橙圈和 1 束薄荷

在柯林斯杯中捣压橙片和糖浆。倒入雪莉酒，迅速搅拌一下。加满碎冰，再搅拌几次，令鸡尾酒降温。继续加碎冰至整个杯子都满了为止。以半个橙圈和 1 束薄荷装饰，插入吸管。

相约今宵

德文·塔比，2017

在这款鸡尾酒中，以酸樱桃浸渍的瑞顿房黑麦威士忌带有明显的酸味，正好和苹果白兰地的果味形成平衡。如果单独使用的话，这两种原料的味道可能都过于甜和平淡了。不过，只需要几滴苦艾酒就能给整杯酒带来活泼而复杂的茴香风味，以一种出人意料的方式衬托出酸味和果味，从而很好地发挥了调味剂的作用。

潘诺苦艾酒
1½ 盎司以酸樱桃浸渍的瑞顿房黑麦威士忌
½ 盎司克利尔溪 2 年苹果白兰地
1 茶匙德梅拉拉树胶糖浆
2 滴北秀德苦精
2 滴潘诺苦艾酒
装饰：穿在酒签上的 1 颗白兰地樱桃

用苦艾酒冲洗一下冰镇的老式杯，然后倒掉。将其他所有原料加冰搅匀，滤入酒杯。用樱桃装饰。

香蕉拉克

娜塔莎·大卫，2014

在高烈度的鸡尾酒中加入香蕉味？在从前，这种做法基本上不被看好。然而，利口酒公司吉发得（Giffard）在美国市场推出了巴西香蕉利口酒，它的品质远远超出了我们的预期。当我们的团队第 1 次品尝时，很惊喜地发现它的口感平衡，而且带有真正的香蕉风味，这对利口酒来说很难得。而且，它也能百搭。在这个配方中，它起到了配角的作用，为一杯高烈度的鸡尾酒调味。

潘诺苦艾酒
1 盎司皮埃尔·费朗 1840 干邑
1 盎司老奥弗霍尔德黑麦威士忌
½ 盎司吉发得巴西香蕉利口酒
½ 盎司德梅拉拉树胶糖浆
装饰：1 个柠檬皮卷

用苦艾酒冲洗一下冰过的老式杯，然后倒掉。将其他所有原料加冰搅匀，滤入酒杯。在酒的上方挤一下柠檬皮卷，无须放入杯中。

热托蒂

经典配方

水是一个经常被忽视的鸡尾酒组成部分。在我们的老式鸡尾酒配方中，水从少量的稀释中产生，这既来自加冰搅拌原料的过程，也来自大块冰在杯中稀释的过程。如此说来，托蒂其实就是一款老式鸡尾酒，只不过用热水代替了冰水。这从两大方面改变了它的性质。首先，热水让酒精味更浓了。假设水量和常规老式鸡尾酒稀释出来的一样——约1盎司，再与烈酒、甜味剂和苦精一起加热，做出来的托蒂会酒精味很冲，口感不佳。所以，托蒂要做成长饮。我们发现，4盎司水和2盎司烈酒是个不错的基准比例。

其次，酒精加热之后会挥发。所以，在饮用热托蒂时，易于挥发的香气会随着第1次举杯直冲你的鼻腔。如果酒精度过高，这种感觉并不好受，但它也给调酒师提供了一个对香气进行试验的机会，无论是用浸渍烈酒，还是选用本来就有特殊香气的原料。比如，卡尔瓦多斯加热后的香气十分美妙，令人联想到一件厚毛衣，温馨感十足。

托蒂不但是热饮，稀释度也比其他鸡尾酒更高，因此，它需要的甜味剂和调味剂会比老式鸡尾酒更多一点，否则喝起来就太单薄了。配方里的少许柠檬汁不会让它变酸，

相反，它有助于鸡尾酒的调味，并且让其他原料完美融合在一起。

> **2 个柠檬角**
> **1½ 盎司爱利加小批量波本威士忌**
> **¾ 盎司蜂蜜糖浆**
> **1 滴安高天娜苦精**
> **4 盎司沸水**
> **装饰：肉豆蔻和 1 根肉桂棒**

在托蒂杯中挤入两个柠檬角的汁液，然后加入其他原料（除了沸水）。倒入沸水，然后在酒上撒肉豆蔻粉，用肉桂棒装饰。

水深火热

布列塔尼·费尔斯，2014

如果传统热托蒂对你来说还不够冷，可以试试这个版本。它来自怀俄明州杰克逊霍尔（Jackson Hole）的玫瑰酒吧，当地以冬季严寒而著称。它让人想起一杯含酒精的咖啡，咖啡利口酒带来浓郁的意式咖啡风味，小豆蔻苦精的开胃风味则令人联想到菊苣。

> **1½ 盎司皮埃尔·费朗 1840 干邑**
> **¼ 盎司加利安奴咖啡利口酒**
> **½ 盎司深色浓郁枫糖浆**
> **1 滴费氏兄弟小豆蔻苦精**
> **4 盎司沸水**
> **装饰：1 根肉桂棒**

将除了沸水之外的所有原料倒入搅拌杯中搅匀。倒入托蒂杯，接着倒入沸水。用肉桂棒装饰。

热托蒂

枪械俱乐部托蒂

枪械俱乐部托蒂

亚历克斯·戴，2012

托蒂应该给人带来慰藉。在这个改编中，我们试着尽可能多地加入令人感到舒适的元素。卡尔瓦多斯和夏朗德皮诺（一种用未发酵葡萄汁和年轻干邑酿造的餐前酒）是主干，有养生作用的洋甘菊、柠檬和蜂蜜能够增强风味。这款托蒂不但风味浓郁，还能抚慰身心。

1½ 盎司用洋甘菊浸渍的卡尔瓦多斯

1 盎司夏朗德皮诺

½ 盎司蜂蜜糖浆

¼ 盎司新鲜柠檬汁

4 盎司沸水

装饰：穿在酒签上的 5 片苹果

将除了沸水之外的所有原料倒入搅拌杯中搅匀。倒入托蒂杯，接着倒入沸水。用苹果片装饰。

热魔

德文·塔比、凯蒂·爱默生和亚历克斯·戴，2015

这款鸡尾酒比传统托蒂复杂得多。用红辣椒浸渍的波本威士忌带来柔和的辣味，同时又不会让整杯酒过于辛辣，而用苹果汁代替了水，营造出更多复杂层次。

1 盎司用泰国红辣椒浸渍的波本威士忌

½ 盎司路萨多阿巴诺阿玛罗

½ 盎司亚历山大·朱尔斯阿蒙提那多雪莉酒

3 盎司新鲜富士苹果汁

1 茶匙梅德洛克·艾姆斯酸葡萄汁

½ 盎司深色浓郁枫糖浆

1 滴盐溶液

装饰：穿在酒签上的 3 片苹果

将所有原料倒入小号平底锅中，开中火加热，期间偶尔搅拌一下，直到开始冒热气（但不要沸腾）。倒入托蒂杯中，用苹果片装饰。

枫糖浆

正宗枫糖浆价格昂贵，但不是没有理由的，它的生产过程非常麻烦。不过，你可以用其他原料来代替它。我们试过用各种枫糖浆来调酒，最后发现"A级深色浓郁枫糖浆"类别的效果最佳。在用蜂蜜调酒时，我们想要的是它的微妙口感，而在用枫糖浆调酒时，我们想要的是它明显的枫树风味。所以，尽管用风格清淡的枫糖浆也能调出很棒的鸡尾酒，但我们发现，它们的微妙特质往往难以得到体现。

由于口感独特，枫糖浆很适合用来做一些风味搭配。枫树味和威士忌、苹果白兰地和朗姆酒都很搭配，尤其是陈年糖蜜朗姆酒。但它也适合搭配像迷迭香和鼠尾草这样的草本植物，以及像肉豆蔻这样的香料。这并不奇怪，任何在秋冬季生长或者有温暖感觉的原料都是枫糖浆的好搭档。

我们用原生态的枫糖浆来调酒，无须对它进行任何加工。

进阶技法：
自制糖浆

　　糖浆是一种常见的鸡尾酒原料，但有时它们并没有得到应有的关注。在调酒时，一款基础糖浆（比如用等份水和糖制成的单糖浆）是稳定和精确增甜的最佳原料。如果选择用砂糖，不同的糖和不同的调酒师带来的变数太多了。为了保证糖浆口感的精确和稳定，我们需要细心、有技巧、精准地去制作它们。

　　一款基础糖浆也是绝佳的改编模板，无论是加入另一种风味还是使用增稠剂，比如德梅拉拉树胶糖浆中的阿拉伯树胶。你还可以改变糖与水的比例，或使用其他甜味剂，比如蜂蜜、龙舌兰花蜜或枫糖浆。

　　在自制糖浆时，水质也是一个重要的考量因素。有些本地水源很适合用来做糖浆，有些则并非如此。为了确保最佳效果，无论你的水源品质如何，我们都建议使用过滤水。在我们的一些酒吧里，我们甚至还会对水进行软化或加入特别的矿物质，以保证用来制作糖浆的水质尽可能好，但在大部分情况下，普通家用过滤水就可以了。

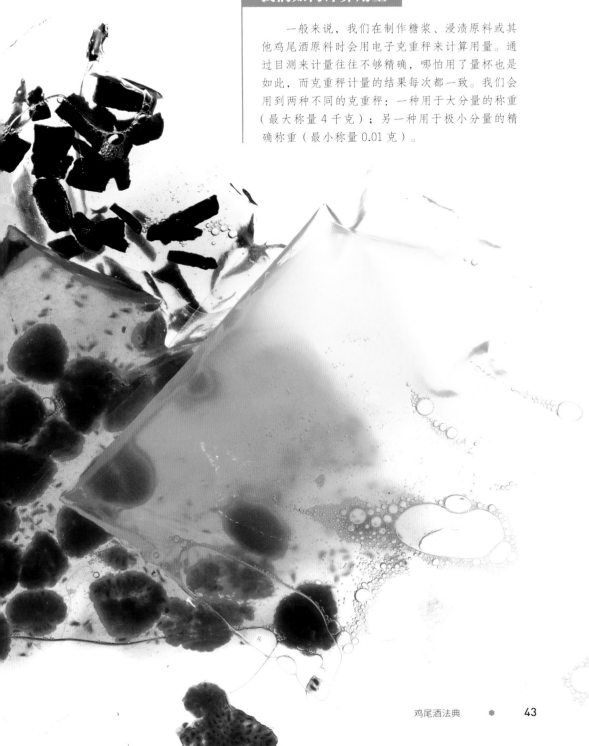

体积还是重量：
我们如何计算用量

　　一般来说，我们在制作糖浆、浸渍原料或其他鸡尾酒原料时会用电子克重秤来计算用量。通过目测来计量往往不够精确，哪怕用了量杯也是如此，而克重秤计量的结果每次都一致。我们会用到两种不同的克重秤：一种用于大分量的称重（最大称量 4 千克）；另一种用于极小分量的精确称重（最小称量 0.01 克）。

手工混合糖浆

手工混合糖浆非常简单：你只需要用搅打或摇匀的方式来混合甜味剂和水。用砂糖制作的手工混合糖浆大都使用等份的糖和水。用液体甜味剂（如蜂蜜）制作的糖浆则需要使用比例更少的水。手工混合糖浆的前提是原料在室温下就能轻松融合，或是我们想要保持水和甜味剂的比例。比如，

单糖浆的制作方法通常是把砂糖溶解在沸水中，然而我们更喜欢手工混合单糖浆，以确保1：1的糖与水的比例不会发生变化。温度也会影响糖的分子结构。比如，蔗糖（也就是通称为白糖的双糖）经过长时间煮沸后会转化成单糖和果糖，味道会变得更甜（并引起严重宿醉）。

如何自制手工混合糖浆

克重秤

碗

打蛋器

储存容器

1.仔细对原料进行称重。

2.将原料放入碗中。

3.搅打或摇晃至糖完全融化。

4.将糖浆倒入储存容器，盖好盖子，冷藏一段时间后即可使用。

单糖浆

成品分量：16 盎司 | 技法：手工混合

单糖浆以等份的白糖和水混合而成。它有着非常中性的风味，对调酒师而言，这是它的最佳特性之一。我们通常只会用到非常少量——在半茶匙和¼盎司之间的单糖浆，以改变平淡的风味或抑制苦味（但又不会完全盖住苦味）。只有在平衡柑橘类果汁时，我们才会大量使用——在¾盎司到1盎司之间的单糖浆。

250 克白糖

250 克过滤水

将白糖和水放入碗中，搅打至白糖融化。倒入储存容器，冷藏一段时间后即可使用。保质期 2 周。

蜂蜜糖浆

成品分量：约 16 盎司 | 技法：手工混合

杂货店里售卖的蜂蜜大都是丁香蜂蜜。尽管你可以用优质丁香蜂蜜做出很棒的鸡尾酒，但我们发现大部分商业丁香蜂蜜会掩盖其他原料的风味。我们更喜欢用风格偏清淡的丁香蜂蜜来调酒，如果用清淡花蜜就更好了，比如我们平时最爱用的刺槐花蜜。然而，优质蜂蜜越来越难买到了，价格也越来越高，所以总能买到我们最爱的蜂蜜并不容易，而其高昂的价格也让人难以接受。我们已经改用另一种更普通的野花蜜了，目前看来效果不错。

因为蜂蜜很黏稠，我们会兑水（按体积计量，比例约为 3 份蜂蜜兑 1 份水），这样更易于调酒。

540 克刺槐花蜜或野花蜜
100 克温过滤水

将蜂蜜和水放入碗中，搅打至完全混合。倒入储存容器，冷藏一段时间后即可使用。保质期 2 周。

电动搅拌糖浆

　　用电动搅拌机来制作糖浆能够让糖晶体和粉末状原料（如柠檬酸）迅速溶解。如果糖浆中含有会被高温破坏的原料（如草莓），我们也会使用电动搅拌机。

如何自制糖浆

克重秤

电动搅拌机

细孔滤网

储存容器

1. 仔细对原料进行称重。
2. 将原料倒入电动搅拌机。
3. 高速搅拌，直至糖融化和所有固体原料变成液体。
4. 如使用固体原料，用细孔滤网过滤糖浆。
5. 将糖浆倒入储存容器，盖好盖子，冷藏一段时间后即可使用。

糖浆的保质期

　　糖可以作为一种防腐剂，所以只要储存得当，很多糖浆都可以保存相当长的时间。然而，在同时用了糖和水果的情况下，它可能会变成细菌的温床。根据我们的经验，我们通常会避免使用超过了 2 周的糖浆。那些只用甜味剂和水做成的糖浆或许可以保存更长时间，但其他的更有可能会变质，比如草莓糖浆。在使用自制糖浆之前一定要先品尝。如果你尝出了有气泡的感觉，不要使用，这意味着糖浆已经开始发酵。

电动搅拌草莓糖浆

成品分量：约 16 盎司
技法：电动搅拌机

如果你吃过正当季的莓果，就会知道大部分莓果味食物的味道无法与真正的天然莓果相比。这通常要归咎于莓果被加工成糖浆和其他调味剂的方式。比如，草莓一旦被加热，就会变味。所以，为了锁住新鲜草莓风味，我们将重量相同的草莓和糖混合，然后用细孔滤网过滤。

250 克去掉了花萼的草莓
250 克白糖

将草莓和白糖放入电动搅拌机，搅打至非常顺滑。用细孔滤网过滤，同时压榨固体物，尽可能多地萃取出液体。倒入储存容器，冷藏一段时间后即可使用。保质期 2 周。

蔗糖浆

成品分量：约 16 盎司
技法：电动搅拌机

未经脱色处理的蔗糖不像普通白糖那么精致。它呈淡琥珀色，颗粒大小约为白糖的两倍。它的味道比白糖更丰富，但比德梅拉拉蔗糖更淡，这使得它的用途非常广泛。

只需要加 1 茶匙蔗糖浆，就能提升鸡尾酒的风味和质感，而且它与柑橘类水果很搭配，尤其是在基酒拥有强烈特质的情况下，比如特其拉或农业朗姆酒。和我们的德梅拉拉蔗糖浆一样，我们用两份糖兑一份水来制作味道浓郁的蔗糖浆，从而最大限度地体现它的特性。

300 克未经脱色处理的蔗糖
150 克过滤水

将蔗糖和水放入电动搅拌机，搅打至质地非常顺滑。倒入储存容器，冷藏一段时间后即可使用。保质期 2 周。

自制红石榴糖浆

成品分量：约 16 盎司
技法：电动搅拌机

许多酒吧都通过浓缩石榴汁中加入其他调味剂的方法来制作红石榴糖浆。这样做出来的糖浆既混浊又浓稠，而且在我们看来，完全没有童年记忆中红石榴糖浆的味道。当然，我们以前在调制秀兰·邓波儿用的红石榴糖浆颜色非常鲜艳，是用高果糖玉米糖浆做成的，但它看上去很漂亮，我们曾经很喜欢。后来，我们决定用优质原料开发一款红石榴糖浆配方，同时又要向我们记忆中的红石榴糖浆致敬。最终，下面这个简单、纯净的版本诞生了，而且它的制作方式超级简单。

250 克 POM 奇妙石榴汁
250 克未经脱色处理的蔗糖
1.85 克苹果酸
1.25 克柠檬酸
0.15 克特拉香料橙子提取物

将所有原料放入电动搅拌机，搅打至白糖融化。倒入储存容器，冷藏一段时间后即可使用。保质期 3 周。

自制姜味糖浆

成品分量：约 16 盎司
技法：电动搅拌机

姜（通常是姜汁啤酒）是诸多经典鸡尾酒的重要组成部分，比如莫斯科骡子（见第 141 页）和黑暗风暴（见第 142 页），同时也是一部分当代鸡尾酒的好搭档，比如盘尼西林（见第 291 页）。尽管市面上能买到许多好喝的姜汁啤酒，但调酒师往往更喜欢用姜味糖浆（通常再加上苏打水）来营造类似的风味特质。我们的自制姜味糖浆包含 1 份新鲜姜汁和 1½ 份未经脱色处理的蔗糖。最后做出来的糖浆辣味非常重，几乎让你觉得舌头在燃烧。没错，它非常辣，但你可以用其他原料进行平衡。如果你没有适合生姜的榨汁器，可以去特色食品店或果汁店购买不添加任何甜味剂的新鲜姜汁。

250 克新鲜生姜（洗净并切碎）
约 300 克未经脱色处理的蔗糖

将生姜榨汁（无须削皮），用细孔滤网过滤。称一下姜汁的重量，乘以 1.5 就是你要添加的蔗糖重量。

将姜汁和蔗糖放入电动搅拌机，搅打至蔗糖融化。倒入储存容器，冷藏一段时间后即可使用。保质期 2 周。

特殊糖浆原料

阿拉伯树胶：又称刺槐树胶，是从刺槐树上收集的变硬了的树胶。它主要由不同的糖分和少量蛋白质组成。其中，某些蛋白质让它成为一种乳化剂，可令糖浆变得黏稠，并将所有原料融合在一起。我们的德梅拉拉树胶糖浆和菠萝树胶糖浆就是两个很好的例子。

柠檬酸：这是在柑橘类水果中存在的一种酸。我们用柠檬酸粉末来充当糖浆的调味剂，比如覆盆子糖浆。我们还把它做成溶液（5 份水兑 1 份柠檬酸），在某些鸡尾酒中代替新鲜柑橘果汁，这样我们既能增加酸度，又避免了柑橘果汁中的颗粒物。这对气泡鸡尾酒来说也很重要，因为带有果肉的果汁会抑制碳酸化反应。

乳酸：我们有时会在某些糖浆中非常少量地使用乳酸，带来饱满的质感，比如我们的香草乳酸糖浆。

苹果酸：苹果酸最早是从苹果汁中提取的，有种类似于未成熟的青苹果味道。我们用它来营造一种尖酸的口感，比如我们的自制红石榴糖浆。

诺维信果胶酶 Ultra SP-L：这种酶能够分解糖浆中的固体物，起到澄清的作用。我们只在澄清含有果胶的原料时使用果胶酶：可以用离心机处理，比如我们的澄清草莓糖浆，也可以简单地在糖浆中加入果胶酶，静置一段时间即可。

浸入式循环器糖浆

　　你还可以用浸入式循环器进行真空低温慢煮：将原料放入塑料袋密封，然后在恒温水中加热，这能够保持原料的新鲜风味。我们最爱的是覆盆子糖浆，覆盆子非常脆弱，如果加热温度过高，它们的风味会变得有点像糖果。但是，如果你将覆盆子、糖和水放入塑料袋密封，以恒温水加热（温度设定在温和的57.22℃），做出来的糖浆就能够保留新鲜覆盆子的精华，而且色泽也很漂亮。我们还会用浸入式循环器来让某些粉末溶解，比如阿拉伯树胶。这使得我们花几个小时就能做好德梅拉拉树胶糖浆和菠萝树胶糖浆。

如何自制浸入式循环器糖浆

大号水盆

浸入式循环器

克重秤

碗

可重复密封的防热塑料袋，比如保鲜袋

细孔滤网

咖啡滤纸或超级袋

储存容器

1. 在水盆中装满水，将浸入式循环器放入水中。

2. 将循环器设置到想要的温度。

3. 仔细对原料进行称重，然后将它们全部放入碗中混合。

4. 将全部原料装入可密封的防热塑料袋。要将塑料袋几乎完全密封，以排出尽可能多的空气，然后将塑料袋浸入水里（没有封住的部分不要浸入）。来自水的反压力会把剩下的空气挤压出去。将塑料袋完全密封，从水里拿出。

5. 水达到理想的温度之后，将密封塑料袋放入水盆。

6. 计时结束后，小心去除塑料袋。

7. 用细孔滤网过滤糖浆，去除全部固体物。如果糖浆中有颗粒残留，用咖啡滤纸或超级袋过滤。

8. 将糖浆倒入储存容器，冷藏一段时间后即可使用。

覆盆子糖浆

成品分量：约 16 盎司
技法：浸入式循环器

　　将覆盆子放入单糖浆中加热，及时萃取它们的风味，让它们的味道不至于变得像果酱。将覆盆子和糖一起搅打会带出籽中的苦味，外观也很混浊，而将覆盆子和单糖浆一起煮会做出像果酱一样的深紫色糖浆。相比之下，用浸入式循环器能够做出色泽鲜艳、透明的粉色覆盆子糖浆。这看上去当然很漂亮，但它也意味着糖浆中不含漂浮颗粒，因此不会对气泡产生影响，无论是充分碳酸化的鸡尾酒还是柯林斯皆如此。

500 克单糖浆
150 克新鲜覆盆子

2.5 克柠檬酸

　　在大号水盆中装满水，将浸入式循环器放进水中。将循环器设置到 57.22℃。

　　将所有原料放入碗中，搅拌均匀。倒入可密封的防热塑料袋。将塑料袋几乎完全密封，以排出尽可能多的空气，然后将塑料袋浸入水里（没有封住的部分不要浸入）。将塑料袋完全密封，从水里拿出。

　　水温达到 57.22℃ 之后，将密封塑料袋放入水盆，煮两小时。

　　将塑料袋放入冰水中，冷却至室温。用细孔滤网过滤糖浆。如果糖浆中有颗粒残留，要用咖啡滤纸或超级袋过滤。将糖浆倒入储存容器，冷藏一段时间后即可使用。保质期 2 周。

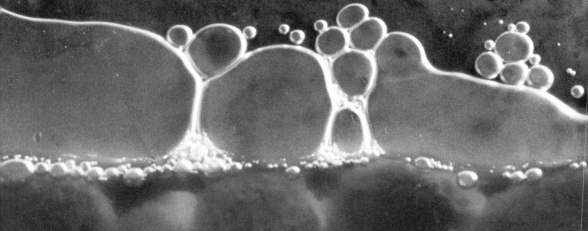

肉桂糖浆

成品分量：约 16 盎司
技法：浸入式循环器

直到最近，调酒师们自制肉桂糖浆的方法还是把肉桂泡在单糖浆中过夜，或是把单糖浆和肉桂一起煮。但这两种方法都不理想。第一种方法做出来的糖浆味道偏淡，还有点苦，而第二种方法做出来的糖浆虽然风味浓郁，却过甜，因为一部分水被蒸发了。使用浸入式循环器能够带来真正不同的效果：它做出来的糖浆具有层次非常丰富的肉桂风味，而不仅仅是红辛牌糖果的味道。它有着少许深沉的木头风味，香气明亮，闻起来就像现磨肉桂粉。

500 克单糖浆

10 克碎肉桂

0.1 克犹太盐

在大号水盆中装满水，将浸入式循环器放进水中。将循环器设置到 62.78℃。

将所有原料放入碗中，搅拌均匀。倒入可密封的防热塑料袋。将塑料袋近乎完全密封，以排出尽可能多的空气，然后将塑料袋浸入水里（没有封住的部分不要浸入）。将塑料袋完全密封，从水里拿出。

水温达到 62.78℃ 之后，将密封塑料袋放入水盆，煮两小时。

将塑料袋放入冰水中，冷却至室温。用细孔滤网过滤糖浆。如果糖浆中有颗粒残留，要用咖啡滤纸或超级袋过滤。将糖浆倒入储存容器，冷藏一段时间后即可使用。保质期 2 周。

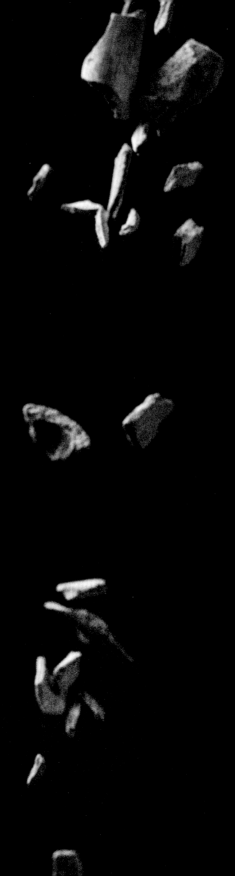

西柚糖浆

成品分量：约 16 盎司
技法：浸入式循环器

这个方法适用于任何柑橘类水果糖浆。不妨试试北京柠檬或任何其他品种的蜜橘和橘子。但是要记住，你必须根据柑橘类水果的品种来调整柠檬酸的用量。柠檬酸能带来明亮感，所以对高酸度的水果而言，你要减少用量。注意，我们在这个配方中设定的温度偏低——只有 62.78℃。如果超过了这个温度，糖浆可能会失去明亮新鲜的风味。随着糖浆的加热，西柚皮和西柚汁的颗粒会分解，做出来的糖浆具有不同层次的西柚风味。

250 克过滤新鲜西柚汁

250 克未经脱色处理的蔗糖

2.5 克柠檬酸

10 克西柚皮

在大号水盆中装满水，将浸入式循环器放入水中。将循环器设置到 62.78℃。

将所有原料放入碗中，用打蛋器搅打均匀。倒入可密封的防热塑料袋。将塑料袋完全密封，以排出尽可能多的空气，然后将塑料袋浸入水里（没有封住的部分不要浸入）。将塑料袋完全密封，从水里拿出。

水温达到 62.78℃ 之后，将密封塑料袋放入水盆，煮两小时。

将塑料袋放入冰水中，冷却至室温。用包了几层粗棉布的细孔滤网过滤糖浆。如果糖浆中有颗粒残留，要用咖啡滤纸或超级袋过滤。将糖浆倒入储存容器，冷藏一段时间后即可使用。保质期 2 周。

德梅拉拉树胶糖浆

成品分量：约 16 盎司
技法：浸入式循环器

德梅拉拉蔗糖呈深色大颗粒状。深色来自它含有的天然糖蜜，而这也让它拥有了浓郁的太妃糖风味。在调酒时，我们通常会用德梅拉拉树胶糖浆来中和强劲烈酒（如老式鸡尾酒）或增添丰富度。不过，由于德梅拉拉蔗糖具有糖蜜风味，它的用途有限。如果我们想为鸡尾酒营造纯净或鲜明的风味，通常不会选用德梅拉拉树胶糖浆，因为它会让酒变得混浊。此外，它的某些特质虽然能够中和强劲烈酒，但却并不适合其他用途。例如，我们不会用它来调制大吉利，因为它会削弱这款酒应有的清新明亮风味。在以搅拌手法制作的鸡尾酒中（如老式鸡尾酒），树胶糖浆能够让它们的酒体更饱满，同时又不会过甜。

300 克德梅拉拉蔗糖
18 克阿拉伯树胶
150 克过滤水

在大号水盆中装满水，将浸入式循环器放进水中。将循环器设置到 62.78℃。

将德梅拉拉蔗糖和阿拉伯树胶放入电动搅拌机中，搅拌 30 秒。让搅拌机保持运转，慢慢加入水，继续搅拌至干原料完全溶解（耗时约 2 分钟）。

将混合好的原料倒入可密封的防热塑料袋。将塑料袋几乎完全密封，以排出尽可能多的空气，然后将塑料袋浸入水里（没有封住的部分不要浸入）。将塑料袋完全密封，从水里拿出。

水温达到 62.78℃之后，将密封塑料袋放入水盆，煮两小时。

将塑料袋放入冰水中，冷却至室温。将糖浆倒入储存容器，冷藏一段时间后即可使用。保质期 2 周。

按比例放大配方

本书中的糖浆配方一般能做出 16 盎司的量，对一场派对来说够用了，同时又不会在你的冰箱里存太久。如果你准备按比例放大这些配方，一定要注意每种原料的浓度。对糖或其他甜味剂和水而言，按比例放大只需要做简单的乘法。但对香料或提取物这样的原料而言，按比例放大可能会让味道变得过于强烈。所以，如果你要按比例制作分量在两倍以上的糖浆，可以先从增加 2/3 的量开始，然后边尝边调整。

菠萝树胶糖浆

成品分量：约 16 盎司
技法：浸入式循环器

菠萝汁富含果胶，用它来摇制鸡尾酒会产生一层美妙的泡沫，和含有蛋清的鸡尾酒非常像。但菠萝汁会迅速和其他原料分离，而且会很快变质。为了解决这两个问题，我们通常会按照这个配方把新鲜菠萝汁做成糖浆。配方中包括少许柠檬酸，能够带来更鲜明和纯净的口感，中和糖的甜味，并让天然菠萝风味变得更突出。在研发这个配方时，我们不但想用它来制作那些需要摇制的鸡尾酒，还有那些要用到搅拌手法的鸡尾酒。所以，和德梅拉拉树胶糖浆一样，我们添加了少许阿拉伯树胶，它还有助于糖和菠萝汁的溶解。随着原料在浸入式循环器中加热，阿拉伯树胶会溶解，让液体变得透明，菠萝果肉和果汁分解成同质的液体糖浆，同时又不会失去它本身的热带风味。

250 克 未经脱色处理的蔗糖

15 克 阿拉伯树胶

1.5 克 柠檬酸

250 克 新鲜菠萝汁

在大号水盆中装满水，将浸入式循环器放入水中。将循环器设置到62.78℃。

将糖、阿拉伯树胶和柠檬酸放入电动搅拌机中，搅拌30秒。让搅拌机保持运转，慢慢加入菠萝汁，继续搅拌至干原料完全溶解（耗时约2分钟）。

将混合好的原料倒入可密封的防热塑料袋。将塑料袋几乎完全密封，以排出尽可能多的空气，然后将塑料袋浸入水里（没有封住的部分不要浸入）。将塑料袋完全密封，从水里拿出。

水温达到62.78℃之后，将密封塑料袋放入水盆，煮两小时。

将塑料袋放入冰水中，冷却至室温。用超级袋过滤，然后将糖浆倒入储存容器，冷藏一段时间后即可使用。保质期1周。

明火糖浆

　　我们很少用明火来制作糖浆，因为灶台烹制的效果不稳定。首先，煤气灶、电炉和电磁炉的工作原理各不相同，这使得同一个配方很难做出始终如一的成品，尤其是在原料很脆弱的情况下。而且，水被加热后会蒸发，让糖浆变得更浓稠。不过，有时明火能更快地萃取风味，高温令分子运动加快，带来更多表面积接触，从而更快地萃取出更多风味。例如，在加香杏仁德梅拉拉树胶糖浆（见右）中，我们将德梅拉拉树胶糖浆和调味料一起小火慢煮，这样的效果是最好的。

如何自制明火糖浆

　　克重秤
　　平底锅
　　灶台
　　细孔滤网
　　储存容器

1. 仔细对原料进行称重，然后一起放入平底锅。
2. 小火慢煮，不时搅拌一下。不要让原料粘在锅底。注意配方中小火慢煮的具体时间通常只需要一小会儿。
3. 关火，盖上锅盖。这样能留住蒸发的气体，水会凝结，防止糖浆变得过于浓稠。
4. 让糖浆冷却，用细孔滤网过滤。
5. 将糖浆倒入储存容器，冷藏一段时间后即可使用。

加香杏仁德梅拉拉树胶糖浆

成品分量：约 16 盎司
技法：明火

　　我们做这款糖浆是为了对诺曼底俱乐部老式鸡尾酒进行平衡和调味。肉桂、丁香和小豆蔻增添了香料特质，杏仁则带来油脂的饱满口感，和诺曼底俱乐部老式鸡尾酒里的椰子波本威士忌形成互补。

500 克德梅拉拉树胶糖浆
30 克切片杏仁
6 克压碎的肉桂棒
0.25 克整颗丁香（最好是槟城丁香）
1 个 绿色小豆蔻荚

　　将树胶糖浆放入小号平底锅中小火加热。放入其他所有原料，搅拌均匀。煮至微微冒泡，然后继续加热 10 分钟，期间不断搅拌（注意不要煮至沸腾）。关火，让糖浆冷却至室温，然后用细孔滤网过滤。倒入储存容器，冷藏一段时间后即可使用。保质期 1 个月。

离心机糖浆

　　离心机糖浆可以将任何一种糖浆作为基本原料，然后通过高速旋转（高达 4500rpm）来分离一切固体物。尽管这需要用到先进设备，但效果非常棒。我们会在两种情况下采用这一技法：透明糖浆会让鸡尾酒的外观更有吸引力，或者我们想给鸡尾酒充气。

我们用的是翻新过的奥扎克（Ozark Biomedical）生物医学公司生产的实验室离心机。我们最爱的离心机 Jouan CR422 的售价为 3500 ～ 4000 美元，可以一次性处理 3 夸特液体，只需要 10 ～ 15 分钟就能让它变得澄清。不过，现在你也能买到价格亲民得多的烹饪用离心机，比如戴夫·阿诺德最近推出的 Spinzall（售价约 800 美元）。

买不了离心机？没关系，你基本上可以按照下面的方法操作，然后让糖浆静置一夜，再用至少 4 层粗棉布过滤（棉布需要预先在冰箱里冷藏一夜）。

如何自制离心机糖浆

克重秤

大型克重秤

碗

带盖的离心管

离心机

超级袋或咖啡滤纸

储存容器

1. 先用此前介绍过的方法自制一款基础糖浆。

2. 用克重秤称一下离心管的重量，然后倒入糖浆，计算两者之间的差值。（如果你的秤有称皮重功能，先将秤归零，然后倒入糖浆，就能计算出它的重量。）

3. 计算糖浆重量的 0.2% 是多少（乘以 0.002），得出结果为 x 克。

4. 将 x 克诺维信果胶酶 Ultra SP-L 加入糖浆并搅匀。盖上盖子，静置 15 分钟。

5. 称一下装有糖浆和果胶酶的离心管的重量，然后在其他离心管内装满同等重量的水。离心机内每根离心管的重量都要完全一样，以保持离心机的平衡。（离心机不平衡会有危险！）

6. 将离心机的转速设置为 4500rpm，运转 12 分钟。

7. 取出离心管，用咖啡滤纸或超级袋小心滤出糖浆，千万不要让沉在离心管底部的固体物混进来。

8. 如果糖浆中有颗粒残留，再过滤 1 次。

9. 倒入储存容器，冷藏一段时间后即可使用。

澄清草莓糖浆

成品分量：约 16 盎司
技法：离心机

用电动搅拌机制作的草莓糖浆已经很可口了，但是你还可以通过澄清来让它更上一层楼，对以搅拌手法制作的鸡尾酒或气泡鸡尾酒来说，这么做尤其重要。

250 克去掉了花萼的草莓

250 克未经脱色处理的蔗糖

0.5 克诺维信果胶酶 Ultra SP-L

将草莓和蔗糖放入电动搅拌机，搅打至质地非常顺滑。蔗糖一旦融化，就要将诺维信果胶酶加入搅拌机，搅拌 10 秒。倒入离心管。称一下装好的离心管重量，然后在其他离心管内装满同等重量的水。将离心机的转速设置为 4500rpm，运转 12 分钟。取出离心管，用超级袋或咖啡滤纸小心滤出糖浆，千万不要让沉在离心管底部的固体混进来。倒入储存容器，冷藏一段时间后即可使用。保质期 1 周。

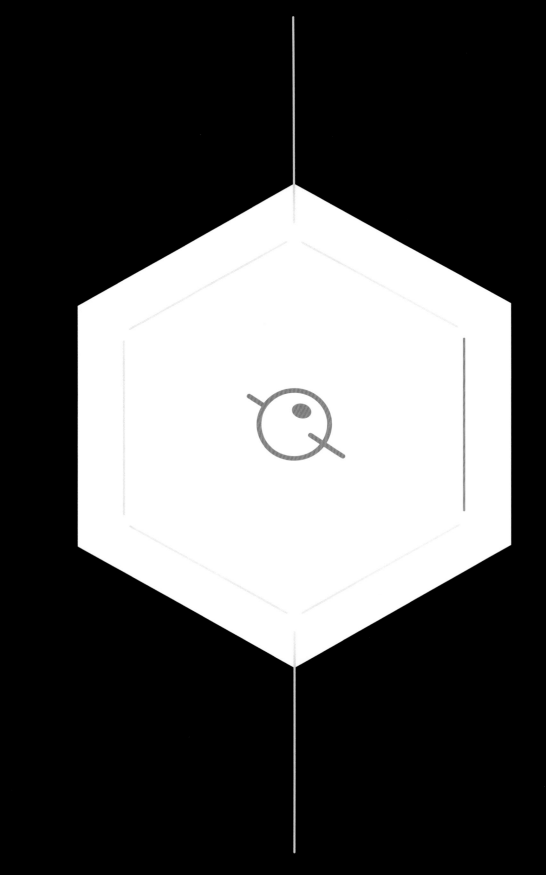

2

马天尼

经典配方

有些马天尼是用金酒或伏特加和味美思调制的，有些马天尼则会用到苹果烈性利口酒、巧克力利口酒、来自异域的果泥和几乎其他所有你能想到的风味。但无论是经典还是现代鸡尾酒书，它们收录的马天尼配方大多是相同的，而我们也会把这个标准配方作为起点，金酒加干味美思，用柠檬皮卷或橄榄装饰。

金酒马天尼

2 盎司金酒
¾ 盎司干味美思
装饰：1 个柠檬皮卷或 1 颗橄榄

将所有原料加冰搅匀，滤入尼克和诺拉杯（Nick & Nora glass）。用柠檬皮卷（在酒的上方挤一下，然后放在杯沿上）或橄榄装饰。

如果马天尼的核心是伏特加，那么味美思的用量一般要减少。金酒有着强烈的植物风味（我们会在后面详细讲解），能够与味美思相抗衡，而伏特加的风味特质非常简洁，很容易被味美思掩盖。有些伏特加马天尼配方会把味美思完全省略，但在我们看来，少许味美思能够增添一丝复杂度，让马天尼变得不只是冰伏特加那么简单。

伏特加马天尼

2½ 盎司伏特加
½ 盎司干味美思
装饰：1 个柠檬皮卷或 1 颗橄榄

将所有原料加冰搅匀，滤入冰过的尼克和诺拉杯。用柠檬皮卷（在酒的上方挤一下，然后放在杯沿上）或橄榄装饰。

我们的基础配方

正如我们将在这一章讲到的，金酒有着许许多多不同的风味特质和酒精度。根据具体产品的配方和开瓶时间的长短（开瓶后的味美思会像葡萄酒那样氧化变质），干味美思也会呈现出截然不同的面貌。而伏特加的风味也会随着原料的差异而不同。所有这些变量意味着马天尼是可自定义的，关键因素在于酒客对烈度的偏好：是高烈度和较少的味美思，还是低烈度和较多的味美思。

我们的金酒马天尼基础配方从经典配方出发，加大了味美思的用量。我们用的核心是柑橘味明显的普利茅斯金酒，这是一个能够取悦大众口味的选择。至于调味，我们最爱的干味美思品牌是杜凌（Dolin），它拥有阿尔卑斯山草本植物风味，和普利茅斯金酒是绝配。因为我们在自己的酒吧里总是使用新鲜味美思，我们把它的用量增加到了整整一盎司。你可以把这当作是进一步改编的基准线，你可以把马天尼做得更干（味美思更少）或草本味更重（味美思更多，这也是我们最爱的做法）。

我们喜欢的马天尼是以金酒作为核心，但同时味美思的特质也很明显，与金酒起到相辅相成的作用，通常是两份金酒兑一份味美思。正如你将看到的，我们还用到了橙味苦精。不过，关于马天尼的历史记载有很多，根据不同的出处，它可能也会呈现出不同的面貌。尽管如此，我们还是在我们的基础配方中包括了橙味苦精，因为它能同时放大金酒和味美思的风味，造就一款口感和谐的马天尼，又不会改变它的本质。

最后，我们要在酒的上方挤一下柠檬皮，然后把它轻轻放在杯沿上。和老式鸡尾酒配方中的柠檬皮卷一样，我们要避免让它在杯沿上摩擦，因为味道浓烈的柠檬皮油会残留在舌头上，掩盖其他风味。

我们的完美金酒马天尼

2 盎司普利茅斯金酒
1 盎司杜凌干味美思
1 滴自制橙味苦精
装饰：1 个柠檬皮卷

将所有原料加冰搅匀，滤入冰过的尼克和诺拉杯。在酒的上方挤一下柠檬皮卷，然后把它放在杯沿上。

个人口味对伏特加马天尼的影响比对金酒马天尼还要大。我们知道，有些人爱的只是一杯冰凉的伏特加，基本上不需要再加其他东西了，但我们更喜欢复杂度高一些的鸡尾酒。不过，就伏特加马天尼而言，我们情愿让它的口感尽量干而纯净，所以会减少味美思的用量，让它只对酒起到一个小小的修饰作用，确保伏特加才是整杯酒的主角。接下来，由于伏特加占到了配方的绝大部分，它给酒带来的应该不止是烈度，所以我们选用的品牌是绝对亦乐（Absolut Elyx），它的风味柔和、微甜，能够调制出一杯美妙的马天尼。最后，我们将橄榄作为装饰，带来一丝咸味，从而让烈酒的风味更好地融合在一起。

我们的理想伏特加马天尼

2½ 盎司绝对亦乐伏特加

½ 盎司杜凌干味美思

装饰：1 颗橄榄

将所有原料加冰搅匀，滤入冰过的碟形杯。用橄榄装饰。

你爱怎样的马天尼？

一个人走进酒吧，点了一杯马天尼……

不，不。这听上去不对。

一个人走进酒吧，点了一杯金酒马天尼。杯子里不加冰，搅匀，放上柠檬皮卷。

这样听上去才对！

在点酒时，没有哪款鸡尾酒像马天尼一样有着那么多的附加条件：烈酒种类（金酒还是伏特加）、味美思的用量（从干到湿）、技法（摇匀还是搅拌），以及从橄榄和腌洋葱到柑橘果皮卷的各种各样的装饰选择。一个人点马天尼的方式可以透露出很多信息：选金酒的是传统主义者，选伏特加的是叛逆者。点柠檬皮卷加大份味美思的是诗人，点超干风格加一碟橄榄的是银行家。

随着鸡尾酒成为美国文化的重要一部分，我们的口味也已经进化。在现代鸡尾酒复兴的早期阶段（亦即21世纪初），饱满、强劲的风味是王道。在某些酒吧里，牙买加朗姆酒、苦中带甜的意大利阿玛罗和泥煤味苏格兰威士忌是鸡尾酒单的主角。然而，当下的潮流是在最微小、最精妙的细节中寻找美妙之处。对某一个金酒品牌的偏爱、在搅拌鸡尾酒时冰块中矿物质的影响、某个特定柠檬品种的香气……只有经验丰富而不是只读过鸡尾酒书

的人才能觉察到这些，也正是这些不同把鸡尾酒带到了艺术的层面。

我们把理解这些精妙细节的能力看作是调酒技艺的巅峰，而最能体现这一点的鸡尾酒可能莫过于马天尼。很多鸡尾酒的决定性因素都来自原料的强烈特质，而马天尼是由微小的细节决定的，只需要小小的变化就能让整杯酒与众不同。在我们看来，只要原料是烈酒和味美思，做出来的酒便可以被叫作马天尼。不管是用金酒还是伏特加，都能做出一杯出色的马天尼。

马天尼守则

本章中所有鸡尾酒的决定性特点：

马天尼由烈酒和加香葡萄酒组成，通常是金酒或伏特加和干味美思。

马天尼的原料比例是可变通的，而它的平衡取决于个人偏好。

装饰对马天尼的整体风味和饮用体验有着重要影响。

不同的装饰能够带来柠檬皮油的明亮、橄榄的咸、腌洋葱的鲜或不带任何风味。马天尼也完全可以摇制，但我们建议你不要这么做。

马天尼建立在基础烈酒和加香葡萄酒相互合作的基础之上，无论是味美思还是其他以葡萄酒为基底的调味原料。两种原料结合之后营造出更美妙的风味，这是本章中所有鸡尾酒的决定性特质。马天尼也不像其他基础鸡尾酒那样有着严格标准：无论是烈度还是口味偏甜、偏干，它可以根据

个人偏好而变通。

以老式鸡尾酒为例。增加甜味剂用量会让它变得甜腻。加入太多苦精，你尝到的只有苦精味。老式鸡尾酒（和其他基础鸡尾酒）标准的灵活度很低，但对马天尼系列而言，情况并非如此。增加味美思用量，马天尼会具有可口的药草风味；减少味美思用量，只保留一丝微妙的药草风味，马天尼会具有干而浓烈的口感，但依然好喝。马天尼可以是你想要的任何样子，因此，本章不但将详细讲解制作出色马天尼的技巧和知识，还将引导你理解自己对马天尼的偏好。你是诗人还是银行家呢？

理解配方

要懂得马天尼配方背后的原理，你必须理解高酒精度烈酒和加香葡萄酒之间是如何达到平衡的。烈酒（金酒或伏特加）为马天尼带来烈度和风味，而加香葡萄酒（味美思）能够增添风味、酸度和甜度，同时抑制烈酒的强劲。这些特质令马天尼（及其众多改编）成为一款质感顺滑、愉悦味蕾的高烈度鸡尾酒。

我们选择将马天尼作为本章的主角，而不是它可能的前身——曼哈顿，因为马天尼简单明了，没有那么多遮遮掩掩的空间。马天尼的原料有着足够微妙的风味，稍微改变一下比例就能产生很大的影响，相比用偏强劲或偏甜的原料来调制曼哈顿，它的变化更明显。

核心：金酒和伏特加

与只依赖一款烈酒的老式鸡尾酒不同，马天尼的核心由金酒或伏特加和干味美思共同组成。由于配方里没有甜味剂，味美思还必须平衡基酒的强劲口感。这正是马天尼如此有趣的一大原因，它的核心不只是一款基酒，你需要加入更多味美思来打造一个平衡的核心。怎样才能把口感微妙的干味美思和风味鲜明的金酒融合在一起，造就出全新、独特的核心风味呢？我们有一个基本准则：基础烈酒越烈，味美思的用量就越多，这样才能令核心平衡。

我们的基础金酒马天尼的配方其实是传统的"湿"马天尼，也就是说，它含有相当多的味美思，在这个配方中是整整 1 盎司。相比之下，我们的基础伏特加马天尼只需要 ½ 盎司味美思。别误会我们，用 2 盎司烈酒和 1 盎司味美思做成的伏特加马天尼也是非常美妙的。伏特加就像是背景板，为药草味明显、微苦的味美思提供了闪耀的空间。不过，由于伏特加的风味更微妙，那么多味美思会掩盖其独有的特质。是的，有些人认为普通伏特加的风味是中性的，但事实完全不是这样，而且我们相信马天尼应该凸显伏特加的个性。因此，我们加大了伏特加的用量，减少了味美思的用量。

一旦你懂得了该如何打造平衡的烈酒—味美思核心，就可以开始试着改变基酒了。例如，曼哈顿（见第 84 页）

用的是相同的原料比例，但是原料换成了黑麦威士忌和甜味美思。或者，你也可以改变平衡，探索味美思之外广阔的加香葡萄酒世界。例如，维斯帕用利莱白利口酒来代替味美思。最后，本章还介绍了一部分马天尼改编版，它们的原理是添加能够突出核心与平衡的风味，从阿玛罗（如内格罗尼，见第88页）到少量利口酒（如马丁内斯，见第86页）。这些马天尼改编版的外观和味道可能和我们的基础配方很不一样，但它们在增强调味效果的同时都保留了烈酒和加香葡萄酒之间的平衡。

金酒

　　金酒在烈酒中的地位非常特殊，因为它——至少是它的现代版本——被创造出来就是为了和鸡尾酒中的其他原料搭配。简单来说，金酒就是调味伏特加。它以中性谷物烈酒为基底（通常是高烈度伏特加），然后用各种植物原料进行调味，尤其是香气浓郁的杜松子。事实上，在美国和欧盟，原料中不含杜松子就不能被称为"金酒"。金酒中的其他常见植物原料包括芫荽、鸢尾根、柑橘果皮、八角和甘草。有些金酒只有少数几种调味原料，有些金酒则会用到几十种原料，而每款金酒的个性正源自不同的原料构成。通常而言，把各种不同原料融合在一起的效果比单独使用一种原料更好。除了每种植物原料的香气和风味，把

它们成功融合在一起还能营造出独一无二、出人意料的风味特质。

　　金酒的香气清新，酒精味道明显，而且有种森林般的特质，这要归功于原料中的杜松子。然而，由于不同品牌有着不同的特色，每一款金酒都会让鸡尾酒呈现出不同的面貌。杜松子风味浓郁的高烈度金酒（如添加利）会比柑橘风味浓郁的普通烈度金酒（如普利茅斯）更强劲。所以，我们不会说某一款金酒是最好的，我们根据不同的需要来选择不同的金酒。

阿夸维特

　　阿夸维特原产于斯堪的纳维亚，是一种味道强烈、透明（年份略久）的烈酒，能够为鸡尾酒带来特殊风味。金酒的风味主要源自杜松子，而阿夸维特的风味主要源自葛缕子或八角，既辛辣又开胃。在调酒时，阿夸维特的风味可能会很强烈，所以我们建议它搭配其他烈酒一起使用。我们最爱的品牌包括挪威的利尼（Linie）和俄勒冈的克罗格斯塔德（Krogstad）。

　　尽管世界上没有两款一模一样的金酒，但我们可以把大多数金酒分为两类：伦敦干金酒和当代金酒。这两个类别不是行业或政府规定的，我们只是通过这样的分类来更迅速地识别它们，并判断哪种金酒更适合用来调制某款鸡尾酒。在下面的品种推荐中，我们列出了一些推荐品牌，它们用途广泛，不仅限于马天尼。此外请注意，

尽管对其他烈酒种类而言,用相似品牌来代替某个品牌是完全可以接受的,但金酒却并非如此,因为每一款金酒都是独特的。所以,我们在配方中标明了金酒的具体品牌,每个品牌都是根据它们特有的风味特质而精心挑选的。如果鸡尾酒配方中只标明"金酒",留给每个人的发挥空间就太大了,这可能是件好事,也(往往)可能是件坏事。如果你实在需要替换金酒,那就尽量选择同一种类别的,即伦敦干金酒或当代金酒。

伦敦干金酒

伦敦干金酒是最普遍的金酒风格,大部分常见品牌都属于这一风格,包括大家都很熟悉的普利茅斯、必富达、添加利和哥顿。这些金酒的共同点在于纯净、近乎中性,以及口感鲜明辛辣的调味原料(以带有木头香气的杜松子为主导)。一般人在提到金酒时指的都是伦敦干金酒。

推荐单品

必富达伦敦干金酒: 在我们看来,很少有金酒在调酒时比必富达的用途更广泛,尤其是出口到美国的品种。必富达的酒精度为47%,足以和其他任何原料搭配(阿玛罗、柑橘类水果、水果糖浆……),但同时又足够柔和,不会掩盖马天尼中味美思的味道。如果你只能在酒吧里常备一款金酒,必富达应该是个好选择。

富兹金酒: 先要告诉大家,这款金酒是以我们的好朋友西蒙·福特(Simon Ford)命名的。他是一位烈酒专家,曾任职于普利茅斯和必富达,之后创办了自己的金酒品牌。我们并不是在炫耀自己的朋友圈,当你把富兹与普利茅斯和必富达放在一起品鉴,你就会明白我们为什么要告诉你这个信息。就风味特质和烈度而言,富兹正好处于两者之间。西蒙希望这款金酒能够用来调制所有风格——柑橘果味、强劲或苦鸡尾酒。所以,尽管你可能会发现另一个品牌在某款鸡尾酒中的效果特别好,但微妙与强劲的平衡让富兹金酒非常百搭,值得在酒吧中常备。

普利茅斯: 一般而言,我们倾向于用必富达来调制强劲的鸡尾酒,用普利茅斯来调制柑橘果味鸡尾酒。之所以这么做,是因为普利茅斯的风味比其他烈度更高的金酒微妙,它的酒精度为41.2%,植物原料风味柔和、偏柑橘果味,还带有明显的杜松子风味。普利茅斯几乎总是适合用来调制柑橘果味鸡尾酒。当一款鸡尾酒的基酒是金酒时,我们也会选用普利茅斯(和相似的金酒),因为它的风味虽然柔和,却不会被其他原料压制。但普利茅斯也非常适合用来调制需要搅拌的鸡尾酒,它作为基酒更柔和,让其他微妙风味得以彰显。

希普史密斯: 希普史密斯是烈酒行业专家联手推出的一个品牌,定位是完美的马天尼金酒，而事实上我们也非常喜欢用它来制作马天尼，还有其他以金酒为核心的鸡尾酒。尽管用它来做金汤力会很好喝，而且它也很适合搭配柑橘类水果，但把它作为整杯酒的主角则效果最佳。

添加利：有着绿色矮粗瓶身的添加利在任何酒吧里都是最容易辨识的产品之一。近 200 年来，它一直在金酒界享有尊崇地位，19 世纪 30 年代问世时是历史上首款伦敦干金酒。美国版添加利的酒精度是 47.3%，和必富达一样，高烈度让它适用于各种不同风格的鸡尾酒。然而，它的风味特质完全以杜松子为主导，所以最适合它的还是强劲、味苦的鸡尾酒，尤其是内格罗尼及其众多改编版，因为它能够平衡甜味和苦味，同时又凸显自己的独特风味。正是因为它的风味过于鲜明，所以往往并不适合用来调制清新、柑橘味浓郁的鸡尾酒。

金酒与烈度

　　具体金酒品牌的烈度可能会因购买的国家不同而有差异。这在很大程度上是出于征税的原因：有些金酒酿造商无法生产或出口烈度更高的金酒，因为那样的话税费就太高了，即使他们确信酒精度更高会让金酒的味道更好。例如，在美国市场的必富达酒精度是 47%，而在英国和其他市场只有 40%。在开始调酒之前，先看一下酒标，你可能需要减少这款金酒的用量。尽管其他烈酒可能也是如此，但金酒的烈度对植物原料的影响尤其明显。高烈度金酒更辛辣，低烈度金酒则往往柑橘味更浓郁。

老汤姆金酒

　　味道微甜的老汤姆金酒是一种曾经一度消失的金酒风格，与伦敦干金酒有着明显的不同，而且历史更悠久。不过，在需要用到口感柔和的伦敦干金酒时（比如普利茅斯或富兹），我们有时也会转而选择老汤姆金酒，因为它们有着足够的相似之处。19 世纪的鸡尾酒书里的许多金酒鸡尾酒配方都特别注明要使用老汤姆金酒，而马丁内斯和汤姆·柯林斯最早应该也是用老汤姆金酒调制的。如今，这一风格在小型和大型酿造商的手中得到了复兴，而且正如整个金酒类别一样，这些产品都各自拥有鲜明特质。有些经过增甜，但植物原料的特质非常明显，如海曼老汤姆金酒，而赎金金酒则经过短期陈酿。海曼是第一个进入美国的老汤姆金酒品牌，并且被公认为是这一风格的标杆。它的味道微甜，让植物原料的特质得以凸显。此外，它还拥有新鲜的柑橘果味（不同于伦敦干金酒偏干的柑橘果味）和明显的甘草风味。

当代金酒

　　当代金酒是烈酒世界中的前卫艺术家。尽管它们都满足"必须要有杜松子"这一要求，却往往不受常规所限。所以，在用当代金酒调酒时，最好从金酒本身出发来设计配方。

推荐单品

　　飞行金酒：飞行金酒并非中性烈酒，而是带有麦芽风味的黑麦烈酒。

尽管它旨在向经典伦敦干金酒致敬，却减少了杜松子的用量，将墨西哥菝葜作为主要原料。这使得它和根汁汽水很像，而原料中的紫罗兰还带来了令人惊艳的微妙香气。这是一款酒体饱满、风味极其丰富的金酒，而42%的酒精度让它足以用来调制多种不同风格的鸡尾酒。因为风味非常独特，它也很适合给鸡尾酒调味，它在贝丝进城（见第87页）中的作用正是如此。

圣乔治·博坦尼、泰瑞和干黑麦金酒： 当代金酒的本质很难用一款产品来概括，所以如果你有足够的预算，我们会向你同时推荐这3款圣乔治金酒，来理解当代风格的独特性和多元性。很多当代金酒似乎都是由叙事来推动的：讲述品牌背后的故事或表达一个特别的观点。圣乔治就一直勇于表达自己的鲜明个性和世界观。上面这两句话，可能会让你忍不住翻白眼（除非你住在旧金山，否则你不会赞同地点点头），但请听我们说完。博坦尼是这3款金酒中最传统的，含有多种另类植物原料，包括莳萝、啤酒花和佛手柑，这既是对金酒历史的致敬，又突破了人们对伦敦干金酒的期待。泰瑞是一封写给加利福尼亚州的情书，用到了道格拉斯冷杉和鼠尾草等植物原料，造就出木头风味浓郁的金酒小怪兽。干黑麦则是以100%黑麦烈酒酿造，只含有6种植物原料（博坦尼是19种，泰瑞是12种）。口感辛辣的基酒加强了杜松子的辛辣，令干黑麦的口感极其丰富。

伏特加

伏特加在调酒师眼中形象不佳，即便是我们自己也曾经说过它的坏话。21世纪早期，我们一心想让大家尝试全新的酒款，对那些流行配方敬而远之。尽管20世纪90年代的各种"马天尼"严重玷污了经典马天尼的名声，但它们无可辩驳地让鸡尾酒变得流行起来。那个年代的酒在我们眼中是简单粗暴的——由劣质烈酒和工业原料调制而成，但它们让鸡尾酒又突然变得有趣起来了。

伏特加的风味相对中性，和20世纪90年代流行的调酒原料（酸苹果利口酒、桃味高U盾利口酒、高度加工的果汁等）都很搭配，这使得它成为许多调酒师的攻击目标。他们说伏特加只是给鸡尾酒增加了烈度，没有带来任何有趣的特质。在之后的21世纪，富有进取心的调酒师们开始研究美国禁酒令颁布前出版的酒吧手册。这些一度被遗忘的手册里很少能见到伏特加的身影，金酒、威士忌、白兰地和朗姆酒出现的频率却很高，而对想要重新强调原料、新鲜产品和专业调酒技巧重要性的调酒师而言，这些经典鸡尾酒才是他们的灵感来源。再后来，我们给长裤缝上了用来系背带的纽扣，同时花几小时看着YouTube视频学习领结的正确打法。我们注重自己的打扮，只为了人们更把我们当一回事。

　　然而，否认伏特加的价值是一种傲慢的表现，而且坦白来讲，这也不符合餐饮服务业的准则。很多人爱喝伏特加，而且很可能并不仅仅因为他们看了一则精彩的广告。他们爱伏特加的真诚——所见即所得。我们用伏特加来调酒是因为它的特质、纯净和专一能够带来的效果。

　　伏特加的现代含义中包括"中性"和"无味"，但这完全没有抓住要领。对未经训练的味蕾而言，品尝没有稀释过的伏特加很像是在喝医用酒精。事实上，要了解一款伏特加的特质，你必须把它研究得比其他烈酒更透彻：通过闻香和品几口，你就能很好地辨识出其他烈酒的特质，但伏特加不会如此轻易地透露自己的秘密！

　　首先，你要熟悉伏特加的不同风格和每种风格对鸡尾酒的影响。伏特加的特质是由它的原料和酿造方法决定的，它可以用任何发酵植物或水果酿造。以谷物酿造的伏特加具有意料之中的微妙特质：小麦伏特加口感柔和甜美，黑麦伏特加口感辛辣，玉米伏特加口感丰富……至于酿造方法，伏特加通常都是先蒸馏至非常高的酒精度——约为95%（几乎是纯酒精）。因此，许多潜在风味都被去除了，只有精华被保留下来。随后，高酒精度的蒸馏液被加水稀释至酒精度为40%（适合饮用的酒精度）。

　　在大多数经典鸡尾酒配方中，伏特加的风味会被其他原料掩盖。不过，不同伏特加之间的微妙差异会以几乎觉察不到的方式体现出来。你可能尝不出绝对亦乐（一款小麦伏特加）的小麦特质，但在用它调酒时，它能带来柔和口感和丰富酒体，这些特质与其说是风味，不如说是一种感觉，以其他原料酿造的伏特加也是如此。黑麦伏特加带有一丝辣椒的辛辣，土豆伏特加有着泥土和类似于啤酒的风味，玉米伏特加可能有点甜，葡萄伏特加则散发着花香。尽管所有这些特质都是微妙的，但是如果你同时一一品鉴，就能发现它们之间的不同。

　　马天尼是研究伏特加微妙特质的绝佳方式，比柑橘味鸡尾酒好得多。鸡尾酒迷往往更喜欢金酒马天尼，因此这个观点对他们来说是个挑战。但正如前文所述，马天尼几乎没有什么遮遮掩掩的空间，所以伏特加的选择和制作技法就显得尤为重要。

推荐单品

　　绝对：尽管绝对最出名的可能是它标志性的市场营销策略，但它其实是一款品质很好的伏特加，也是调酒师的最爱之一。它以瑞典南部种植的冬小麦为原料，口感柔和，适合用来调制很多鸡尾酒，尤其是柑橘味鸡尾酒，但在咸辣味鸡尾酒中的表现也很棒，例如血腥玛丽。我们尤其喜欢用等份绝对伏特加和杜凌干味美思调制的马天尼，再加上一滴橙味苦精和一个柠檬皮卷。

绝对亦乐：绝对亦乐以瑞典单一农庄小麦为原料，以特殊的铜质蒸馏罐蒸馏。绝对希望借由这个品牌来探索伏特加的风土特质，改变伏特加在世人眼中的单调形象，并且成功了。尽管价格不菲，但绝对亦乐已经成为了我们酒吧里少数几款不能被其他品牌代替的伏特加之一。在调酒时，它的丰富、顺滑和深沉风味足以成为鸡尾酒的决定性特质之一。

雪树：以黑麦为原料的雪树也是一款知名伏特加，在市场营销方面一直不遗余力。作为一款优质伏特加，它用来调酒的表现很优秀，能够为鸡尾酒带来微妙的辛辣味，尤其适合干马天尼。

一号机库：许多新兴小型精酿伏特加品牌的成功都离不开一号机库的开创性示范。这家位于旧金山附近的小型酒厂（相对而言）用谷物和葡萄来酿造一号机库伏特加。因此，它既有小麦的柔和，又有葡萄的果味和花香特质。此外，一号机库还酿造 3 款品质不俗的口味伏特加——佛手柑、橘子花和泰国青柠。

改变核心

换掉基酒（也就是"蛋头先生"法）是创作和理解马天尼改编版的首要策略。这也是无数鸡尾酒的创作逻辑，催生了一些我们最爱、最简单的原创鸡尾酒。但要记住，在选择新的基酒时，核心的完整性——就马天尼而言，也就是烈酒和加香葡萄酒之间的关系——必须保留，否则鸡尾酒就会失去重点。简单来说，如果基酒变了，你可能也需要调整味美思，才能重新对鸡尾酒进行平衡调整，正如你将在下面的改编配方中看到的一样。在本章稍后的"改变平衡"部分中，我们还将探讨加香葡萄酒的改变将如何平衡鸡尾酒和对其风味产生重要影响。

在自创鸡尾酒时，你可能会忍不住用这些策略把马天尼守则演绎到极致——太甜、太苦或太强劲，已经超出了平衡的界限。这种做法有时会成功，但往往会过了头，也就是新原料的个性让核心风味变模糊了。

维斯帕

经典配方

尽管我们在上文中把金酒和伏特加称为马天尼的核心，但我们也强调，这些鸡尾酒的真正核心是烈酒和加香葡萄酒的结合。在经典鸡尾酒维斯帕中，这两种核心烈酒被合二为一，而平衡也相应地做出了改变——味美思被利莱白利口酒所取代。利莱的酒精度与味美思接近，但与味道更开胃的味美思相比，它的果味更浓郁。同时，它的风味非常微妙，如果只用金酒做基酒，即使是像普利茅斯这样口感柔和的金酒，也会让它的特质无法体现。用伏特加来代替一部分金酒能够减少金酒的植物原料风味，让利莱得以展示自己的魅力。

1½ 盎司普利茅斯金酒

¾ 盎司爱斯勃雷鸭伏特加

½ 盎司利莱白利口酒

装饰：1 个柠檬皮卷

将所有原料加冰搅匀，滤入尼克和诺拉杯。在酒的上方挤一下柠檬皮卷，然后把它放在杯沿上。

迪恩·马丁

德文·塔比和亚历克斯·戴，2015

在基酒中加入其他烈酒能够轻松创造出新配方，同时又基本上完整保留了马天尼的形式。迪恩·马丁就是一个很好的例子，它把一部分金酒换成了风味非常丰富的道格拉斯冷杉白兰地。这么做也改变了平衡，所以我们加入了木头风味的园林白味美思，以增强白兰地的特质。最后做出来的酒很好地回答了这个问题："12 月在山顶喝马天尼是什么味道？"而这个问题也正是这款酒的灵感来源。

1¾ 盎司添加利金酒

¼ 盎司清溪道格拉斯冷杉白兰地

½ 盎司园林白味美思

½ 盎司布瓦西耶干味美思

1 滴盐溶液

装饰：喷 4 次滑雪后酊剂

将所有原料加冰搅匀，滤入尼克和诺拉杯。在杯的上方喷洒酊剂作为装饰。

平衡：味美思和其他加香葡萄酒

在马天尼里，金酒或伏特加的拍档是加香葡萄酒，而且一般是味美思。加香葡萄酒的基底是葡萄酒（通常是相对中性的白葡萄酒），加入药草、树皮或柑橘类水果调味，并且以额外的酒精加强。酒精度更高，葡萄酒的保质期就更长，同时风味也不会那么容易被其他原料（比如金酒或伏特加）压制。味美思可以被看作是加香葡萄酒的一种风格。

　　大多数加香葡萄酒都含有残留糖分（来自葡萄酒中的天然糖分或后期添加），这对平衡马天尼来说是至关重要的。无论是干型法国味美思还是甜中带苦的意大利味美思，这种甜味都能够中和高酒精度烈酒（如金酒或伏特加）的强劲口感。

味美思

　　用最简单的话来定义，味美思是一种经过调味或加香的加强型葡萄酒，而且就像葡萄酒一样也有保质期。因此，我们建议采购容量最小的瓶装产品（通常是 375 毫升），这样在开瓶后能够更快地用完。

　　包括味美思在内的所有加香葡萄酒也可以被称为餐前葡萄酒。餐前葡萄酒以微苦的原料调味，适合在餐前饮用，以增进食欲。甜味美思和干味美思都以葡萄酒为基底，一般是有着中性风味和香气的白葡萄酒。药草和其他植物原料要在葡萄酒中浸渍数周。尽管每个品牌的配方都不一样，但常见原料包括苦艾、洋甘菊和龙胆根（有趣的是，尽管味美思是根据苦艾命名的，但很多味美思都不会用到苦艾或者只用非常少的量，因为 20 世纪早期很多国家都把苦艾列为违禁品。浸渍过程结束后要加糖（干味美思只要加少量糖，白味美思要加得多一些，甜味美思则需要加大量的糖），之后还要用酒精加强，大部分味美思的酒精度在

16% ～ 18% 之间。

　　味美思的历史并不明晰，很多人都认为现代味美思是意大利蒸馏商安东尼奥·贝内德托·卡帕诺（Antonio Benedetto Carpano）在 1786 年发明的。卡帕诺的味美思为如今的意大利味美思（又称红味美思或甜味美思）奠定了基础，其酒体呈深红色，通常有苦味和甜樱桃味，以及一丝悠长的香草味。虽然它是深色的，但基底一般是白葡萄酒，色泽则来自调味剂和焦糖色。

　　很快，法国人也开始酿造属于自己的味美思，结合本地阿尔卑斯山原料，并将甜度降低，创造出了如今无色透明的法国味美思（又称干味美思）。

　　味美思还有其他几种风格，但和调酒关系最大的是白味美思（法语叫 blanc，意大利语叫 bianco）。据说这种风格是法国人发明的，后被意大利人所模仿。就甜度而言，它接近于红味美思，但不那么辛辣，而是药草风味更重（尤其是百里香），而且它像法国干味美思一样是完全透明的。它已经成为了一种不可或缺的调酒原料，尤其是在马天尼改编版中。法国酿造的白味美思往往微妙、甜美、药草味浓郁，而意大利酿造的白味美思则风味更强烈，不管用来调什么酒都能带来饱满的香草味。

　　许多大型味美思生产商都会同时酿造多种风格，但我们发现，我们在每种风格下的最爱都来自它们的原产国。也就是说，我们通常会选用意大利甜味美思和法国干味美思。至于白味美思，

我们会根据具体的鸡尾酒来选择，但最常用的是法国杜凌白味美思。

推荐单品：一瓶甜红酒或意大利味美思

卡帕诺·安提卡配方： 这个品牌据说是根据 1786 年安东尼奥·贝内德托·卡帕诺的配方改编的，但它的问世时间是在 20 世纪 90 年代。不过撇开宣传手法不谈，安提卡配方也是我们最喜欢的味美思之一，而且它被认为是意大利都灵味美思风格的一个标杆。它的风味偏苦，香草味浓郁。我们爱用它来搭配陈年烈酒；很少有味美思能够和经典曼哈顿中的辛辣黑麦威士忌相抗衡。然而，安提卡配方的丰富风味也有负面影响：如果用来搭配口感更微妙的烈酒——金酒、伏特加，甚至是特其拉——它可能会像是一个不知道什么时候该闭嘴的喧闹客人。

仙山露红味美思： 仙山露和其他都灵甜味美思有着同样的历史传承，但口感不像卡帕诺·安提卡配方那么强烈。尽管它用来做曼哈顿不是效果最好的，可我们永远不会把它忽略。它也很适合和金酒一起调制经典马丁内斯，或者搭配金酒和金巴利做成内格罗尼。

杜凌红味美思： 法国甜味美思？我们不是刚告诉你我们更偏爱意大利甜味美思吗？是的，但杜凌是一种不同风格的甜味美思。尽管它和意大利同类有着某些相同的特质，但口感更清淡柔和。如果你想用特质微妙的烈酒来创作鸡尾

酒，这一点很有帮助。例如，你想用小麦波本威士忌（如美格）来做一杯曼哈顿，像卡帕诺·安提卡配方或仙山露这样口感强烈的红味美思会掩盖它的味道。但杜凌红味美思不会。出于同样的原因，它和那些不具备黑麦威士忌辛辣口感的烈酒也很搭配，包括干邑、卡尔瓦多斯和一部分陈年朗姆酒。

推荐单品：干或法国味美思

杜凌干味美思： 如果只能常备一款干味美思，我们会选择杜凌。它的口感极干且纯净，这是干味美思的基准，也是马天尼的绝配。它有着阿尔卑斯山草本植物的微妙风味和少许苦味，独特又清新。就这一点而言，杜凌很好地展示了风土对干味美思的决定性影响。自 1821 年诞生以来，它一直深深扎根于法国阿尔卑斯山脚下的尚贝里。如果你想充分体会杜凌干味美思的魅力，可以用等份的普利茅斯金酒和味美思、一滴橙味苦精和一个柠檬皮卷，调制一杯马天尼。

洛里帕缇干味美思： 在现代烈酒复兴之前，来自法国马赛的洛里帕缇是少数几款能在美国买到的干味美思之一。风味美妙，容易买到，这使得它成为我们的必备味美思之一。

推荐单品：白味美思

杜凌白味美思： 在杜凌进入美国市场之前，我们也用过其他白味美思，但杜凌让我们爱上了这一风格。杜凌

白味美思应用广泛，可以用来调制各种各样的鸡尾酒：用任何你可以想得到的基酒调制的马天尼改编版（特其拉、梅斯卡尔、金酒、朗姆酒、威士忌、白兰地……）、作为酸酒类鸡尾酒的药草味基酒、或是用作汽酒或低酒精鸡尾酒的基础原料。我们尤其喜欢用杜凌白味美思来搭配白兰地。如果你到我们的某家酒吧，很可能会在酒单上找到这个组合。

园林白味美思：大多数白味美思都是以非常中性的白葡萄酒为基底酿造的，但园林用的是夏朗德皮诺酒。这种产自法国干邑区的餐前酒以未发酵酿酒葡萄汁和年份少干邑酿造而成，口感饱满丰富，从而令园林白味美思拥有了非常开胃的风味。

马天尼白威末酒：上面的两款白味美思都很棒，但并不总是能买到。在大型生产商出品的白味美思中，我们最爱的是马天尼。但要注意，它的个性比杜凌白味美思要强一些，但正因如此，它成为了银特其拉、梅斯卡尔和金酒等烈酒的好拍档。

其他加香葡萄酒

在调酒时，许多其他以葡萄酒为基底酿造的原料也可以起到和味美思类似的作用，而且在风格上也颇为相近。不同之处在于它们添加的调味剂。许多这样的产品都是集中使用一种调味剂或少数几种原料，而味美思会采用各种各样的调味剂。尽管有些产品和味美思相似足以轻松取代它，但也有些产品的主要风味颇为不同或酒精度更高，因此需要做出更大的调整才能保持鸡尾酒的平衡。

推荐单品

博纳尔龙胆根奎宁酒：博纳尔的微苦口感来自金鸡纳树皮（奎宁的来源）和龙胆根，有点像阿蒙提亚多雪莉酒，散发着葡萄干香气，但口感偏干。它和陈年朗姆酒很搭配，无论是调制曼哈顿风格的鸡尾酒或搭配柑橘类水果。它的苦味可能不适合酸酒类鸡尾酒，尤其是在用了青柠汁的情况下。我们建议用更温和的方式来运用它，比如搭配柠檬汁或橙汁，并且把博纳尔的用量控制在 1 盎司以下。

好奇美国佬白味美思：好奇美国佬白味美思和利莱白利口酒（见下文）有着相似的微苦、橙子风味，所以很多调酒师以为它们可以替换使用。这么做有时行得通，例如经典鸡尾酒僵尸复活 2 号（见第 194 页），但并不总是会成功。好奇有着更强烈的苦味（来自金鸡纳），所以我们通常会在需要用更多结构感来平衡其他饱满风味时选择它。我们的原创鸡尾酒小胜利就是个很好的例子：好奇美国佬被用作根汁汽水泡酒的基底，木头味的根汁汽水提取物增强了它的风味，从而平衡了配方中金酒和伏特加的烈度。我们用利莱制作了同样的泡酒，但效果并不理想。好奇的苦味是营造复杂风味的利器。

利莱白利口酒：虽然利莱白利口酒不像以前那样拥有强烈的苦味（它的前身叫作基纳利莱，金鸡纳含量比现在高一些），但它仍然是一款非常优雅的开胃葡萄酒。它的口感微苦，有着淡淡的蜂蜜般的甜味，以及花香和橙皮的明亮特质。它可以让鸡尾酒更"多汁"，也就是新鲜苹果汁通常会有的那种均衡甜味和圆润风味。在调酒时，用利莱代替干味美思会有很棒的效果，尽管由于调味剂的关系，它的个性会体现得更明显一些。我们通常会少量使用，为酒增添酒体。

利莱桃红利口酒：2012年，利莱推出了这款以利莱白利口酒、利莱红利口酒（我们不常用到它）和水果利口酒混合而成的产品引起了轰动。毕竟，果味桃红餐前酒有哪里不值得我们爱呢？它和利莱白利口酒有着一部分相同的特质，但甜甜的果味更明显，尤其是草莓味。它适合用来调制很多不同的鸡尾酒，从马天尼改编版到汽酒。

改变平衡

我们之前已经解释过，马天尼配方之所以很灵活，是因为它不只倚赖一种烈酒，它的核心是一种基酒和其他原料的和谐共存。你已经知道，传统的"其他原料"是味美思，但可以用其他许多烈酒来代替，如其他类型的加香葡萄酒（如维斯帕中的利莱白利口酒）、加强型葡萄酒（如两款诺曼底俱乐部马天尼中的菲诺雪莉酒）。重点在于，马天尼的核心不是仅由一种原料构成的，这对它的平衡来说非常重要。

至于平衡，它会根据个人喜好而灵活变化。对刚接触马天尼的人（尤其是那些不喜欢干味美思的人）而言，我们会提供3款味美思用量不同的马天尼。如果你是在家做这个试验，可以把3款马天尼的原料用量减半。不过，我们还是强烈建议和朋友或爱人一起分享它们。在评测这些马天尼时，要记住没有"正确"答案，其中一款可能正对你的胃口，而另一款则更符合你同伴的喜好。在做这个试验时，一定要用新鲜，也就是在1周内开瓶的味美思。为了让试验结果更佳，我们去掉了橙味苦精和装饰，把重点放在金酒和味美思的平衡上。

第一款马天尼是最干的，它着重体现金酒的风味，味美思只是配角。这款酒强劲而爽口，可能会让你大吃一惊。第二款是我们的基础马天尼配方（去掉了苦精和装饰），将金酒和味美思完美融合在一起。你能同时喝出它们的味道，但它们共同营造出了一种简洁的核心风味。第三款是柑橘味浓郁、酒精度偏低的湿马天尼，它的药草味更重，金酒退居其次，使味美思成为主角。你更爱哪一款？事实上，我们3款都爱，这取决于我们不同时刻的心情。

我们已经在本章中提到，改变核心——对马天尼而言，改变基酒——

通常意味着也要对平衡做出改变。但这一点是双向的：如果我们改变了平衡，把一款味美思换成另一款，甚至改用了一款不同的加香葡萄酒，这可能会改变整杯酒的烈度、甜度和风味，从而需要对核心做出相应的调整。

马天尼 1 号（极干）

2½ 盎司普利茅斯金酒

¼ 盎司杜凌干味美思

将所有原料加冰搅匀，滤入尼克和诺拉杯。无须装饰。

马天尼 2 号（我们的基础配方）

2 盎司普利茅斯金酒

1 盎司杜凌干味美思

将所有原料加冰搅匀，滤入尼克和诺拉杯。无须装饰。

马天尼 3 号（湿）

1½ 盎司普利茅斯金酒

1½ 盎司杜凌干味美思

将所有原料加冰搅匀，滤入尼克和诺拉杯。无须装饰。

诺曼底俱乐部马天尼 1 号

德文·塔比和亚历克斯·戴，2015

在这个配方中，味美思被菲诺雪莉酒代替，很好地说明了平衡的简单改变也会引起进一步的调整。因为菲诺雪莉酒非常干，所以用量比基础伏特加马天尼配方中的味美思更多，并且还加了一点蜂蜜糖浆以增强整杯酒的酒体。此外，雪莉酒是比味美思更微妙的一种修饰剂，因此小麦伏特加的微妙质感也能够得以体现，而这种质感会被味美思压制。最后，我们要喷上富含矿物质的灰盐溶液，为整杯酒增添一丝咸咸的香气。

2 盎司爱斯勃雷鸭伏特加

1 盎司亚历山大·朱尔斯菲诺雪莉酒

1 茶匙白蜂蜜糖浆

装饰：喷 3 ~ 4 次灰盐溶液

将所有原料加冰搅匀，滤入尼克和诺拉杯。在酒的上方喷洒灰盐溶液。

小胜利

亚历克斯·戴，2013

一个更有趣的改变核心的方法是用调味剂来浸渍加香葡萄酒。这款酒由维斯帕（见第 71 页）改编而来，在加香葡萄酒（好奇美国佬白味美思）中加入几滴根汁汽水提取物来浸渍。浸渍过的好奇味道非常好，但是用来调酒时风味不会那么明显，所以我们加了一点橙子果酱，带来少许甜味和令人愉悦的苦味，让所有风味完美融合在一起，并凸显出浸渍过的好奇风味。

1½ 盎司必富达金酒

½ 盎司绝对亦乐伏特加

1 盎司以根汁汽水浸渍的好奇美国佬

1 茶匙橙子果酱

装饰：1 个橙子角

将所有原料加冰搅匀，双重滤入装有1 块大方冰的双重老式杯。用橙子角装饰。

调味：装饰

装饰既可以是精心打造之后放在酒上的华丽艺术品，也可以是朴实简单的装饰物。但不管是哪种风格，只要装饰对鸡尾酒风味的影响是一样的，那么调酒师就可以尽情发挥自己的创意。不过，尽管人们对鸡尾酒的第一印象来自视觉，但我们对待装饰的态度通常是可可·香奈儿（The Coco Chanel）式的——少即是多。当手中的装饰开始变得夸张，我们会停下来问问自己：它能让鸡尾酒品酒体验更好吗？如果不能，我们会让它回归简单。

装饰还能让鸡尾酒更加个性化。例如，大吉利中的青柠角可以调整酒的甜度和酸度。而对马天尼而言，装饰起到了很重要的调味作用。这种调味作用正是本节的重点。

用柑橘果皮卷作装饰的优点之一是它们的芬芳皮油。柠檬和橙子是最适合做果皮卷的。西柚也可以，但青柠基本不行，因为它的强烈香气很容易压制其他风味。尽管你可能见过很多调酒师用柑橘果皮卷摩擦鸡尾酒杯沿，但我们很少这么做，因为我们发现皮油的味道太强烈了，但橙皮卷的皮油是甜甜的，味道不太强烈。通过挤压或扭转柑橘果皮的方式，在鸡尾酒上方挤出皮油则能够让风味和香气更均匀地分布，以提升整个品酒体验。最后，不要想当然地以为你需要把柑橘果皮卷放进酒里，有时在酒的上方

挤一下已经足够。把它放进酒里会继续给酒调味，对不同的酒来说，这可能是好事也可能是坏事。

至于马天尼，我们通常会在酒的上面挤一下果皮卷，然后放在杯沿上。这样它可以继续散发香气，但又不会破坏整杯酒的平衡。

改变调味

为了说明这一点，我们最喜欢的一个方式是把6杯马天尼一字排开，每杯的配方都是一模一样的，只有装饰不同。当然，我们不建议一次性饮用6杯正常分量的马天尼，所以我们只做了3杯的量，然后均分成6杯。在这个试验中，我们选用了必富达金酒，因为我们发现它是一款完美的特质均衡的金酒，酒精度足够高，因此特质足够鲜明，但味道又不会太杂而让人感到困惑。而且要注意，我们没有像平常一样把挤过的果皮卷放在杯沿，而是放进酒里，看看它们对酒的风味有何影响。

依次品尝6杯马天尼。注意到了任何不同吗？不加装饰的马天尼没有很多香气。在第二杯马天尼中，橄榄只增添了一丝咸味，但随着时间流逝而变得更明显。洋葱的效果几乎相同，尽管它的风味和香气更强烈。柠檬皮卷带来明亮的香气。放了橙皮卷的马天尼可能比前几杯更甜。放了青柠皮卷的马天尼可能有点难喝，因为青柠的香

气和风味与金酒和味美思相冲突。

　　将 6 杯马天尼静置 10 分钟后再品尝 1 次。放了橄榄和洋葱装饰的马天尼味道更咸了，但和第 1 次品尝时的味道相差不大，而放了柑橘果皮卷的马天尼可能会有苦味，因为更多皮油渗透在了酒里。如果你选择把柠檬皮卷放进马天尼里，可以在几分钟后取出，这样它既有足够时间给酒增添一丝复杂的苦味，又不会压制住整杯酒的味道。

马天尼调味的 6 种方式：装饰试验

6 盎司 必富达金酒
3 盎司 杜凌干味美思
装饰：1 颗鸡尾酒橄榄、1 颗腌洋葱、
1 个柠檬皮卷、1 个橙皮卷和 1 个青
柠皮卷

将所有原料加冰搅匀，滤入 6 个碟形杯。第一杯不加装饰，第二杯加橄榄，第三杯加洋葱，然后在剩下的 3 杯上方分别挤一下果皮卷，果皮放入酒中。

大卫·卡普兰（David Kaplan）

大卫·卡普兰是经营者有限责任公司（Proprietors LLC）联合创始人。

马天尼总是会让我想到我的安阿姨，她是一位很有范儿的芝加哥设计师和社会名流。她办的派对是最棒的，而她手里那杯巨大的10盎司马天尼永远是她全身行头的一部分。我第1次喝马天尼可能是在十二三岁。那时的我显然还不了解它的魅力，但我很喜欢安阿姨拿着马天尼的优雅样子，也很喜欢经典的马天尼杯，所以我试着喝了几口。

直到二十二三岁，我才真正爱上了马天尼。那时我准备在纽约开一家酒吧，正在积极学习和鸡尾酒有关的一切。有一天，我在佩古俱乐部（The Pegu Club）喝了一杯正宗的5∶1金酒马天尼。那让我眼界大开。后来，我又在"奶与蜜"点了一杯，就与那里的任何体验一样，它完美无缺。酒杯和酒都凉到令人难以置信，让我了解了真正的马天尼应该是怎样的。

我还在死亡公社吧台工作的时候，喜欢点一杯加了大方冰的马天尼。这样我就可以在轮班时慢慢啜饮这杯不断稀释的酒了，尽管酒吧里的调酒师很鄙视这种做法，他们不喜欢加了冰块的马天尼。

对我来说，马天尼绝对是一款属于夜晚的酒。光是它的酒精度就足以把它踢出日间酒款的阵营。而且长久以来，喝马天尼都代表着放松的时间开始了，即一天的工作已经结束。它很适合在餐前饮用，但你也可以在用餐时喝它，因为你可以对它进行改编，用来搭配你正在享用的任何菜式：增加味美思用量，降低酒精度，就可以让它变得更开胃、柑橘味更浓或者是其他任何能够搭配菜式的味道。

马天尼也像是一份液体简历。一杯马天尼能够透露出制作它的调酒师的许多信息。每个调酒师都有自己的私家马天尼配方，但决定最终效果如何的最重要因素并非原料比例，而是对温度和稀释度的掌握，以及会对马天尼产生影响的所有微妙变量的理解。与其他鸡尾酒相比，学会正确制作马天尼需要更多的时间、专注和大量练习。

对酒客而言，它也是最私人的一款鸡尾酒。每个调酒师——无论是在平易近人的邻家酒吧还是在最高端的鸡尾酒吧——都会期待客人对它有着某种偏好：摇还是搅？伏特加还是金酒？湿还是干？橄榄还是柠檬皮卷？哪怕是这几个变量都会让马天尼变得完全不同。每个小决定都会在杯中被放大。

马天尼经久不衰，它不是会随着潮流来去的那种酒。最好的马天尼在冰凉无比的杯子里，酒本身也是冰凉的，而啜饮它的第一口会把你带到另一个地方。啊……

大卫·卡普兰最爱的马天尼

2½ 盎司添加利金酒

¼ 盎司杜凌干味美思

¼ 盎司杜凌白味美思

1 滴自制橙味苦精

装饰：1 个柠檬皮卷

将所有原料加冰搅匀，滤入冰过的尼克和诺拉杯。在杯的上方挤一下柠檬皮卷，然后把它放在杯沿上。

探索技法：
完全稀释搅拌

　　水是生命之源。水也是鸡尾酒之源。（这意味着鸡尾酒也是生命之源吗？或许。）知道在鸡尾酒中加多少水，也就是找到最佳稀释度，是最重要的调酒技巧之一。

　　我们一般通过加冰摇匀或搅拌的方式来稀释鸡尾酒。在第一章中，我们介绍了为什么要不完全稀释某些搅拌鸡尾酒，比如老式鸡尾酒。在本章中，我们将介绍正确的马天尼制作技法：搅拌至完全稀释。几乎所有不加冰饮用的搅拌鸡尾酒都需要用到这种技法。

　　如果你知道完美呈现一款鸡尾酒所需的稀释度和确切温度，那么从理论上而言，你可以在室温下制作它，然后加水，把它放入冰柜冷冻至理想的饮用温度。事实上，我们的疯狂科学家朋友戴夫·阿诺德正是这么做的。当然，这么做需要时间和特殊的设备，但繁忙的酒吧很少能具备这两项先决条件，所以我们在这里还是采用更实际和更常见的方法——加冰搅拌。

　　要掌握一款酒的最佳温度和稀释度，最简单的方法是在实践中感知它。在培训调酒师时，我们会花几个小时来搅拌和品尝鸡尾酒，并让他们分辨这些酒在哪个时间点达到了完美的温度和稀释度。为了帮助你获得同样的体验，我们建议你试试下面这个试验。

从你最爱的马天尼或马天尼改编版配方开始，它是个很好的改编模板，因为它的风味会随着温度的下降和稀释度的提高而发生很大变化。要用刚从冰柜里取出的冰凉调酒杯和1英寸见方的冰块。用冰过的调酒杯会减缓鸡尾酒的稀释过程，这对试验来说非常有用。直接在调酒杯中不加冰搅拌原料，然后加入冰块，直到几乎把调酒杯装满。这看上去可能有大量的冰，但最上面的冰块会把其他冰块往下压，让尽可能多的冰和酒接触，以加快降温过程。在不做试验的时候，如果你想加快降温过程，可以把一部分冰块凿开（我们会凿开1/3的冰块）以增加冰和酒之间接触的表面积。

加完冰块之后，再搅拌一下酒液，然后用吸管或吧勺尝味。这样你能够品尝出马天尼在极少量稀释和稍微低于室温的条件下风味如何：味道是脱节的，每种原料清晰可辨，还没有融为一体。

接着，搅拌10秒种，再进行尝味。你会感到风味得到了更好地融合，但还没有舒展开，我们把这种状态叫作"紧"。进一步稀释会给风味更多变化的空间。此时，马天尼的温度应该在4.44℃左右——凉，但还不够冰。理想的马天尼应该是非常冰凉的。

接着，继续搅拌10秒种，再品尝。更棒了，对吗？你会发现融合度更高了，如一组风味和弦，而不是单个音符。酒变得冰凉，稍稍低于水的冰点。（这背后的物理学原理很复杂，但简单来说，酒的冰点比水低，而融化的冰会吸收热量，造成鸡尾酒的温度低于水的冰点。）

最后，单纯出于研究的目的，继续重复搅拌和品尝步骤，直到酒的味道开始变得寡淡和单调。一旦你能够尝出鸡尾酒的风味被水破坏了，那么就已经超过了目标稀释度——整体不再优于部分之和。是的，你最后做出来的酒称不上理想，但你已经找到了它的最佳状态——原料在完全稀释搅拌之后达到完美和谐。

克和诺拉杯

马天尼杯是最经典的鸡尾酒杯型，但缺陷也最多。你是否曾经点过一杯马天尼，结果拿到的杯子感觉像游泳池那么大，酒还没喝掉一半就和变得室温一样了？这要怪盛酒的杯子和决定用它的调酒师。

那么，传统马天尼杯到底哪里出问题了？首先，深深的圆锥形杯身很容易让酒在里面晃动，甚至泼出来。它还不便从杯柄处握住，所以大家往往会不自主地握住杯身，而手的温度会让酒变温。此外，很多马天尼杯对要盛放的酒来说都过大了。一只 10 或 12 盎司容量的马天尼杯能装下 3 ~ 4 杯马天尼。如果你喝酒的目的是为了享受一杯口感清新的冰凉马天尼，那么最好还是遵循标准配方中 3 盎司的烈酒用量，并且选择容量为 4 ~ 6 盎司的酒杯。

对马天尼、马天尼改编版和其他许多不加冰饮用的酒而言，我们更喜欢用尼克和诺拉杯。尼克和诺拉是 1934 年达希尔·哈米特（Dashiell Hammett）所著小说《瘦子》（*The Thin Man*）的主角，而尼克和诺拉杯正是根据这对嗜酒如命的夫妇命名的。它的杯身深而弯曲，通常杯口会微微收窄。它们的上半部分不像 V 形马天尼杯和标准碟形杯那么重，所以可以更轻松地握住杯柄。更重要的是，尼克和诺拉杯有着薄而轻巧的杯沿，让丝般顺滑的马天尼轻松流入你的口中。如果这听起来像是关于鸡尾酒的最装腔作势的说

法，你不妨做个小试验：准备两杯一模一样的马天尼，一杯用杯壁更薄的尼克和诺拉杯盛放，另一杯用杯壁更厚的碟形杯或马天尼杯盛放，然后试试这两杯酒。你应该知道我们的意思了吧？

无论你用哪种酒杯来盛放马天尼及其同类酒，事先冰一下会很好地提升你的品尝体验。如果你的冰柜没有足够空间来摆放酒杯，可以在杯子里倒满冰水，让它静置几分钟。在这期间，你可以把酒制作完成，然后把冰水倒掉，将酒滤入即可。冰过的酒杯会让你饮用的酒温度更低，这对马天尼来说尤其重要。此外，冰到起雾的酒杯更具观赏性，而握着冰凉杯柄的触感也绝对比常温的感觉更棒。最后我们要说的是有时你可能没有条件去提前把酒杯冰起来，没关系，但是千万不要用温的杯子。

艺术大道

马天尼大家庭

我们在本章的开头已经提到，就我们所知的鸡尾酒历史而言，曼哈顿的诞生时间早于马天尼。那么，我们为什么不把曼哈顿作为本章的主角？因为与马天尼相比，曼哈顿的制作方法更宽松，曼哈顿的原料风味更鲜明，这意味着如果你更换了原料或原料的用量，随之产生的微妙变化更难被觉察到。

曼哈顿

经典配方

曼哈顿本质上就是马天尼，只不过用黑麦威士忌代替了金酒、用甜味美思代替了干味美思。如果马天尼是阴，曼哈顿就是阳，这很好地说明了一个鸡尾酒元素的变动往往会引起其他元素的调整。陈年烈酒（尤其是高烈度的陈年烈酒）需要搭配那些能够衬托而不是抑制它们的强劲口感的修饰剂。如果我们只是简单地把马天尼中的金酒换成黑麦威士忌，黑麦威士忌会掩盖味美思的风味。经典安高天娜苦精将辛辣黑麦威士忌和甜味美思很好地融合在了一起，同时又提供了一个改编的途径，你将在接下来的一些配方中看到这一点。

2 盎司瑞顿房黑麦威士忌

1 盎司好奇都灵味美思

2 滴安高天娜苦精

装饰：1 颗糖渍樱桃

将所有原料加冰搅匀，滤入冰过的尼克和诺拉杯。用樱桃装饰。

以此为起点，我们可以开始介绍更广泛的马天尼大家庭了。首位出场的是美国鸡尾酒历史上的早期成员马内斯，它在马天尼模板的基础上加入少量风味非常丰富的利口酒。随着越来越多的风味加入进来（例如布鲁克林味道微苦的调味剂——比格蕾吉娜利口酒），马天尼大家庭中出现了一位调酒师们最爱的成员，那就是苦甜交织、衍生了众多改编版本的内格罗尼。最后，我们会介绍一款低酒精度马天尼改编版——翠竹，它把高度烈酒换成了雪莉酒，以充当自己的核心。

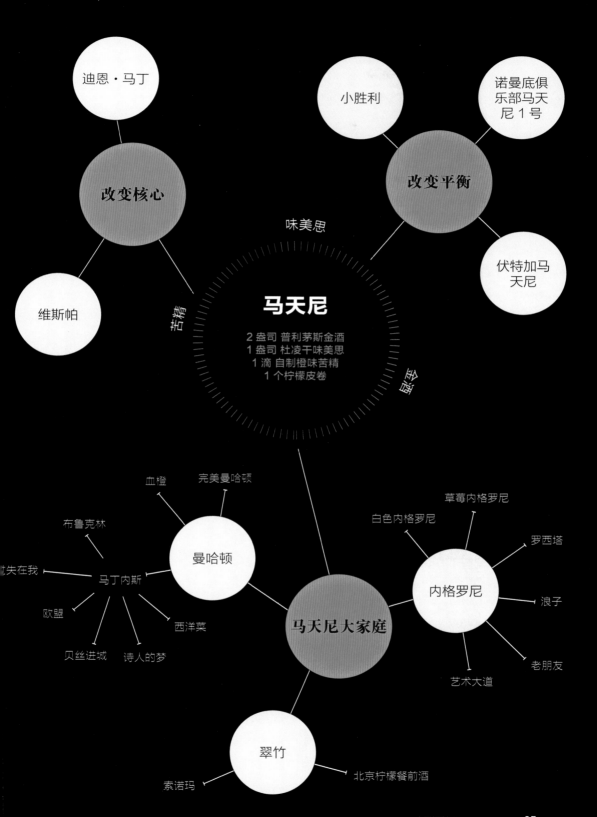

血橙

点什么。不过，血橙皮香气芬芳，还有着明亮、近乎于咸味的橙子风味。在这个配方中，我们用血橙来浸渍味美思。干邑在这款曼哈顿改编版中起到了桥梁的作用，将黑麦威士忌的辛辣和味美思的苦味和谐融合。

> **1 盎司瑞顿房黑麦威士忌**
> **½ 盎司皮埃尔·费朗 1840 干邑**
> **1½ 盎司以血橙浸渍的卡帕诺·安提卡配方味美思**
> **装饰：1 个血橙圈**

将所有原料加冰搅匀，滤入冰过的碟形杯。用血橙圈装饰。

马丁内斯

经典配方

没错，马天尼及其改编版通常都有着烈酒和味美思之间的简单和谐之美，但我们也提到过，马天尼大家庭中的很多鸡尾酒也包含少量利口酒。在马丁内斯中，1 茶匙樱桃利口酒带来了果味和涩味，正好搭配陈年烈酒和甜味美思的香草风味。如果你想对马丁内斯进行改编，利口酒是一个很好的起点，因为你可以找到很多有趣的选择，比如带有蜂蜜甜味和微妙药草味的法国廊酒，或是桃子、杏子、覆盆子水果利口酒。

> **1½ 盎司海曼老汤姆金酒**
> **1½ 盎司卡帕诺·安提卡配方味美思**
> **1 茶匙路萨朵黑樱桃利口酒**
> **2 滴自制橙味苦精**
> **装饰：1 个柠檬皮卷**

将所有原料加冰搅匀，滤入冰过的尼克和诺拉杯。在酒的上方挤一下柠檬皮卷，然后把它放在杯沿上。

完美曼哈顿

经典配方

在鸡尾酒的语言里，"完美"这个词的意思是酒里含有等份的甜味美思和干味美思。听上去很容易，但等份的修饰剂其实很难处理，尤其是在曼哈顿中。如果你用错了味美思，它（或它们）会抢走威士忌的风头。但在这个配方中，干味美思的爽脆特质被柠檬皮装饰强化，造就出一款口感更清淡、更明亮的曼哈顿。

> **2 盎司瑞顿房黑麦威士忌**
> **½ 盎司好奇都灵味美思**
> **½ 盎司杜凌干味美思**
> **2 滴安高天娜苦精**
> **装饰：1 个柠檬皮卷**

将所有原料加冰搅匀，滤入冰过的尼克和诺拉杯。在酒的上方挤一下柠檬皮卷，然后把它放在杯沿上。

血橙

布莱恩·布鲁斯，2016

尽管血橙的迷人色泽很适合鸡尾酒，但它们的果汁味道过于平淡，让人觉得缺了

过失在我

德文·塔比，2015

我们常说，苦和甜的原料可以像胶水那样，把鸡尾酒的不同成分牢牢黏在一起，而这款配方正是绝佳范例。少量的两种利口酒——甜中带苦的比格蕾吉娜利口酒和浓郁的杏子利口酒，加上两款（而不是一款）雪莉酒，再搭配伏特加，营造出干果和坚果的主要风味，余味是令人愉悦的苦味。

2 盎司灰雁伏特加

¾ 盎司亚历山大·朱尔斯菲诺雪莉酒

¼ 盎司威廉 & 汉拔半干型雪莉酒

1 茶匙吉发得鲁西荣杏子利口酒

1 茶匙比格蕾吉娜利口酒

2 滴盐溶液

装饰：1 个柠檬皮卷

将所有原料加冰搅匀，滤入冰过的尼克和诺拉杯。在酒的上方挤一下柠檬皮卷，然后把它放在杯沿上。

贝丝进城

丹尼尔·扎恰尔克苏克，2015

这是一款复杂的马丁内斯风格鸡尾酒，用到了一款柔和的苏格兰威士忌和一款浓郁、辛辣的当代金酒（而非老汤姆金酒）。这款酒说明了了解原料的重要性：飞行金酒的墨西哥菝葜风味与西班牙甜味美思和拉玛佐蒂都有的可乐特质非常搭配。如果你把其中任何一种原料换成其他品牌，做出来的酒会完全不同。

1 盎司高原骑士 12 年苏格兰威士忌

1 盎司飞行金酒

½ 盎司卡帕诺·安提卡配方味美思

¼ 盎司吉发得鲁西荣杏子利口酒

¼ 盎司拉玛佐蒂

装饰：1 片薄荷叶

将所有原料加冰搅匀，滤入冰过的老式杯。用薄荷叶装饰。

布鲁克林

经典配方

另一个改变平衡的方式是用少量阿玛罗或利口酒来代替一部分味美思或加香葡萄酒。在这一方面，最经典的例子是布鲁克林，它以曼哈顿为雏形，用到了少许阿玛罗和一茶匙樱桃利口酒。尽管它是根据曼哈顿旁边的区域命名的，但你立刻就会发现它是马丁内斯的黑麦威士忌改编版。布鲁克林历史上是用法国橙味利口酒亚玛·匹康调制的，但现代的亚玛·匹康——如果你能买到的话——降低了苦味和风味的丰富度，所以我们选择用比格蕾吉娜利口酒来代替它，这款苦中带甜的餐前酒正是以传统亚玛·匹康为灵感酿造的。

2 盎司瑞顿房黑麦威士忌

¾ 盎司杜凌干味美思

¼ 盎司比格蕾吉娜利口酒

1 茶匙马拉斯卡樱桃利口酒

装饰：1 颗白兰地樱桃

将所有原料加冰搅匀，滤入冰过的尼克和诺拉杯。用樱桃装饰。

西洋菜

¾ 盎司卡帕诺·安提卡配方味美思

1 茶匙金女巫利口酒

1 滴比特储斯芳香苦精

装饰：1 颗白兰地樱桃

将所有原料加冰搅匀，滤入冰过的碟形杯。用樱桃装饰。

诗人的梦

经典配方

你应该还记得第一章里的改良威士忌鸡尾酒，其实"改良"这个词的含义是指在一款基础鸡尾酒里加入少许风味浓郁的利口酒。这会让你思考，看上去很小的改动原来可以创造出完全不同的新配方。这款诗人的梦就是对基础马天尼的"改良"：稍微减少味美思的用量，加入少许草本味的法国廊酒。

2 盎司必富达金酒

¾ 盎司杜凌干味美思

¼ 盎司法国廊酒

2 滴自制橙味苦精

装饰：1 个柠檬皮卷

将所有原料加冰搅匀，滤入冰过的尼克和诺拉杯。在酒的上方挤一下柠檬皮卷，然后把它放在杯沿上。

欧盟

亚历克斯·戴，2009

在创作这款酒之前，我们只遇到过用卡尔瓦多斯做基酒的配方。但在这款马丁内斯改编版中，少许卡尔瓦多斯令老汤姆金酒的口感变得更柔和，并且为整杯酒增添了果味层次。一点点金女巫利口酒提升了复杂度，作用和苦精很像。所有（英国脱欧之前）欧洲朋友都在这杯酒里了。

1½ 盎司海曼老汤姆金酒

½ 盎司布斯奈 VSOP 苹果白兰地

西洋菜

德文·塔比，2016

这款酒的配方，你可能以为它是咸辣味的，但用离心机制作的西洋菜金酒能够让西洋菜的辣味全部释放出来，不会让金酒的味道变得像液体色拉。没有离心机？没关系，将几片西洋菜叶放入味美思和鲜桃味利口酒中轻轻捣压，然后拿出菜叶，直接在杯中调制这款鸡尾酒。你在吃苦味绿色蔬菜色拉时可能会加些干果，我们也如法炮制，加入少许鲜桃味利口酒，为整杯酒带来更多果味层次。

1½ 盎司以西洋菜浸渍的金酒

½ 盎司绝对亦乐伏特加

¾ 盎司杜凌干味美思

½ 盎司杜凌白味美思

½ 茶匙吉发得鲜桃味利口酒

1 滴盐溶液

装饰：1 片金冠苹果片

将所有原料加冰搅匀，滤入冰过的尼克和诺拉杯。用苹果片装饰。

内格罗尼

经典配方

基本而言，这一章的鸡尾酒都有一个共同的特点——核心风味由烈酒加味美思或其他加香葡萄酒构成。而且，如果这两个成分不够平衡，整杯酒通常会制作失败。然而，这

个准则也有例外（正如一切皆有例外），那就是内格罗尼——一款苦味明显的鸡尾酒，配方包括整整一盎司金巴利。因为金巴利已经在很大程度上提升了内格罗尼的烈度，金酒的用量可以减少，而整杯酒的平衡仍然在于金酒加味美思这一标志性核心，只不过两种成分的比例是相等的。金巴利是核心中不可缺少的一部分，而金酒则带来了干净利落的结构感，令金巴利的苦味和甜味美思的甜味达到平衡。在接下去的改编版中，你会发现它们采用了同样的策略，只不过用高烈度利口酒或其他阿玛罗代替了金巴利，并且对原料的平衡进行了调整，令整杯酒的口感更和谐。

1 盎司添加利金酒

1 盎司卡帕诺·安提卡配方味美思

1 盎司金巴利

装饰：半个橙片

将所有原料加冰搅匀，滤入装有一大块方冰的老式杯。用半个橙片装饰。

草莓内格罗尼

经典配方

这款内格罗尼改编版并未偏离原始配方太多，但风味却极其可口。少许澄清草莓糖浆中和了金巴利的苦味，几滴可可豆酊剂则增强了金巴利和甜味美思的苦中带甜的风味。

1 盎司必富达金酒

¾ 盎司金巴利

¾ 盎司杜凌甜味美思

¼ 盎司澄清草莓糖浆

5 滴可可豆酊剂

装饰：草莓片

将所有原料加冰搅匀，滤入装有一大块方冰的老式杯。用草莓片装饰。

白色内格罗尼

韦恩·柯林斯，2000

用带有清爽柑橘味的苏姿利口酒（一种法国餐前酒）和散发着花香的杜凌白味美思来代替口感浓郁、呈深红色的甜味美思和金巴利，做出来的就是白色内格罗尼。我们认为这是一款绝佳的季节性鸡尾酒，尽管我们全年都会喝经典内格罗尼，但在夏天我们的最爱是白色内格罗尼。

1½ 盎司必富达金酒

1 盎司杜凌白味美思

¾ 盎司苏姿利口酒

装饰：1 个橙皮卷

将所有原料加冰搅匀，滤入装有一大块方冰的老式杯。在酒的上方挤一下橙皮卷，然后在杯沿上轻轻抹一圈，放入酒杯。

罗西塔

经典配方

这是一款加入了金巴利的特其拉版完美曼哈顿，还是一款不加冰的完美特其拉内格罗尼？无论如何，它的原型是格瑞·里根（Gary Regan）在《波士顿先生：官方调酒师指南》（*Mr. Boston:Official Bartenders' Guide*）中找到的一款配方，我们在里面加入了干味美思，因为杜凌干味美思的开胃特质能够放大特其拉的蔬菜风味。

1½ 盎司席安布拉·阿祖尔微酿特其拉

½ 盎司卡帕诺·安提卡配方味美思

½ 盎司杜凌干味美思

½ 盎司金巴利

1 滴安高天娜苦精

装饰：1 个橙皮卷

将所有原料加冰搅匀，滤入冰过的尼克和诺拉杯。在酒的上方挤一下橙皮卷，然后在杯沿上轻轻抹一圈，放入酒杯。

浪子

经典配方

浪子的历史可以追溯到 20 世纪 20 年代，当时它出现在了巴黎哈利纽约酒吧老板哈利·麦克欧洪（Harry MacElhone）撰写的《酒吧常客与鸡尾酒》（*Barflies and Cocktails*）一书中。原始配方的每种原料都分量相同，但是随着时间的推移，原料比例发生了变化，威士忌的分量加大了。既然你已经了解了马天尼（及其内格罗尼）的基本守则，就不应该感到惊讶。尽管用等份原料也能做出非常好喝的浪子，但增加波本威士忌、减少金巴利和味美思能够恰到好处地凸显前者的风味。

1½ 盎司爱利加小批量波本威士忌

¾ 盎司卡帕诺·安提卡配方味美思

¾ 盎司金巴利

装饰：1 颗白兰地樱桃

将所有原料加冰搅匀，滤入冰过的碟形杯。用樱桃装饰。

老朋友

经典配方

老朋友几乎和浪子一模一样，只不过用干味美思代替了甜味美思、用黑麦威士忌代替了波本威士忌。尽管老朋友味道偏甜，

但因为用了黑麦威士忌，它也足够辛辣。法国味美思增添了明亮的主干风味，金巴利带来苦的余味。

1½ 盎司瑞顿房黑麦威士忌

¾ 盎司杜凌干味美思

¾ 盎司金巴利

装饰：1 个柠檬皮卷

将所有原料加冰搅匀，滤入冰过的尼克和诺拉杯。在酒的上方挤一下柠檬皮卷，然后放入酒杯。

艺术大道

德文·塔比，2015

这款鸡尾酒不带气泡，但它有着和汽酒一样的效果：酒精度低，颇具酸度，作为配餐鸡尾酒能够起到清洁味蕾的作用。

¾ 盎司富兹金酒

1½ 盎司杜凌白味美思

¼ 盎司苏姿利口酒

¼ 盎司圣哲曼

¼ 盎司聚变纳帕谷酸白葡萄汁

2 滴奇迹里芹菜苦精

装饰：1 片芹菜长条

将所有原料加冰搅匀，滤入冰过的尼克和诺拉杯。将芹菜长条扭成螺旋状，放在杯沿上。

翠竹

经典配方

如果说到目前为止，这一章中的马天尼改编版都有着同样的主题，那就是它们都非常烈。但这款配方的酒精度偏低，同时又不失马天尼的精髓：经典的翠竹用阿蒙提亚多雪莉酒代替了金酒。因为雪莉酒的酒精度更

北京柠檬
餐前酒

低，而且也不像金酒那样经过大量调味，所以味美思的比例要加大，才能平衡整杯鸡尾酒。味美思将雪莉酒包裹起来，增添了甜度和风味的复杂度。翠竹是一款非常古老的鸡尾酒，诞生于 19 世纪后期的日本，但它仍然是我们今天最爱的鸡尾酒之一，以至于我们经常在自己的酒吧里用打酒龙头来供应它。

1½ 盎司卢士涛路爱可阿蒙提亚多雪莉酒

¾ 盎司杜凌白味美思

¾ 盎司杜凌干味美思

2 滴自制橙子苦精

将所有原料加冰搅匀，滤入冰过的尼克和诺拉杯。在酒的上方挤一下柠檬皮卷，然后放入酒杯。

索诺玛

德文·塔比，2015

站在索诺玛农庄里喝着葡萄酒是什么体验？为了回答这个问题，我们创作了这款翠竹改编版，其基酒是果味浓郁的霞多丽，加入少许甜蜂蜜，还有卡尔瓦多斯——诺曼底出产的苹果白兰地。最后再加上散发着白胡椒香气的喷雾，令人联想起谷仓的味道。

2½ 盎司未经木桶陈酿的干型霞多丽

½ 盎司布斯奈 VSOP 苹果白兰地

1 茶匙聚变纳帕谷酸白葡萄汁

1 茶匙蜂蜜糖浆

1 滴盐溶液

装饰：喷 4 次用白胡椒浸渍的伏特加

将所有原料加冰搅匀，滤入冰过的尼克和诺拉杯。在杯的上方喷洒浸渍过的伏特加。

北京柠檬餐前酒

亚历克斯·戴，2016

这款口感更清淡、更明亮的翠竹改编版是我们对"从根到茎"鸡尾酒的诠释，它充分利用了北京柠檬的每一个部分。我们把原料混合在一起，然后用北京柠檬皮来浸渍鸡尾酒。剩下的柠檬汁可做成北京柠檬浓糖浆（见第 294 页），它可以成为自制苏打水的原料，和这杯鸡尾酒搭配。下面的配方可以做 1 升完美的派对餐前酒，既优雅又清新。

12 盎司卢士涛菩托菲诺雪莉酒

6 盎司杜凌白味美思

6 盎司杜凌干味美思

4 盎司魔法地莫斯卡托皮斯科

2 个北京柠檬的皮

1¼ 盎司甘蔗糖浆

8 滴自制橙味苦精

8 盎司水

装饰：10 个北京柠檬圈

将一半雪莉酒、味美思、皮斯科和柠檬皮放入 iSi 发泡器。根据前面介绍的压力浸渍法对它们进行浸渍。用细孔滤网过滤后倒入大碗。对剩下的雪莉酒、味美思、皮斯科和柠檬皮重复上述步骤。在浸渍过的酒中加入糖浆、苦精和水，搅拌均匀，倒入 1 升装的瓶子中密封，冷藏至冰凉。饮用前倒入冰过的碟形杯（这个配方可制作 10 杯的量），用北京柠檬圈装饰。

进阶技法：浸渍原料

在我们刚开始创作鸡尾酒的时候，吧台后各种各样的烈酒和利口酒为我们提供了许多灵感。但是，现在有这么多优秀调酒师每天都在创作出色的鸡尾酒，所以我们必须更努力地去寻找独特的新风味以融入我们的作品中。浸渍原料是实现这一目标最容易的方式之一。一旦风味被添加到基酒或修饰剂当中，浸渍原料就可以对配方进行替换，从而打开一个广阔的鸡尾酒新世界。〔顺便在这里推荐一个研发新配方的好帮手——凯伦·佩吉（Karen Page）和安德鲁·唐纳伯格（Andrew Dornenburg）合著的《风味圣经》（*The Flavor Bible*）。这本书按原料分类，涵盖了大量风味搭配的例子，从常见到出人意料的组合都有。〕

对我们来说，构思新浸渍原料通常是为了简单地解决问题，出发点则是我们想要创造的鸡尾酒。在研发新配方时，我们做的第一件事通常是确定我们最终想要的风味特质。然后，我们会挑出一个基础配方，通常基于本书中的 6 个基础配方之一。例如，假设我们想把柠檬作为主要风味。柠檬和蜂蜜非常搭配，这是当然的。我们又想到蜂蜜和洋甘菊很适合放在一起。然后，我们开始思考哪种基酒可以搭配这一风味组合，同时又令人意想不到。柠檬、蜂蜜和洋甘菊的搭配很温暖，而且对某些人来说带着怀旧感。

那么，我们为什么不利用这一点，选择一款口感温暖的烈酒呢？比如能够加强其他原料的暖心特质的卡尔瓦多斯？一旦确定了要做一款有柠檬、蜂蜜和洋甘菊的黑麦鸡尾酒，我们可以用几种不同的方式在酒里体现这些风味，可能是一款用柠檬汁做的酸酒（用黄色查特酒的蜂蜜味来搭配洋甘菊和黑麦威士忌的瓦伦西亚）、一款柯林斯（富士传说），或是一款热托蒂（枪械俱乐部托蒂）。

浸渍原料可以通过把原料放入烈酒中浸泡来轻松实现，而这也基本上是人们多年来沿用的做法。酒精是一种绝佳的溶剂，因为它萃取风味的能力很强。事实上，有时它的这种能力太强了，以至于在萃取想要的风味时，一些不好的风味也被萃取了出来。例如，你在吃成熟的覆盆子时主要尝到的是新鲜莓果风味。但是，如果覆盆子在酒精中浸泡时间过长，泡酒会有种令人不快的苦味，这来自覆盆子籽中的化合物。

因此,根据原料和想要萃取的风味,我们会选用不同的浸渍技法——冷浸渍、室温浸渍、真空低温慢煮(浸入式循环器)浸渍、压力浸渍,甚至离心机浸渍。选择浸渍技法的第一步是看一下原料,预测它们浸渍后会是怎样的风味。然后,我们用一种或多种浸渍技法来检验我们的预测是否正确。就新鲜水果而言,长时间浸泡(泡在液体中)可能会把一些不好的风味也萃取出来,而高温蒸煮则会破坏它们的新鲜风味。新鲜水果里易挥发的芳香化合物也会被过长的浸渍过程所破坏。为了解决这个问题,我们会采用浸入式循环器,以非常低的温度来短时间加热浸渍原料(我们稍后会详细

介绍这一技法）。这样我们不但能只萃取出想要的风味,还能加快浸渍过程。我们的大部分浸渍原料在几小时内就能制作完成。

我们还会对基酒（烈酒、利口酒、加强型葡萄酒等）进行深入考量。一个关键点是酒精度。人们普遍认为,酒精度越高的酒越适合萃取风味,但这不一定对。像艾弗克里亚这样高酒精度烈酒能够迅速而全面地萃取风味,但酒精度越高,原料的苦味就越容易被萃取出来。如果你想自制苦精,这是件好事,但如果用的是新鲜原料就不妙了。我们发现,不管用的是哪种浸渍技法,用酒精度在 40%～50% 之间的烈酒一般效果都很好,而如果用的是含有苦味的新鲜水果（如柑橘果皮）,选择在这一区间内酒精度偏低的烈酒能够最好地萃取风味。你也可以使用低酒精度基酒,比如利口酒、加强型葡萄酒或静态葡萄酒。但这么做需要注意防止氧化,否则风味会迅速发生改变。

在接下来的篇幅里,我们将详细介绍 5 种不同的浸渍技法。具体的浸渍原料配方（包括本书中提到的所有浸渍原料）可以在附录中查看。

冷浸渍

如果我们想最大程度地萃取出原料的新鲜、活泼风味（如咖啡豆）,冷浸渍可以做到这一点。冷却会减缓风味萃取过程,这意味着风味原料将和酒精进行更长时间的互动。这是一个更柔和的过程,浸渍原料将具有深沉、复杂的风味,而室温或热浸渍将破坏或改变这些风味。注意,这一技法只适用于那些不会在长时间浸渍后产生不理想风味的原料,例如,莓果的籽会产生苦味,因此不适合冷浸渍。

我们还会在被称为"脂洗"的技法中用到低温浸渍,这一技法是我们的朋友唐·李（Don Lee）和埃本·弗里曼（Eben Freeman）发明的。当酒精和含有油脂的原料（如黄油、奶油、油或动物脂肪）混合后冷冻,油脂会凝结成固体,可以被轻松过滤掉,酒里只剩下油脂的风味。这一技法能够很好地为口感单薄的鸡尾酒注入浓郁特质,例如根汁啤酒漂浮。

关于冷浸渍,我们还要特别提醒一句:在制作这些原料时,要确保冰箱里没有任何气味强烈的原料,因为它们的香气和风味可能会被浸渍原料吸收。

冷浸渍法

脂洗:如果用的是固体油脂,要先在平底锅或微波炉中慢慢把它融化。然后将油脂和烈酒倒入宽大的容器,通过搅拌或搅打让它们充分混合,这样做能够让脂肪和烈酒之间的接触最大化,令风味更佳。盖上盖子冷冻,直到油脂在液体表面凝固成一层,这通常需要 12 小时或更短的时间。小心地在油脂层戳一个洞,将液体滤出。

油脂可以留作他用（或丢弃）。如果有任何固体颗粒残留在液体中，用包了几层粗棉布的细孔滤网或超级袋（一种用途灵活的防热滤网）过滤。虽然你可以在室温下保存洗脂原料，但我们发现冷藏更有助于保持它们的风味。相关配方见奶洗朗姆酒（见第301页）。

蛋：在一个浅底、可重复密封的容器中垫上纸巾。把一层风味原料（如薰衣草）放在纸巾上，然后在上面摆上一层完整的、没有煮过的蛋（不去壳）。密封容器，冷藏一夜即可。

室温浸渍

对那些浸渍很快（通常只需要1小时或更短时间）的原料，我们会简单地把原料混合在一起，然后让酒精在室温下发挥它的威力。这些原料通常风味浓郁、颇具个性，如用特其拉浸渍加拉佩诺辣椒很容易就会萃取过度，而红茶萃取过度之后会产生单宁味，所以在整个浸渍过程中一定要每隔几分钟尝一下味道。这能让你有一个进行比较的标准，知道什么时候该终止浸渍过程。我们的泰国辣椒波本威士忌就是一个很好的例子：通常我们只会浸渍5分钟——甚至更短！另一个例子是乌龙茶伏特加，它只需要20分钟左右就会产生乌龙茶特有的色泽，这时你就知道该把茶叶过滤了。

另外，要记住有些原料是不一样的，比如干辣椒和新鲜辣椒，而没有两只加拉佩诺辣椒天生是相同的。因此，即使你以前用辣椒做过浸渍，每次重新制作时还是要不断尝味。

我们已经提到过，烈酒的酒精度对浸渍速度有着很大影响。如果你用的是高酒精度烈酒，达到最佳萃取度的时间可能很短。如果你用的是低酒精度烈酒（如味美思），萃取时间会长得多。例如，我们在制作小豆蔻圣哲曼时要浸渍约12小时，因为圣哲曼的酒精度偏低——只有20%，而且小豆蔻的风味非常微妙。但是，我们的马德拉斯咖喱金酒只需要浸渍约15分钟，因为它用的是辛辣咖喱粉和强劲的44%多萝茜帕克金酒。

如何制作室温浸渍原料

克重秤
2个带盖的大号容器
细孔滤网和粗棉布，或超级袋

1.用克重秤对原料进行称重。

2.将所有原料放入容器。搅打或搅拌均匀。

3.不时尝一下浸渍原料的味道。开始要每分钟品尝，然后每15分钟品尝，最后是每小时品尝（具体根据采用的原料）。在长时间浸渍时，容器需要盖上盖子，只在品尝时打开。

4.浸渍过程结束后，用包了几层粗棉布的细孔滤网或超级袋将液体过滤到清洁的容器中。

5.转移到储存容器中，冷藏一段时间即可使用。

真空低温慢煮浸渍

我们不但在自己的酒吧里用真空低温慢煮技术来自制风味糖浆，还用它来给酒调味。这么做有两个理由：第一，温度会加快浸渍过程。第二，与其他任何方法相比，用特定温度加热原料、不让任何液体蒸发能够让浸渍原料的风味更微妙。重要的是，在浸渍过程中温度会保持稳定，让我们能够选择恰当的温度来保留想要的风味（通常是原料本来的风味）。例如，在我们的椰子波本威士忌中，真空低温慢煮能够让做出来的原料具有新鲜椰子风味。如果只是简单地把椰子片放入波本威士忌，在室温下浸渍几天，做出来的原料味道还是会很好，但口感稍差。

我们在进行真空低温慢煮时选择的温度大多在 57.22℃ ~ 62.78℃ 之间。在这一区间内，偏低的温度适合风味微妙的原料，比如水果，而偏高的温度则适合风味浓郁的原料，比如椰子、坚果和干香料。正如你接下来将读到的，我们在慢煮结束时会把原料放入冰水中，令袋中的蒸汽完全凝结，保留酒精度。

如何制作真空低温慢煮原料

大号水盆

浸入式循环器

克重秤

碗

可重复密封的防热塑料袋，比如保鲜袋

冰水

细孔滤网

储存容器

1. 在水盆中装满水，将浸入式循环器放进水中。
2. 将循环器设置到想要的温度。
3. 仔细对原料进行称重，然后将原料全部放入碗中混合。
4. 将全部原料装入可密封的防热塑料袋。要将塑料袋几乎完全密封，以排出尽可能多的空气，然后将塑料袋浸入水里（没有封住的部分不要浸入）。水压会把剩下的空气挤压出去。将塑料袋完全密封，从水里拿出。
5. 水达到理想的温度之后，将密封塑料袋放入水盆。
6. 计时结束后，小心去除塑料袋。
7. 将塑料袋放入冰水中冷却。
8. 用细孔滤网过滤浸渍原料，去除全部固体物。
9. 将浸渍原料倒入储存容器，冷藏一段时间后即可使用。

压力浸渍

对风味极其微妙的原料而言，通过操控压力来萃取风味非常有用。有些是因为长时间浸泡会让它们的风味迅速消失，有些是因为加热后风味就会完全改变。我们会用到两种技法来进行压力浸渍：用 iSi 发泡器（这种发泡器通常被用来打发奶油）和 N_2O（一氧化二氮）来快速浸渍，或用箱式真空机来进行真空浸渍。

在快速压力浸渍过程中，压缩过的气体迫使液体进入固体原料中，从而将风味迅速萃取出来。所有原料都被放入 iSi 发泡器中，充入 N_2O，压迫液体进入固体原料的内部，这个过程有点像海绵吸水。压力释放之后，吸收了风味的液体从固体原料中排出。快速浸渍对萃取微妙风味尤其有效，比如新鲜草本植物的风味，同时也适用于风味丰富的原料，比如可可豆。因为浸渍过程非常快——通常在 10 分钟左右，做出来的原料不会带有你不想要的风味，而长时间浸渍可能会有这个风险。

真空浸渍过程与此类似，但需要用到一种非常昂贵的设备——箱式真空机。它的工作原理并非用压缩气体迫使液体进入固体原料，而是抽完箱体内的所有空气。当液体和固体在真空中相遇，固体的气孔会打开，让空气排出，迫使液体进入气孔中。然后，当箱体内恢复到外部大气压，所有的液体都被从固体原料中吸出，而风味的萃取也已经完成。

如何制作真空浸渍原料

克重秤

宽大的塑料或金属容器，如烤盘

箱式真空机

塑料薄膜

细孔滤网和粗棉布，或超级袋

储存容器

1. 仔细对原料进行称重。

2. 将原料放入箱体所能容纳的最宽容器中（至少 2 英寸深），然后将容器放入箱式真空机。盖上塑料薄膜，在薄膜上戳大约 10 个洞（这样能在释放真空时防止液体溅起，否则有可能会一片狼藉）。

3. 将机器调至完全真空状态，然后把手指一直放在停止键上。空气被完全抽掉之后，液体会开始剧烈沸腾。如果沸腾快要破坏原料的风味了，立刻按下停止键。让机器在完全真空的状态下运转 1 分钟。重复上述操作至少两次，以达到最佳效果。你会注意到，沸腾变得不那么剧烈了。

4. 取出容器，用吸管尝味。

5. 如果浸渍原料的味道太淡，可以用两种方法来萃取更多风味。首先，你可以多次重复真空浸渍过程，直到你想要的风味出现。或者，另一个萃取更多风味的好办法是把机器调至完全真空状态，然后把它关掉。机器会保持真空状态，浸渍过程会继续进行，直到你把机器重新打开。我们建议把机器关闭 10 分钟，然后尝味。

6. 如果你对浸渍原料的风味感到满意，可以用包了几层粗棉布的细孔滤网或超级袋将它滤出。

7. 倒入储存容器，冷藏一段时间即可使用。因为这些原料萃取的是微妙风味，所以最好在 1 周内用完（但实际保质期为 4 周）。

如何制作快速压力浸渍原料

克重秤

iSi 发泡器，最好是 1 夸特[①]容量的

2 颗 N_2O 气弹

大而深的容器

细孔滤网和粗棉布，或超级袋

储存容器

1. 仔细对原料进行称重。

2. 将原料放入 iSi 发泡器，注意不要超过"Max（最大）"刻度线。盖紧瓶盖。装入一颗 N_2O 气弹并充气，然后晃动发泡器 5 次左右。换上一颗新气弹，充气后再次晃动发泡器。我们推荐将原料在压力下静置 10 分钟，每 30 秒左右晃动一下。

3. 将发泡器的喷嘴以 45° 角对准容器。尽量快速地让气体释放，同时不要让液体喷溅。放气速度越快，浸渍效果就越好。气体释放完毕之后，打开瓶盖听一下里面的声音。如果你听不到气泡的声音了，就可以进行下一步。用细孔滤网或超级袋过滤原料。

4. 用漏斗将浸渍好的原料倒入本来的酒瓶中，冷藏一段时间即可使用。因为这些原料萃取的是微妙风味，所以最好在 1 个月内用完，尽管有些微妙风味（比如药草或柑橘果皮，详见北京柠檬餐前酒）在 1 周内才够新鲜。

iSi 发泡器

我们强烈推荐 iSi 发泡器。尽管市面上有其他烹饪用发泡器，但我们发现 iSi 发泡器非常耐用，物有所值。iSi 发泡器有很多不同的规格，但我们推荐使用 1 升装的真空保温型，因为它的组件质量非常高，而且瓶体是隔热的。除了浸渍原料，这种发泡器还非常适合用来打发奶油（详见白俄罗斯），尤其在你需要快速制作大量鸡尾酒的情况下。

①1 夸脱（美制）=0.946 升。——译者注

离心机浸渍

我们从食品科学大师戴夫·阿诺德那里学到了离心机浸渍技法（这只是他教给我们的许多东西之一），使我们做出了一些最稀奇古怪的浸渍原料，有些风味是我们想都没想过可以用来调酒的，比如用全麦饼干波本威士忌来调制老式鸡尾酒改编版（露营篝火，见第 287 页）。不过，它需要一台非常昂贵的设备——离心机。

一般来说，离心机浸渍需要先把固体原料和酒放在一起搅打，令表面积接触最大化，从而加快浸渍过程。然后，要用离心机来分离固体和澄清液体。注意，在这一过程中，一部分来自固体原料的液体会留在浸渍好的原料中。例如，我们的草莓干邑和梅斯卡尔，一部分草莓汁留在了浸渍好的原料中。这样味道可能会很好，但浸渍原料可能更容易变质，保质期就缩短了。另外要注意的是，如果太多来自风味原料的液体留在了浸渍好的原料中会让原料的酒精度变低。

你需要进行大量尝试才能找到酒和风味原料之间的最佳比例。对干原料（如干果或全麦饼干）而言，风味原料和酒的比例可以从 1：4 开始（按重量计）。对含有水分的原料（如香蕉或草莓）而言，比例可以从 1：2 开始。至于那些风味非常微妙的原料（如西瓜），你可能需要用 1：1 的比例。

如何制作离心机浸渍原料

克重秤

搅拌机

细孔滤网

碗或其他容器

离心机

咖啡滤纸或超级袋

1. 仔细对原料进行称重。

2. 将原料放入搅拌机，搅打至固体完全成为泥状。

3. 将原料滤入容器。首先要称一下容器的重量。（如果你的秤有称皮重功能，你也可以先将秤归零，然后倒入原料，就能计算出它的重量。）

4. 用细孔滤网过滤原料，去除所有的大颗粒。

5. 称一下装有原料的容器重量，然后减去容器本身的重量后就是液体原料的重量，这将是你接下去计算重量的基准。

6. 计算一下液体原料重量的 0.2% 是多少（乘以 0.002），得出结果为 X 克。

7. 将 X 克诺维信果胶酶 Ultra SP-L 加入液体原料，并搅匀。盖上盖子，静置 15 分钟。

8. 再次搅拌，令分离的液体混合，然后将液体等份倒入离心管。称一下装好液体的离心管重量，根据需要进行调整，确保每根离心管里的液体重量都完全一样，以保持离心机的平衡。（离心机不平衡会有危险！）

9. 将离心机的转速设置为 4500rpm，运转 12 分钟。

10. 取出离心管，用咖啡滤纸或超级袋小心滤出里面的液体，千万不要让沉在离心管底部的固体混进来。

11. 如果液体中有颗粒残留，再过滤 1 次。

12. 倒入储存容器，冷藏一段时间后即可使用。

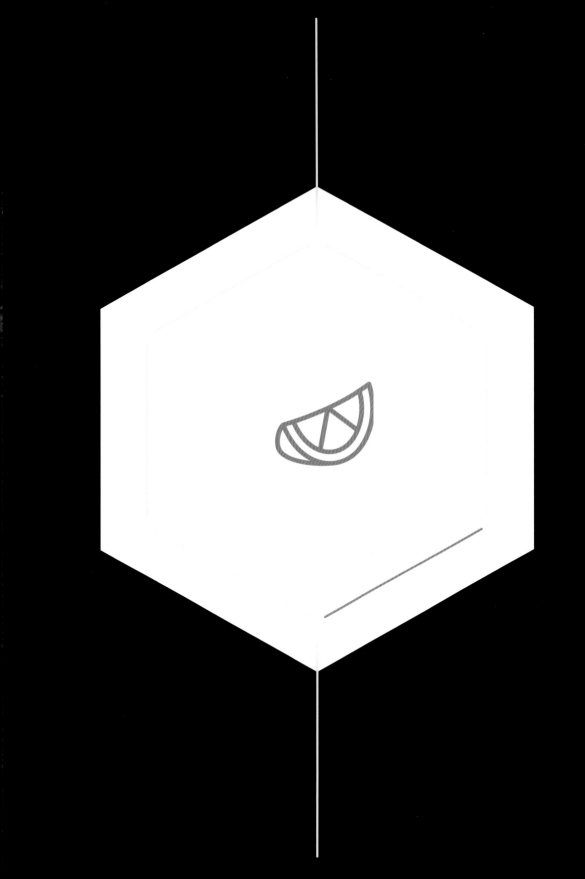

3

大吉利

经典配方

　　大吉利只是众多酸酒类鸡尾酒中的一款。酸酒的配方由烈酒、柑橘类水果和糖组成，其中甜和酸的成分共同中和了烈酒的强劲与风味。这些清新鸡尾酒非常适合那些不爱喝纯烈酒或高烈度鸡尾酒（如老式鸡尾酒或马天尼）的人。虽然酸酒有数千款之多，但我们决定把大吉利作为本章的主角，因为它在全世界都非常受欢迎。如果你觉得自己不喜欢大吉利，那是因为你还没喝到好的！此外，种类繁多的朗姆酒也是我们选择大吉利的原因之一，选出你最爱的朗姆酒来做大吉利将是一场非常有趣的发现之旅。

　　大吉利的人气非常高，但也带来了副作用。这款简单的酸酒风格的鸡尾酒经常被用搅拌机做成糟糕的冰冻鸡尾酒。虽然用优质新鲜水果做的冰冻大吉利也很好喝，但经典大吉利的配方——朗姆酒、青柠汁和糖是朴实无华的，摇匀后倒入不加冰的酒杯，而这款经典配方的各种版本可以在无数古老的鸡尾酒书中找到。

大吉利

2 盎司朗姆酒
¾ 盎司新鲜青柠汁
¾ 盎司单糖浆
装饰：1 个青柠角

　　将所有原料加冰摇匀，滤入冰过的碟形杯。用青柠角装饰。

我们的基础配方

　　大吉利是探索广阔朗姆酒世界的绝佳方式，而这正是我们热爱它的理由之一。我们的基础配方对经典配方做了一点改动：基酒由清淡的西班牙风格朗姆酒加少量风味浓郁的农业朗姆酒组成。我们还稍微加大了青柠汁的用量，带来更清新的柑橘果味。根据这个配方做出来的大吉利既清新，又拥有令人愉悦的复杂度。

我们的完美大吉利

1¾ 盎司卡纳布兰瓦白朗姆酒

¼ 盎司拉法沃瑞蔗心农业白朗姆酒

1 盎司新鲜青柠汁

¾ 盎司单糖浆

装饰：1 个青柠角

　　将所有原料加冰摇匀，滤入冰过的碟形杯。用青柠角装饰。

本章中所有鸡尾酒的决定性特点：

大吉利由烈酒、柑橘类水果和甜味剂组成，通常是朗姆酒、青柠汁和单糖浆。

大吉利的柑橘类水果和甜味剂比例是灵活的，由个人的喜好和柑橘果汁的酸度及甜度来决定。

柑橘果汁的风味不会每次都一样，所以调制大吉利需要一定程度的即兴发挥。

千面鸡尾酒

你可以在新奥尔良波本街找到叫大吉利的鸡尾酒——从大型冰沙机里打出来的，你能想到的各种口味都有。奇怪的是，偏偏没有用朗姆酒做的。你也可以在海岛度假村找到大吉利——用搅拌机做的或加冰块，装在超大的酒杯里。如果你运气够好，它们可能是用新鲜水果做的。但本章要介绍的并非这些大吉利。

你可以在世界上最好的鸡尾酒吧里找到另一种大吉利——如雾般的白色，浮着一层绵密泡沫，装在优雅的高脚杯里。去过这些酒吧的业内人士都知道，大吉利是向彼此致意的终极暗号，因为与其他大多数鸡尾酒相比，调制一杯出色的大吉利需要更注重技巧。大吉利的3种原料之间的比例很重要，但对这些原料的处理方式更关键，即从青柠汁的新鲜程度和朗姆酒的选择，到摇酒的方式和鸡尾酒杯的温度。正因如此，大吉利能够很好地帮助你掌握调酒技法和随机应变的能力。

大吉利给人的印象可能很简单，但它的成功取决于你是否理解它的成分——烈、甜和酸——是如何组成一个和谐整体的。除了对配方和正确技法的掌握，大吉利还需要你反应迅速。虽然你的朗姆酒选择和摇酒技法是成功做出大吉利的两个因素，你还需要考虑到青柠汁风味的不稳定（不同青柠的酸度和甜度都不一样），并做出相应调整。这不但能让你做出一杯出色的大吉利，还能培养你对所有酸酒类鸡尾酒的正确处理方式。

理解配方

归根到底，理解大吉利配方也就是理解广义的酸酒类鸡尾酒，而这也将是我们的出发点。下面是酸酒的基础配方：

基础酸酒

经典配方

2 盎司烈酒

¾ 盎司新鲜柠檬汁或青柠汁

¾ 盎司单糖浆

将所有原料加冰摇匀，滤入冰过的酒杯。无须装饰。

对任何含有柠檬汁或青柠汁的鸡尾酒而言，这个配方都是一个很好的出发点，而且对理解大吉利及其众多改编版有着根本性作用。（稍后我们将介绍其他柑橘类果汁，包括如何根据它们不同的甜度和酸度做出调整。）在上面的基础酸酒配方中，成分的组成是非常和谐的，酒精的烈度和甜与酸的平衡正好形成互补。对大多数人来说，这个组成——2 盎司烈酒、¾ 盎司柠檬汁或青柠汁、¾ 盎司糖浆——正合口味。然而，它也可以根据个人偏好进行调整，比如增加柠檬汁让鸡尾酒变得更酸，或是增加糖让鸡尾酒变得更甜。但我们不建议同时增加酸度和甜度，因为这样会削弱烈酒的风味。作为优质烈酒的拥护者，我们认为能够凸显烈酒特质的鸡尾酒才是最好的。

写到这里，我们要简单介绍一下酸酒和黛西之间的区别了。我们会在以边车为主题的第四章中更详细地讲解后者，现在就简单地说一下它们的区别：酸酒通常只会用到一种基酒，而黛西会含有利口酒——整杯酒中的糖分来源。两款著名鸡尾酒——玛格丽特和大都会——都会用到相当数量的君度（一种高烈度橙味利口酒），这意味着它们显然是黛西，尽管它们的口感都很清新，并带有酸味。还要注意的是，尽管本章中某些配方包含少量甜味利口酒，但它们的作用主要是调味，而不是像黛西那样成为核心的一部分。

鸡尾酒、历史和一粒盐

传说中第一个想到把朗姆酒、青柠汁和糖调在一起的天才是个白人。他叫詹宁斯·科克斯，是一位居住在古巴的美国采矿工程师。据说在 1898 年，他办了一个热闹的晚餐派对，结果客人把他家里的金酒全部喝光了。酒不能停，于是他拿起一瓶本地朗姆酒，加上柑橘果汁、糖和矿泉水，做成了一款简单的酒，在客人中大受欢迎。他决定用本地一处海滩的名字来给这款酒命名——大吉利。这个故事其实挺可疑的，而这也是鸡尾酒历史面临的问题：不确切的信息、修正主义、以及这么一个事实——记录鸡尾酒历史的人往往是边喝边写的。我们对詹宁斯·科克斯的故事持怀疑态度，这也是我们为什么在本书中甚少提到鸡尾酒历史。如果你想更深入地了解鸡尾酒的过去，我们建议你读一读大卫·旺德里奇的任何著作——他是当代最杰出的鸡尾酒历史学家之一。

核心：朗姆酒

如果历史上有海盗酒，那它一定是朗姆酒——这不是因为朗姆酒和航海历史有着紧密联系，或是流行文化把它和邪恶的海盗捆绑在了一起，而是因为朗姆酒这个烈酒种类生来就不受规则束缚。朗姆酒的风格根据产地、是否陈酿和蒸馏方式而不同。

但所有的朗姆酒都有一个共同点：原料都是甘蔗。从历史上看，现代朗姆酒的起源并不那么风光，因为它是加工蔗糖的工业副产品。殖民统治期间，许多加勒比海岛都因为农业资源丰富而备受青睐，其中最重要的就是甘蔗。糖被提炼出来运走之后会剩下大量糖蜜。因为糖蜜很容易发酵，当地人很快就开始用它来蒸馏粗糙的烈酒。虽然这种烈酒缺乏当代朗姆酒的精致感，但没有它，就没有今天我们用来调制大吉利的基酒。

朗姆酒的进化过程和加勒比地区的殖民史有很大关系。因为不同的加勒比海岛和领地是由不同的欧洲国家控制的，朗姆酒酿造也受到了各地不同蒸馏传统的影响。朗姆酒至今仍然按照古老的殖民地分界线来分类：西班牙、英国和法国，还有牙买加。然而，事实上现代朗姆酒早已经历了很大程度的进化，很难分类。不同风格之间的区别也变得模糊了。而且，现在很多酿造商会把不同产地和不同风格的朗姆酒调和在一起，或者是无视传统规则，从而让自己在市场上脱颖而出。

但是，这种发展态势也有一个好处，那就是不同的酿酒商生产的朗姆酒也各不一样，比其他大多数强劲烈酒都要丰富得多。除了少数前法国殖民地采用了类似于干邑的酿造标准，朗姆酒的酿造方式看似非常多样。不过，一款朗姆酒的特色在很大程度上取决于它使用的蒸馏器种类，即蒸馏柱或蒸馏罐（有些朗姆酒会把这两种蒸馏器酿造的朗姆酒调和在一起）。用蒸馏柱酿造的朗姆酒明亮而清新，即使在橡木桶陈酿之后也是如此。蒸馏罐不如蒸馏柱那么有效率，蒸馏出来的酒烈度更低，但这样也有优点——酒能够保留更多风味，质感也更丰富。如果你开始对朗姆酒进行探索，并且选出了你喜欢的那些酒，不妨来一场盲品，看看你能不能分辨出蒸馏柱和蒸馏罐酿造的朗姆酒有哪些不同特质。风味集中而清淡的朗姆酒应该是用蒸馏柱酿造的，而风味饱满浓烈的朗姆酒很可能是用蒸馏罐酿造的。

和本书中提到的所有烈酒一样，接下来我们要推荐的朗姆酒在大多数主要市场应该都能买到。在每种风格之下，我们按照淡朗姆酒、黑朗姆酒和陈年朗姆酒的顺序来推荐产品，这样你能很方便地根据具体用途来找到合适的产品。不过要注意，其实很多淡朗姆酒也是陈酿酒，它们之所以"淡"，是因为经过重度过滤，从而去除了大量色泽以及一部分陈酿带来的风味。我们通常会把所谓的金朗姆酒归入这一类别，因为它们的特质往往很相似，只是多了一点橡木风味，在调酒时的作用很像。黑朗姆酒通常经过陈酿的过程，还会人工添加色素来加深色泽。在某些情况下，这么做还能增强某些风味特质。相比之下，陈年朗姆酒的深沉色泽主要来自和橡木桶的接触。

RUM、RHUM 和 RON

西班牙语中的"朗姆酒"是 RON，这也是朗姆酒在波多黎各和其他西班牙语国家的写法。在法语中，它被写作RHUM，而用新鲜甘蔗汁酿造朗姆酒的加勒比海前法国殖民地都采用了这一称谓，现在仍然是法国海外领地的瓜德罗普岛和马提尼克岛也是如此。曾经被英国统治的海岛则采用了英语中的 RUM 一词，而且它们都是用糖蜜来酿造朗姆酒的。

淡朗姆酒通常被用来调制像大吉利这样的柑橘味鸡尾酒。要么是作为基酒，要么是和其他淡色烈酒一起发挥作用。黑朗姆酒是调制黑色风暴的不二之选，而且通常用来调制复杂的提基风格鸡尾酒（它们的核心由多款不同的朗姆酒共同组成）。陈年朗姆酒无疑适合调制很多不同风格的鸡尾酒，一款用陈年朗姆酒做的大吉利既奢华又好喝！如果西班牙风格朗姆酒在橡木桶中陈酿的时间足够长，它会产生深沉、丰富的甜香草和香料风味，非常适合纯饮品鉴。不过，它用来调制强劲的鸡尾酒也很出色，比如老式鸡尾酒或曼哈顿。我们特别喜欢用陈年西班牙风格朗姆酒来搭配干邑，比如亲密无间，但公平地讲，只要和干邑搭配在一起，几乎没有什么是我们不喜欢的。

西班牙风格朗姆酒

在所有风格的朗姆酒里，西班牙风格是最流行的，它涵盖了波多黎各、古巴、多米尼加共和国、委内瑞拉、危地马拉、尼加拉瓜、巴拿马、哥伦比亚、哥斯达黎加和厄瓜多尔生产的大部分朗姆酒。这一风格源自19世纪，当时柱式蒸馏刚刚被发明出来，有些特别有头脑的蒸馏商认为这是为朗姆酒打开新局面的好机会。通过这一极其高效的蒸馏方法，他们酿造出来的朗姆酒不但酒精度高，还基本上去除了罐式蒸馏朗姆酒特有的浓烈风味。西班牙风格朗姆酒既有未陈酿的，也有在橡木桶中陈酿多年的，大部分都经过重度过滤，以去除糖蜜蒸馏液的强劲辛辣特质。经过陈酿和过滤的西班牙风格朗姆酒具有柔和圆润的口感和淡淡的香草风味，正好搭配大吉利中的青柠汁。

推荐单品

卡纳布兰瓦（巴拿马）： 卡纳布兰瓦是我们在86公司的朋友为调酒而特意推出的，它是一款类似于哈瓦那俱乐部的老式古巴朗姆酒（哈瓦那俱乐部尚未进入美国市场，尽管市面上有一款同名朗姆酒，但两者之间并无关联）。它呈稻草黄色，具有椰子和香蕉的微妙风味以及一丝香草味，是我们调酒的必备产品之一，尤其是大吉利及其改编版（用它调制的莫吉托尤其好喝）。

富佳娜4年白朗姆酒（尼加拉瓜）： 这款酒的风味比其他淡朗姆酒浓烈一些（这是件好事）。尽管纯饮可能是个挑战，但它的强烈个性能够在鸡尾酒中得到独特而令人愉悦的体现。我们爱用这款朗姆酒来搭配莓果，比如草莓和覆盆子，或是一些不常见的原料，比如墨西哥菝葜和桦木。

蔗园3星朗姆酒（牙买加、巴巴多斯、特立尼达）： 尽管用于调和蔗园3星的朗姆酒并非全部产自遵循西班牙酿造传统的海岛，但最终的风格却非常西班牙式。它非常适合用来调制大吉利和其他简单酸酒，但是因为它的口感偏柔和，如果你添加太多具有强烈特色的原料（比如强劲利口酒或阿玛罗），它的特质可能会被掩盖。

高斯林黑海豹（百慕大）： 如果没有高斯林黑海豹朗姆酒的深色糖蜜风味做核心，黑色风暴就不成其为黑色风暴了。这款朗姆酒色泽深沉，纯饮也出乎意料地好喝。尽管它有着浓郁的糖蜜特质，但我们也能明确无误地品出香蕉风味和少许香料风味。这意味着它可以用来调制各种鸡尾酒，尤其是在搭配另一种烈酒的情况下，比如金吉罗杰斯。

隆德巴里利托3星（波多黎各）： 这款朗姆酒在美国的经销网络不够稳定，所以不是总能买到，但它仍然是我们的最爱之一。尽管它经过6~10年的陈酿，但却有种清新特质，令人联想到风格更清淡的朗姆酒。我们喜欢把它用作鸡尾酒的基酒，或是用来平衡特色强烈的朗姆酒，比如牙买加朗姆酒或农业朗姆酒。

萨卡帕 23 年（危地马拉）：这款萨卡帕 XO[①]以陈酿了 6 ~ 23 年的朗姆酒调和而成，彰显出高年份朗姆酒的魅力。在索莱拉系统中的多年陈酿造就了一款极其复杂的朗姆酒，既是纯饮的完美之选，又是强劲鸡尾酒的绝佳基酒，比如老式鸡尾酒或曼哈顿的改编版。而且，萨卡帕在美国威士忌木桶中储存过，所以和美国威士忌有着相似之处，尤其是黑麦威士忌给萨卡帕的浓郁口感增添了香料特质，营造出复杂又平衡的风味。

英国风格朗姆酒

加勒比海前英国殖民地和现英国海外领地酿造的许多朗姆酒都和西班牙风格朗姆酒类似，但它们也有着自己的特色，能给鸡尾酒带来独特风味。和西班牙风格朗姆酒一样，它们主要以糖蜜为原料，但风味却更丰富浓烈，因为用来调和它们的朗姆酒采用了不同的蒸馏方式，酒体也就有了轻盈、中等和饱满之分。

推荐单品

杜兰朵白朗姆酒（圭亚那）：这款平价朗姆酒在大吉利风格鸡尾酒中

显得非常出色。不过，它的清淡特质可能无法在强劲鸡尾酒中得到体现，所以我们建议只用它来调制酸酒风格鸡尾酒。

克鲁赞黑糖蜜（美国维尔京群岛）：如漆黑没有月亮的夜晚，这款朗姆酒带有浓郁的糖蜜和枫糖浆风味，显然不是百搭型的。我们通常只是少量使用它给鸡尾酒增加深度，如椰林飘香。

蔗园传统高度黑朗姆酒（特立尼达和多巴哥）：此酒酒精度高！这款朗姆酒烈度（69%）被强烈的烟熏水果味所掩盖，即使是纯饮也非常适口，但不要喝多了！它非常适合用来给提基风格鸡尾酒增添复杂度。

杜兰朵 15 年（圭亚那）：这款朗姆酒呈深琥珀色，香气复杂，很好地证明了朗姆酒也能拥有高级陈年白兰地的特质。我们随时都愿意纯饮这款令人喜爱的朗姆酒，不过它也很适合调制老式鸡尾酒、茱莉普和曼哈顿风格的鸡尾酒，无论是单独作为核心烈酒，还是搭配其他陈年烈酒。

牙买加风格朗姆酒

西班牙风格朗姆酒口感纯净，带有青草般的清新，英国风格朗姆酒则拥有更丰富的酒体，相比之下，牙买加朗姆酒就像是来自另一个世界。就风格而言，牙买加朗姆酒有种明显而深厚的浓烈特质。这种独特的风味特

---

① XO：陈酿至少 10 年。——译者注

质很难用语言形容，但了解它的酿造方式可能有助于你更好地把握。牙买加朗姆酒一直都采用蒸馏罐酿造，从而具有了丰富特质和浓郁的青草香。鉴于它的高酒精度和浓烈特质，我们很少把它单独用作鸡尾酒的基酒，而是会搭配其他烈酒或加强型葡萄酒（如"公平竞赛"，见第288页，或"最后赢家"，见第32页）。

推荐单品

乌雷叔侄高度白朗姆酒（牙买加）： 这款朗姆酒的酒精度高达63%，这抑制了牙买加朗姆酒特有的浓烈风味，这种奇特的平衡对调制大吉利而言可能是种危险：好喝，但是有点太易饮了，会让人不知不觉地喝多。如果我们喜欢某款酒的风味，却又觉得它过于厚重，就会用一点乌雷叔侄高度朗姆酒稀释它的风味。

汉密尔顿牙买加蒸馏罐金朗姆酒（牙买加）： 爱德·汉密尔顿（Ed Hamilton）是一位朗姆酒专家，他会亲自挑选各种进口朗姆酒，包括这款酒，它的风格介于活泼的乌雷叔侄高度白朗姆酒和厚重的深色陈年牙买加朗姆酒（介绍见下文）之间。我们很喜欢用它加上其他朗姆酒，充当迈泰的核心。

史密斯和克罗斯（牙买加）： 毫无疑问，这款酒的味道是我们尝过最直截了当的——浓烈、极甜、高酒精度。如果你把汽油和糖蜜混在一起，放在橡木桶里陈酿几年，估计就是这个味道。

但奇怪的是，它自有其妙处！少量的史密斯和克罗斯能够给鸡尾酒增添一丝热带风情。不妨把它看作是口感不那么强烈的苦精：作为一种风味丰富的原料，它能带出其他烈酒蕴含的热带特质。

汉密尔顿牙买加蒸馏罐黑朗姆酒（牙买加）： 这款朗姆酒的特质和乌雷叔侄高度白朗姆酒一样强烈，但没有那么甜，而且足够精致，可以大量使用而不失浓郁的香气。用它做的大吉利既浓郁又清新，还有着悠长的香蕉风味。

阿普尔顿庄园珍藏（牙买加）： 阿普尔顿出品的朗姆酒不像其他牙买加朗姆酒那么浓烈，而是可以用优雅来形容。这款珍藏朗姆酒保留了明显的牙买加特质——浓郁的糖蜜味和青草余味，但它是由20种陈年朗姆酒调和而成的，因此口感更微妙。在所有的牙买加鸡尾酒中，我们最常用来调酒的就是这一款。无论是需要搅拌还是摇制的鸡尾酒，或是搭配其他朗姆酒、白兰地、美国威士忌甚或调和型苏格兰威士忌，它的表现都很出色。它有种明亮清新的柑橘果味特质，而且其他陈年牙买加朗姆酒都通常有种炖香蕉的味道，但它喝上去却是新鲜的水果味。

法国风格朗姆酒

在19世纪早期的拿破仑战争期间，由于受到英国人的封锁，法国人很难再从加勒比海殖民地进口糖，于是他们开始想办法在法国境内制糖。法国科学家发明了一种方法，可以从甜菜根中提取出类似于蔗糖晶体的物质。与此同时，加勒比地区的法国殖民地经济几乎完全依赖制糖业，因此受到了毁灭性打击。欧洲对加勒比地区生产的糖需求降低，多余的甘蔗榨汁后被用于酿造朗姆酒，这不同于用制糖副产品——糖蜜来酿造朗姆酒。用甘蔗汁酿造的朗姆酒和用糖蜜酿造的朗姆酒有着不同的特质，前者的水果香气和植物风味更浓郁。每啜饮一口，都像是在咀嚼着新鲜甘蔗。

今天，法国风格朗姆酒的主要产地包括马提尼克（Martinique）、瓜德罗普（Guadeloupe）、玛丽—加朗特（Marie-Galante）和海地（Haiti）。和其他朗姆酒一样，法国风格朗姆酒可以是未经陈酿的，也可以是陈酿多年的。不过，其他风格的朗姆酒并没有严格的陈酿分类标准，而法国风格朗姆酒借鉴了干邑的陈酿分类。事实上，它们有很多都是用铜质蒸馏罐酿造的，就像干邑一样。

这些朗姆酒被称为农业朗姆酒，在调酒时，它们的作用和其他朗姆酒不一样。以糖蜜为原料的西班牙和英国风格朗姆酒既柔和又丰富，你很容易在它们的基础上改良风味，而农业朗姆酒的粗犷个性让它有种尖锐的口感，能增强柑橘果味。以糖蜜为原料的朗姆酒能够凸显柑橘果味，使它成为整杯酒的主角，而农业朗姆酒则让柑橘果味呈现出明亮的热带特质，十分清新。

农业朗姆酒除了能增强柑橘果味，还有着和大多数未陈酿生命之水一样的作用：搭配另一种基础原料来作为修饰剂。后者可能是另一种风味更清淡的朗姆酒，从而增加它的复杂度（比如我们的基础大吉利），也可能是一种完全不同的烈酒。未陈酿农业朗姆酒与特其拉或金酒很搭配，而陈年农业朗姆酒搭配干邑的味道特别好。在以雪莉酒或加强朗姆酒为基酒的低酒精鸡尾酒里，少量风味丰富的农业朗姆酒能够提升整体风味，让低酒精鸡尾酒喝上去就像是口感强劲的鸡尾酒。

推荐单品

芭班库白朗姆酒（海地）：与强劲的马提尼克朗姆酒不同，芭班库酒厂酿造的海地朗姆酒既有足够鲜明的特色，又不会像其他法国风格朗姆酒那样支配整杯鸡尾酒的风味。尽管我们也很爱芭班库陈年朗姆酒，但这款白朗姆酒值得所有大吉利爱好者拥有。

拉法沃瑞蔗心（马提尼克）：农业朗姆酒可能比其他朗姆酒贵一些，但这款酒的价格非常平易近人。它是一款淡朗姆酒，果味十足，散发着新鲜青草香。我们很喜欢用它来调制热带风格鸡尾酒：它和菠萝非常搭配，不管是菠萝汁还是菠萝糖浆。

J．M 牌 VSOP 朗姆酒（马提尼克）：

这款朗姆酒有着橙子和巧克力风味，恰到好处的木桶陈酿时间起到了平衡作用。黄油般的悠长余味让它成为了一款出色的品鉴型朗姆酒，但它也适合用来调制强劲鸡尾酒——单独作为基酒或是搭配波本威士忌或卡尔瓦多斯都可以。

内森珍藏特选（马提尼克）： 如果你的预算充分，这款昂贵的酒不会让你失望。对那些相信它只应该纯饮的烈酒鉴赏家而言，用这款具有坚果味的高年份朗姆酒来调制大吉利简直是暴殄天物，但是你应该试试……就1次！老实说，我们通常会建议留着纯饮。不过，用它来调制老式鸡尾酒会非常特别。

卡莎萨

直到不久之前，优质卡莎萨都很难在巴西境外买到。事实上，我们过去经常用农业朗姆酒来调制那些需要卡莎萨的鸡尾酒。但现在已经不同了。

卡莎萨是南美尤其是巴西的特产。刚开始了解烈酒的人可能会对它感到有点困惑，它是用甘蔗汁蒸馏而成的，所以我们为什么不把它叫作朗姆酒（确切地说是农业朗姆酒）呢？其实，它的不同之处主要在于两方面：卡莎萨的蒸馏方式，以及它独特的陈年风格。卡莎萨必须以巴西甘蔗为原料，而且必须只蒸馏1次（而农业朗姆酒通常是蒸馏两次），蒸馏出来的酒酒精度在38%～48%之间。单次蒸馏的酒精

度更低，酒体丰富，风味浓郁。与蒸馏酒精度在70%左右的农业朗姆酒相比，优质卡莎萨更柔和、口感更好。

许多卡莎萨都是不陈酿的，但有些会以木桶陈酿多年。未经陈酿的卡莎萨叫作白卡莎萨，表示它是在中性不锈钢容器或者不会给酒液上色的木桶中储存的。如果经过陈酿，它可以被叫作金卡莎萨。

白卡莎萨

在调酒时，不妨把清淡型卡莎萨看作是清淡型农业朗姆酒的类似产品，它们都有青草特质，口感复杂，有着香蕉和干核果的风味。搭配柑橘类水果（特别是青柠）是个很好的入门级尝试，但有些花香特质明显的白卡莎萨也可以用来调制马天尼风格的鸡尾酒，因为它们正好和味美思形成互补。和农业朗姆酒一样，卡莎萨最好是少量使用，否则它会在鸡尾酒中喧宾夺主。

推荐单品

阿弗阿银卡莎萨： 这款卡莎萨散发着和农业朗姆酒一样的青草香气，但还拥有独特而美妙的肉桂和紫罗兰香气。它的余味中带着一丝圆润的香草味，很适合用来调酒。我们把它用作许多鸡尾酒的基酒，或者按½盎司的量把它和干型雪莉酒或味美思混合在一起。

诺沃佛哥银卡莎萨： 在美国，这可能是公认的卡莎萨样板，浓郁、鲜明、

植物风味明显，有着丰富的特质，但又不过于霸道，非常实用。它也是用来调制凯匹林纳的绝佳之选。

陈年卡莎萨

卡莎萨可以在各种木桶中陈酿，所以你可以通过它来研究不同木桶对烈酒的影响。大多数烈酒都是在美国和法国橡木桶中陈酿的，这两种木桶都会带来丁香、肉桂、香草和煮水果风味。但在巴西，很多土生木材都可以做成木桶用于陈酿卡莎萨，营造出各种独特风味。

推荐单品

阿弗阿良木桶卡莎萨： 这款以南美洲良木桶陈酿2年的卡莎萨已经成为了我们改编老式鸡尾酒和曼哈顿的秘密武器。陈酿过程让它具有了良木特有的肉桂辛辣特质，而香草味浓郁的基础烈酒则赋予它丰满而甜美的结构感，和橡木桶陈年烈酒很像。这些元素结合在一起，产生了一种类似于液体法国吐司的效果。它是许多陈年烈酒的绝配，尤其是在少量使用、充当修饰剂的情况下。作为鸡尾酒的核心，它可能有些太霸道了，所以我们通常会加入至少一种其他烈酒。

改变核心

朗姆酒的风格多种多样，你可以闻出和尝出它们的不同。但是，这些不同风格的朗姆酒是怎样和鸡尾酒中的其他原料相互影响的呢？你可以通过一个试验来了解3种不同朗姆酒的特色。必需的原料和工具都列在下面的3个配方里了。能够同时摇制3杯酒是最理想的；如果做不到的话，那就尽量不间断地摇制3次，这样它们在品酒的时候会有着相近的温度和泡沫质感。

这3杯大吉利是用同样的配方做成的，但它们之间的差异是不是让你感到不可思议？大吉利4号最像我们的基础配方，如果你做过之前的试验，可能会注意到它和大吉利3号一模一样。它的口感绝对清新，而整杯酒的主角是鲜榨青柠汁明亮而独特的风味。至于浓烈的大吉利5号，它着重体现的是农业朗姆酒的复杂口感和青草风味，令整杯酒具有了植物般的几乎是咸鲜的特质。大吉利6号以陈年牙买加调和型朗姆酒为原料，呈现出丰富的蜜桃和油桃风味。显然，改变基础烈酒能够让同一款鸡尾酒呈现出许多不同的面貌。

大吉利 4 号（淡朗姆酒）

2 盎司卡纳布兰瓦白朗姆酒

1 盎司新鲜青柠汁

¾ 盎司单糖浆

　　将所有原料加冰摇匀，滤入冰过的碟形杯。

大吉利 5 号（浓烈朗姆酒）

2 盎司拉法沃瑞蔗心农业白朗姆酒

1 盎司新鲜青柠汁

¾ 盎司单糖浆

　　将所有原料加冰摇匀，滤入冰过的碟形杯。

大吉利 6 号（陈年朗姆酒）

2 盎司阿普尔顿庄园珍藏朗姆酒

1 盎司新鲜青柠汁

¾ 盎司单糖浆

　　将所有原料加冰摇匀，滤入冰过的碟形杯。

杏仁酸酒

经典配方

为了进一步试验，你可以用一款利口酒或加强葡萄酒来充当核心。事实上，有些经典酸酒正是如此，杏仁酸酒就是个很好的例子。它用到了整整 2 盎司坚果味的甜杏仁利口酒，因此需要对其他原料进行调整。为了不让整杯酒太甜，我们减少了单糖浆的用量。

2 盎司拉萨罗尼杏仁利口酒
1 盎司新鲜柠檬汁
¼ 盎司单糖浆
1 滴安高天娜苦精
装饰：半个橙圈和 1 颗穿在酒签上的白兰地樱桃

将所有原料加冰摇匀，滤入装有 1 块大方冰的双重老式杯。以半个橙圈和樱桃装饰。

清新螺丝锥

经典配方

一个更极端的改变核心的方式是选用一款完全不同的利口酒。经典螺丝锥是用一种糖浆——青柠浓浆调制的，最早是为了防止青柠汁在漫长的航海过程中变质。在这款酒里，我们用了新鲜青柠汁，所以它本质上是一款用金酒做的大吉利。和我们的基础大吉利配方一样，我们使用了整整 1 盎司青柠汁来营造明亮活泼的柑橘果味。

2 盎司普利茅斯金酒
1 盎司新鲜青柠汁
¾ 盎司单糖浆
装饰：1 个青柠角

将所有原料加冰摇匀，滤入冰过的碟形杯。用青柠角装饰。

清新螺丝锥

平衡：柑橘果汁

去国外旅游的时候，我们经常会感到疑惑，为什么自己熟悉的酒在遥远的地方喝起来味道会不一样，而且通常是更好喝了。是因为旅行的浪漫情调，还是因为远离家园带来的兴奋？答案可能要实际得多：用生长在当地的新鲜原料调制的鸡尾酒味道会更好。芝加哥的青柠不可能与泰国的青柠味道一样。

在谈到如何用柑橘果汁来平衡鸡尾酒时，这也是我们很难一言以蔽之的原因之一。此外，柑橘类水果的品种实在是太多了。比如说橙子，在这个宽泛的分类下面有苦橙和甜橙。甜橙又被分为几个主要品种（普通甜橙、脐橙和血橙）。而普通甜橙又包含了几十个不同的变种。

当然，任何柑橘类水果的风味也会根据环境和生长条件不同而发生变化。柠檬和青柠的味道通常比较稳定，但我们仍然建议先尝一下它们的果汁味道，确保它们没有比平常更甜或更酸。西柚和橙子往往存在着更大的味道差异，所以事先尝味就更重要了。

一般而言，大多数柑橘类水果都有着相同的结构：厚厚的表皮（外果皮）和表皮下的苦味海绵层（中果皮）组成了果皮，果皮包裹的果瓣含有众多果粒，包含汁水。有些品种有籽，有些品种无籽。

如果你削下薄薄的一片柑橘果皮，对着光观察，会看到许多微小的圆孔。这些圆孔含有风味浓郁的皮油。挤一下果皮，会有皮油喷出来。根据柑橘品种，你可能会闻到一阵浓烈的香气。挤在鸡尾酒上的就是这些皮油，皮油会飘在酒的表面，给整个品酒过程增添香气。

不管是用果皮作装饰，还是浸渍或制作糖浆，柠檬削皮器都是最适合的工具。但要注意别削得太深，否则会把太苦的白色海绵层也削下来。不过，有些柑橘类水果（如金橘）几乎没有海绵层，可以整个食用，有些则海绵层非常少，可以把完整的果皮削下来，比如某些蜜橘。

至于其他柑橘类水果——柠檬、青柠、橙子，尤其是西柚，在制作果皮卷的时候哪怕只带上一点点海绵层都会对鸡尾酒的风味产生负面影响。例如，我们会在老式鸡尾酒里放入柠檬皮卷和橙皮卷作装饰，它们不但能带来清新的香气，还能给鸡尾酒增添风味，因为它们是浸在酒里的。如果任何一个果皮卷上带有海绵层，酒的味道会慢慢变得越来越苦。

此外，使用圆锥形榨汁器的时候也要小心处理海绵层。如果用力过大，榨汁器会挤压到海绵层，将它的苦味萃取出来。

柑橘类水果还可以切块捣压，充分利用它的每一个部分——果汁、芳香果皮和苦味海绵层。我们用来捣压的柑橘类水果通常是风味丰富、果汁极酸、含有芳香皮油的，橙子（和其他橙子品种，如橘子）、柠檬和青柠都符合这些标准。捣压能够完整萃取出它们的丰富风味，为鸡尾酒带来充满活力的柑橘特质，最有名的例子莫过于经典的凯匹林纳。我们很少捣压西柚，因为它们的皮油会支配整杯酒的风味，占据你的味蕾。另外，要小心柑橘类水果的籽。如果你捣压的是有籽柑橘，酒的味道会变苦。在捣压之前，要尽量去掉它们的籽。

关于柑橘类水果的最后一条建议：根据经验，我们通常会用青柠汁搭配未陈年烈酒（淡朗姆酒、金酒、银特其拉、伏特加），用柠檬汁搭配陈年烈酒（波本威士忌、苏格兰威士忌、干邑）。当然，在实际操作中会有许多例外情况。

用西柚调酒

柑橘果汁有可能把4种基本味道——甜、酸、咸、苦都占全了。西柚汁的酸味和甜味通常相当平衡，但苦味往往非常明显。因此，我们一般会在西柚汁里加上柠檬汁或西柚汁和甜的糖浆，确保鸡尾酒的风味平衡。

西柚的另一个问题是它们的味道可能会很不一样。如果你制作的鸡尾酒里用到了大量西柚汁，一定要先尝味。如果它特别酸，可以加点单糖浆来中和一下。如果它特别甜，可以减少配方里其他甜味原料的用量，令整杯酒呈现出最好的效果。

至于果皮，西柚皮卷可以给鸡尾酒增添浓郁的香气，但是它的皮油味道非常强烈，如果不注意用量，可能会让你的味蕾麻木。所以，我们不建议用挤过的西柚皮卷来擦杯沿。在酒的上方挤一下西柚皮卷，然后放入酒里就可以了。但即便如此，苦味的皮油和皮卷上残留的苦味海绵层还是会迅速让酒变苦，所以我们一般会建议客人过几分钟就把西柚皮卷取出。

常见柑橘类水果及其在鸡尾酒中的运用

青柠

波斯青柠，又称塔希提青柠和贝尔斯青柠
- 个头大，果汁含量较高
- 多用于榨汁，较少用于制作青柠圈、青柠角和青柠皮卷
- 无籽，因此特别适合捣压

墨西哥青柠，又称佛罗里达群岛青柠
- 个头较小，果汁含量低于波斯青柠
- 果汁比波斯青柠更酸
- 果皮带有独特浓郁的香气，适合做成糖浆

泰国皱皮青柠，又称箭叶橙
- 不宜榨汁（果汁涩且难喝）
- 叶子香气浓郁，非常适合捣压和浸渍

柠檬

尤力克柠檬
- 果汁又甜又酸，属于热带"柠檬"风味
- 果皮厚，适合做柠檬皮卷

里斯本柠檬
- 果汁味道和尤力克柠檬很像，但单果的果汁含量通常更高
- 果皮更薄，不是非常适合做柠檬皮卷

美华柠檬
- 多汁
- 果皮香气非常浓郁，很适合浸渍和做成糖浆
- 果汁比尤力克和里斯本柠檬更酸，可以搭配两者之一使用，或是用来给鸡尾酒增添酸度

西柚

红宝石西柚
- 多汁，具有明亮的酸味和浓郁的甜味
- 深红色的厚果皮，很适合做成西柚皮卷

星红宝石西柚
- 果汁甜而微酸，色泽比其他西柚品种更深
- 果皮比红宝石西柚薄，因此不太适合做成西柚皮卷，但很适合制作半个西柚圈装饰

邓肯西柚
- 果汁甜度类似于红宝石和星红宝石西柚，但更为爽脆和纯净
- 果肉呈白色

橙子

瓦伦西亚橙

- 包含甜果汁，很适合调酒
- 果皮较薄，制作橙皮卷时可以保留一点海绵层，增加结构感

脐橙
- 果汁不像瓦伦西亚橙那么爽口，所以在鸡尾酒中风味不是那么凸显
- 果皮厚，很适合做成橙皮卷

血橙
- 果汁呈深红色，通常缺少酸度和明显的风味
- 果皮呈深橙色，香气浓郁

其他柑橘类水果

红橘
- 果汁口感复杂而丰富，用来代替橙汁效果会很有趣
- 果皮薄，饱含甜美芬芳的皮油

克莱门氏小柑橘
- 果汁极甜，搭配柠檬汁或柠檬酸溶液效果最佳
- 果皮厚，适合浸渍
- 通常无籽，适合捣压

橘子
- 个头比克莱门氏小柑橘大，但果汁也极甜，两者用途相似
- 果皮很薄，所以不适合做成橘皮卷，但甜美芬芳的特质让它很适合做成糖浆和浸渍
- 可能有籽，在捣压时要小心

萨摩蜜橘
- 个头、风味和用途都和克莱门氏小柑橘很像，果汁极甜
- 无籽、果皮松散，不适合用作装饰，但很适合捣压

金橘
- 个头极小，果汁极酸
- 果皮极甜，可以使用，是捣压的完美之选，或者整只用于制作糖浆

日本蜜柚
- 果汁又甜又酸，有点像是青柠和橘子的混合体
- 果皮香气十分浓郁，可以做成浓浆，用于调制鸡尾酒或酸酒类饮品

柚子
- 和西柚相似，但个头更大，果汁微甜，其用途和西柚类似
- 果皮风味强烈，可以做成造型夸张、香气浓郁的柚子皮卷

改变平衡

我们在本章开头已经介绍过，大吉利的平衡是通过柑橘果汁和糖的配合来实现的，而它们的用量可以根据个人口味是偏酸还是偏甜来调整。如果想知道你更爱甜的还是酸的，可以用下面这个有趣的"金发姑娘试验"来测一测。你需要摇酒壶、量酒器、鸡尾酒过滤器、3 只冰过的碟形杯、冰、2½ 盎司新鲜青柠汁、2 盎司单糖浆、一瓶朗姆酒。为了达到最好的试验效果，我们不加装饰，因为鸡尾酒本身的酸甜平衡才是重点。

这个对比性的试验非常有用，它不但能让我们学会如何平衡烈酒、柑橘果汁和甜味剂，还让我们看到对配方小小的调整就能让一杯酒从好喝变成非常好喝。大吉利 1 号是不错的酒，我们不会把它随便倒掉。大吉利 2 号不是非常令人愉悦的酒：只是稍微减少了单糖浆的用量，整杯酒就变得太烈、太酸。但大吉利 3 号中青柠汁的用量增加了 ¼ 盎司，口感清新活泼，令人十分满足。因为卡纳布兰瓦是一款颇为清淡的朗姆酒，青柠汁的风味（不只是它的酸度）对整杯酒的影响也就更大。

你可能会觉得大吉利 3 号太酸了。没关系！大吉利 1 号可能更符合你的口味。这个发现将很好地帮助你选择、调整配方，并创作出属于自己的配方。

一旦了解了基础酸酒配方，你可以用任何烈酒来代替朗姆酒。尽管我们不能保证做出来的酒一定好喝，但至少是平衡的。与此同时，你可以用柠檬汁代替青柠汁，或者选用一种不同的甜味剂。正是这种灵活性让酸酒发展成为了一个规模壮大的鸡尾酒家族。

我们已经列出了不同柑橘类水果的一部分主要特质，现在让我们来看看它们的变化将如何让鸡尾酒呈现出新面貌。当然，调酒时最常用的是柠檬汁和青柠汁。事实上，正是鉴于这一点，更换或加入其他柑橘果汁才成为了创作新配方的一大技巧。这也是一个历史悠久的传统，诞生于 20 世纪 20 年代的经典大吉利改编版——海明威大吉利就是个很好的例子。

大吉利 1 号（经典配方）

2 盎司卡纳布兰瓦白朗姆酒

¾ 盎司新鲜青柠汁

¾ 盎司单糖浆

将所有原料加冰摇匀，滤入冰过的碟形杯。

大吉利 2 号（减少甜味剂用量）

2 盎司卡纳布兰瓦白朗姆酒

¾ 盎司新鲜青柠汁

½ 盎司单糖浆

将所有原料加冰摇匀，滤入冰过的碟形杯。

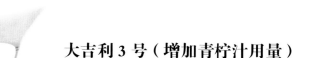

大吉利 3 号（增加青柠汁用量）

2 盎司卡纳布兰瓦白朗姆酒

1 盎司新鲜青柠汁

¾ 盎司单糖浆

将所有原料加冰摇匀，滤入冰过的碟形杯。

皮斯科酸酒

经典配方

有些鸡尾酒巧妙地同时使用了柠檬汁和青柠汁。柠檬汁风味柔和，青柠汁口感明亮。在调制经典的皮斯科酸酒时，我们正是这么做的，因为我们发现这样做出来的酒比只使用柠檬汁或青柠汁更好喝。青柠汁的强烈风味和皮斯科的粗犷质感很搭配，而柠檬汁相对中性的风味缓和了青柠汁的味道。

2 盎司坎波德恩坎托特选皮斯科
½ 盎司新鲜柠檬汁
½ 盎司新鲜青柠汁
¾ 盎司单糖浆
1 个蛋清
装饰：3 滴安高天娜苦精

将所有原料先干摇一遍，然后加冰再摇 1 次。双重滤入冰过的碟形杯。小心地在泡沫表面滴上苦精。

海明威大吉利

经典配方

西柚汁苦中带酸的风味非常美妙，它是我们最喜欢用来代替柠檬汁和青柠汁调酒的原料之一。为了说明西柚汁是怎样影响

鸡尾酒平衡的，我们来解析一下经典的海明威大吉利。西柚汁不像青柠汁那么酸，所以如果只用 1 盎司西柚汁来代替基础大吉利配方中的 1 盎司青柠汁，整杯酒就太单薄了。而且你可以看到，这款经典的大吉利改编鸡尾酒本来就用了不少青柠汁。那么，由于西柚汁和樱桃利口酒都会给酒增添甜味，单糖浆的用量就要减少。这款酒的精髓其实在于朗姆酒、西柚汁和樱桃利口酒之间的平衡，但青柠汁和单糖浆让它的口感更活泼。

1½ 盎司富佳娜 4 年白朗姆酒
½ 盎司路萨朵黑樱桃利口酒
1 盎司新鲜西柚汁
½ 盎司新鲜青柠汁
1 茶匙单糖浆
装饰：1 个青柠角

将所有原料加冰摇匀，滤入冰过的碟形杯。用青柠角装饰。

柠檬和青柠的酸度和甜度会根据批次差异而不同（你应该事先尝味，确保它们接近平时的味道），但大部分情况下都相对稳定。西柚和橙子则会有不同的甜度和酸度。如果你调的酒要用到大量西柚汁（如海明威大吉利），这种不同可能会更明显。在使用之前尝一下西柚汁的味道：如果太酸，可以把单糖浆的量从 1 茶匙增加到 ¼ 盎司；如果太甜，可以完全不用单糖浆。

皮斯科酸酒

调味：柑橘类水果装饰

在第二章中，我们已经证明了香气可以给酒调味——就马天尼而言，柑橘果皮卷、橄榄和腌洋葱带来的影响都不同。在大吉利中，青柠角装饰起到了类似的作用，而其他鸡尾酒中的柑橘角、柑橘圈和半个柑橘圈装饰也是如此。

但柑橘角还有着更大的用途：它的果汁可以被挤入鸡尾酒中，增添酸度，这让酒客得以根据自己的喜好来给酒调味。挤柑橘角的同时，皮油也被释放到了酒中，成为香气芬芳的调味剂。即使只是把完整的柑橘角放在杯沿上，它也能带来一丝明显的柑橘香气。

你可以通过另一种方式来用柑橘类水果调味，即在饮用鸡尾酒前，把一个或半个柑橘圈放入杯中，就像我们在调制内格罗尼时做的那样。果汁会起到浸渍作用，而酒精会萃取出一部分柑橘皮油，逐渐改变酒的味道。这一切都在整个品尝过程中慢慢给酒调味。我们在介绍马天尼时说过，把柠檬皮卷留在酒里太长时间会带来苦味，而半个柑橘圈也会有同样的效果，尽管它留给我们的余地更大。如果你喝的鸡尾酒里放了一个柑橘圈，我们建议酒喝完一半左右就把它取出来。

改变调味

柑橘角可以对鸡尾酒产生很大的影响。下面这个简单的试验不但能让你了解一块青柠角的汁给鸡尾酒风味带来的改变，还能向你展示把挤过的青柠角放进酒里之后的风味变化。

首先，按照本章中你最喜欢的配方调制两杯大吉利。在第一杯大吉利的杯沿上放上青柠角装饰。至于第二杯大吉利，先挤入青柠角的汁，然后把它放入酒里。

分别尝一下两杯酒。你最先意识到的是第二杯大吉利明显比第一杯更酸。这并不奇怪。你可能还会注意到香气的不同，因为你在挤青柠角时，香气浓烈的皮油被释放了出来。在第一杯大吉利中，你可能会闻到类似的，但却微弱得多的香气，来自杯沿的青柠角。

其次，让两杯酒静置两分钟，然后再次品尝一下。现在第二杯大吉利的味道可能更苦了，因为酒精已经把青柠皮海绵层的苦味萃取出来了。5分钟后，两杯大吉利之间的不同会更明显：第一杯的风味仍然平衡清新，而第二杯明显地变苦变酸了。这种令人不快的特质会随着鸡尾酒的温度上升而表现得更明显。

这让我们对柑橘角及其调味作用有了怎样的认识呢？首先，它证明了看上去不起眼的装饰也能让鸡尾酒的风味变得不平衡。其次，它能让你理解使用柑橘角的正确方式。

德文 · 塔比（Devon Tarby）

德文 · 塔比是经营者有限责任公司合伙人，为公司旗下多家酒吧工作，并曾任职于洛杉矶清漆酒吧。

大吉利是我始终不变的最爱。它适合在任何时刻饮用，你甚至不需要多想。如果我累了，它能让我恢复精力。如果我感到焦虑，它能让我重新振作。如果你想让我在晚上出去玩得更晚一点，就给我一杯大吉利，它是我的佳得乐。

埃里克 · 阿尔珀林（Eric Alperin）教会了我正确的大吉利调制方法。在去他的清漆酒吧工作之前，我从没做过经典大吉利。在那里，我们对每一个细节都非常注重，而大吉利正好体现了清漆酒吧之所以与众不同的原因。在开始营业之前，我们要先手工榨取青柠汁。我们用的是处于完美温度的手凿冰条，每20分钟换1次。我们把酒杯冰在冰箱里。不过，我们会定期在深夜把规则抛开，用大吉利来练习我们的自由斟倒技巧。当然，在迈阿密夜店里工作过的同事表现总是最棒的。

大吉利是一款"毫不留情"的鸡尾酒，它需要调酒师展示对所有细节的掌控能力，这是对调酒师技巧的真正考验。对某些鸡尾酒来说，基酒倒多了或倒少了、摇酒时间太长或太短了，关系并不是很大，但大吉利会让你犯的每一个错误都无所遁形。

调制大吉利最难的部分是摇酒要恰到好处。事实上，我们正是用它来传授正确摇酒技巧的，而"大吉利摇"是我们对最长时间的摇酒的简称。你需要用全力才能摇出理想的质感，它的制作过程可能比其他任何鸡尾酒都需要付出体力。在需要去吧台后面调酒的日子里，我会调整我的健身房安排，跳过有氧训练日，做大吉利就相当于锻炼了。

针对改编大吉利，我有几条个人守则。第一，它的味道和感觉必须像大吉利。它的风味应该是清新的，有足够的糖中和酸味，但又比其他酸酒风格的鸡尾酒更酸。第二，它需要用碟形杯盛放，一旦倒入装有冰块的酒杯，它就不是大吉利了。我还尽量不在改编时使用超过 $\frac{1}{2}$ 盎司的陈年烈酒，而且我会避免使用超烈朗姆酒。最后，整杯酒一定是可以几口就喝完的。

我会花很长时间调制复杂的、多层次的鸡尾酒。我经常品尝各种复杂的风味。对我来说，喝大吉利就像是给自己放个了假，让我可以躺在沙发里看卡通片。

塔比的派对

1¾ 盎司迪麦歌珍藏白朗姆酒

¼ 盎司内尔森农业白朗姆酒

1 盎司新鲜青柠汁

¾ 盎司单糖浆

装饰：1 个青柠角

将所有原料和1块大方冰一起摇匀，直至酒变得冰凉并起泡。滤入冰过的碟形杯。用青柠角装饰。

探索技法：摇动稀释

我们以前就这么说过，而且还没有找到一个比它更好的比喻：摇酒就像做爱。每个人都有最适合自己的动作和节奏，而且你需要很长时间的练习才能形成自己的风格。但是，两者之间的类似之处也止于此了。对所有需要摇匀、不加冰饮用的鸡尾酒而言（我们称之为摇动稀释或完全稀释摇酒），目标都是一样的：做出一杯冰凉、有着理想稀释度、泡沫丰富的鸡尾酒。就大吉利而言，目标是做出一杯泡沫丰富的鸡尾酒——酒的表面应该有一层明显的白色泡沫。

根据你选用的摇酒壶类型和大小、你放入摇酒壶的冰块种类和你的个人摇酒动作，你可以通过不同的摇酒方式来达到这一目标。最后一个因素完全是由你个人决定的，所以我们在这里就不赘

言了。至于摇酒壶，我们的所有酒吧，以及其他很多酒吧都喜欢配备一对有分量感的不锈钢调酒听：一个是小号的（18盎司），另一个是大号的（28盎司）。这种"听加听"组合之所以理想，有几个原因。如果你想全部了解，可以读一读我们的第一本书！不过，其他配备也是可以的，比如波士顿摇酒壶、英式摇酒壶或其他任何你喜欢的摇酒壶。因此，我们对摇动稀释的探讨将聚焦于最后一个变量：冰的种类。在接下来的篇幅里，我们将向你介绍我们是怎样用3种不同的冰——1块大方冰、1英寸冰块和我们称之为"劣质"冰来培训员工摇酒的。

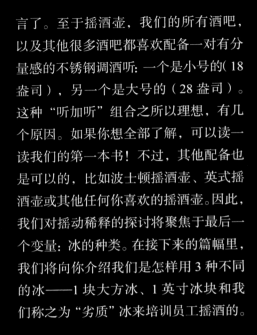

如何用一块大方冰调酒

在摇制了几万杯酒之后，我们终于发现了哪种冰最适合那些需要摇动稀释的鸡尾酒，比如大吉利要用一块2½英寸见方的大方冰。这种只使用单一冰块来摇酒的做法有几个优点：一大块冰在酒中移动时会产生大量气泡，同时又不会产生许多小冰渣（这是我们不希望在大吉利中看到的），从而免去了双重过滤（先用过滤器、再用细孔滤网过滤）的麻烦。用一块冰还有助于形成稳定的摇酒风格和时长，因为冰不再是一个你需要进行调整的变量。

先把原料倒入小号调酒听。我们通常倒入最便宜的原料，比如糖浆和新鲜果汁，以防我们犯错而要重头来过。在加冰前倒入原料还能让你控制稀释开始的时间。

接着把冰块轻轻放入调酒听，如果有必要，可以用吧勺把它压下去一点。然后，沿着一定的角度把大号调酒听盖在小号调酒听上面，它们相接的地方有一面呈直线。

用手掌拍一下大号调酒听的底部，使它紧密贴合。当你拿起上面的调酒听，下面的调酒听不会掉下来就意味着它们贴合好了。

拿起两个调酒听组成的摇酒壶，让小号调酒听的底部对着你的身体。这样的话，万一它们在摇酒时松开了只会撞在你的身上，而不是别人身上。用你觉得舒服的方式，把两只手分别放在两只调酒听上，在确保握稳的同时，要尽可能少地接触调酒听外壁。如果你用整个手掌握住，调酒听会变得温热，这样鸡尾酒在达到理想稀释度时温度就太高了。

慢慢转动几下摇酒壶，让冰块得到磨合。这会防止它在你开始摇酒时碎裂。

摇酒的重点在于节奏。这不是因为节奏会影响鸡尾酒的品质，而是因为它有助于你形成一种稳定的摇酒风格和时长。摇酒的动作由你自己决定，但我们发现最有效的方式是在胸前做推拉式动作，同时还要有小小的弧度。摇酒的目的是让冰块沿着调酒听内壁做椭圆形运动，这样只会磨平冰的棱角，而不是将其粉碎。

开始缓慢地摇酒，然后逐渐加快速度，直到达到你能够轻松保持 10 秒的最快速度。以最快速度摇动 10 秒后，开始减速，这和你加速的时间基本相同。

放下摇酒壶，大号调酒听在下。握紧大号调酒听的外壁，同时把小号调酒听往外拉，使它们分开。尽快用霍桑过滤器将液体滤出。

一旦形成了稳定的摇酒时长和慢—快—慢的节奏，你就可以开始关注摇酒壶里发生了什么。大冰块发出的"呛呛"声会慢慢变小，因为它的棱角被磨平了。随着冰的融化和对液体的稀释，你还会听到和感觉到液体的分量在增加。当然，你还会感到摇酒壶变得越来越凉。你需要摇许多杯鸡尾酒才能训练出一种准确无误的感觉。根据声音和触感，你就能判断出是不是该把酒过滤出来以供客人饮用了。这不是件坏事。练习调酒会非常有趣，而且我们相信你一定能找到人享用你调出来的那些酒。

如何用 1 英寸冰块摇酒

用多个 1 英寸冰块摇酒和上文中介绍的方法颇为相似。在理想条件下，你应该使用商业制冰机做的冰，比如寇德—德拉夫特制冰机。用冰箱里的冰盒做的冰也可以，但它的内部会含有气体和杂质，因此更容易碎，稀释酒的速度会更快。

按照上文中的方法，把原料倒入小号调酒听。然后加入足够的冰块，直到液体几乎达到调酒听的顶部。用和上文中一样的方法盖上调酒听，摇

动几次，以磨合冰块。

开始摇酒，动作和节奏与上文中介绍的一样。因为现在你用的冰块更小，所以不需要摇那么长时间。冰和液体接触的表面积更大，所以稀释速度更快。用这种方法摇酒时，冰在被磨平和融化的过程中发出的声音也不一样，但它不会像用一块大方冰摇酒时那么响亮。越来越多的液体在摇酒壶里晃动的声音会更明显。

用霍桑过滤器和细孔滤网将液体双重过滤，去除所有的小冰渣，因为它们会破坏大吉利和类似鸡尾酒的质感。

如何用"劣质"冰摇酒

不管是来自酒店走廊、冰箱自带的制冰机，还是用冰盒在冰箱里做的小于1英寸见方的冰块，日常"劣质"冰是最难用来调酒的，因为它们非常小，通常很湿，并含有大量杂质，这些因素都会加快稀释速度，但在不得不用"劣质"冰调酒的时候，我们通常会使用更多的冰块。

像前面介绍的两种方法一样，先将原料倒入小号调酒听。加满冰块，直到液体几乎达到调酒听的顶部，然后在大号调酒听中加入约1/4满的冰块。（如果你用的是英式摇酒壶，可以用冰块把它完全加满。）盖好调酒听。这时，你不需要通过摇动来磨合冰块；相反，你需要迅速行动，以免过度稀释。

开始摇酒，动作和节奏跟前面两种方法一样。但摇酒时间要比用1英寸冰块时更短。因为摇酒壶里加了太多冰，你基本上听不见冰块运动的声音，只能听到液体的晃动。事实上，"劣质"冰经常会结成一大块。

记住，一定要双重过滤。

一块大方冰	1英寸冰块	"劣质"冰
15秒	10秒	5秒

衡量摇酒技法的效率

将鸡尾酒过滤到酒杯中之后，你可以根据液面线——液体在杯沿之下的那条线来检测你的摇酒技术的效率。它不但说明了杯中液体的分量，还决定了这杯酒表面的外观。就大吉利而言，你需要让酒的表面浮着一层白色泡沫，而且这层泡沫必须持续30秒或更长时间。说明在摇酒时产生了足够的空气。如果没有这层泡沫，意味着你摇酒的时候摇得不够用力或不够久。长时间的缓慢摇酒永远不会生成这层泡沫。而短时间的大力摇酒尽管可能会生成泡沫，但液面线很有可能不够高，这意味着酒没有得到充分稀释。

杯型：提基杯

本章中的鸡尾酒用到了各种各样的杯子，但我们觉得是时候聊聊这款著名的大吉利改编了——僵尸潘趣（配方见右侧）和式样繁多的提基杯了。提基杯有着许多不同的形状和尺寸，外观往往非常夸张。

提基杯的选择有几种。迈泰杯是矮而圆的，容量约 16 盎司，适合用来盛放加碎冰的酸酒风格鸡尾酒（稀释前的分量为 4 盎司）。酷乐杯的容量同样约 16 盎司，但更高、更窄，用来盛放酷乐和斯维泽风格鸡尾酒。除了蝎子碗和其他用于多人分享的奇特容器，我们用的最大、最经典的提基杯是蝎子杯，它根据同名鸡尾酒命名，容量高达 20 盎司。

几年前，我们自主设计了一款全能型提基杯，希望它能用于盛放所有风格的提基鸡尾酒。它的容量为 14 盎司，和僵尸杯一样高，但我们没有加入任何波利尼西风格的设计元素，而是选择了坐在一堆骷髅上的海盗造型，他的身上还别着一把燧发枪。（如果这款酒杯冒犯了我们客人中的任何海盗或僵尸，我们深感抱歉。）

僵尸潘趣

海滩流浪者先生，1934

这款配方由前死亡公社调酒师主管布莱恩·米勒（Brian Miller）对经典的改编基础上发展而来。布莱恩是一位狂热的提基爱好者，他对僵尸的配方进行了细致研究，然后创作出这款味道好极了的鸡尾酒〔他的配方被收录在我们的第一本著作《死亡公社：现代经典鸡尾酒》（*Death & Co: Modern Classic Cocktails*）中〕。我们的版本稍微减少了烈度（只是一点点），然后把朗姆酒组合改了一下。你也可以根据实际情况改用你能买到的朗姆酒，但关键在于必须要同时使用牙买加朗姆酒、陈年西班牙风格朗姆酒和陈年 151 朗姆酒（又被称为火水）。谨慎饮用。

1¼ 盎司阿普尔顿经典调和朗姆酒
1¼ 盎司隆德巴里利托 3 星朗姆酒
¾ 盎司汉密尔顿德梅拉拉 151 超烈朗姆酒
½ 盎司唐式调味剂 1 号
¾ 盎司新鲜青柠汁
½ 盎司泰勒天鹅绒法勒纳姆
1 茶匙自制红石榴糖浆
2 滴潘诺苦艾酒
装饰：薄荷嫩枝、1 颗樱桃、1 片橙子、1 根伞签和 1 个菠萝角

将所有原料加冰摇匀，滤入装满碎冰的僵尸提基杯。用薄荷嫩枝、樱桃、橙片、伞签和菠萝角装饰。

大吉利改编版

　　大吉利改编版的形式多种多样，但前提是它的核心框架必须由烈酒、酸和甜组成。接下来，我们要介绍一部分我们最喜欢的经典改编配方和自己的原创作品。你将看到，只是更换不同的基础烈酒（或者在一款鸡尾酒中加入不止一种基础烈酒）、加入风味糖浆或者用草本植物和苦精调味，就能创作出截然不同的鸡尾酒。

南区

经典配方

　　这款经典大吉利改编应该用柠檬汁还是青柠汁？在调酒圈里，对这个问题的争论一直没有停过。坦白地讲，不管用哪种果汁，它都很好喝，但我们倾向于用青柠汁，因为它的明亮口感与薄荷很搭配。南区和我们的清新螺丝（见第116页）锥很像，但因为加入了捣压过的薄荷，口感更清新，而且它也更复杂，因为配方中有一滴苦精。

5 片薄荷叶

2 盎司普利茅斯金酒

¾ 盎司新鲜青柠汁

¾ 盎司单糖浆

1 滴安高天娜苦精

装饰：1 片薄荷叶

　　在摇酒壶中轻轻捣压薄荷。倒入其他所有原料，加冰摇匀。滤入冰过的碟形杯，用薄荷叶装饰。

南区

布克曼大吉利

亚历克斯·戴，2014

　　大吉利的配方简洁明了，因此很容易对它进行改编。我们最爱的方法之一是在核心中加入另一款朗姆酒或利口酒。在这款配方中，我们用口感丰富、柔和的干邑代替了一小部分朗姆酒，然后用香料糖浆来增强干邑的陈年特质。在选择柑橘果汁时，你的第一反应可能是柠檬汁，因为它可以很好地衬托干邑和肉桂的风味。这样做出来的酒不会差，但青柠汁能够突破肉桂和干邑风味的包围，带来一丝出人意料的涩感，令整杯酒明亮清新。

> **1½ 盎司富佳娜 4 年白朗姆酒**
> **½ 盎司皮埃尔·费朗 1840 干邑**
> **¾ 盎司新鲜青柠汁**
> **¾ 盎司肉桂糖浆**

　　将所有原料加冰摇匀，滤入冰过的碟形杯。无须装饰。

杰克·罗斯

经典配方

　　红石榴糖浆以石榴汁为原料，加入橙油调味，有种清爽的果味，能够凸显这款经典鸡尾酒中苹果白兰地的味道。青柠汁能中和红石榴糖浆的浓郁，与其深沉的甜味达成平衡。

> **1½ 盎司莱尔德 50° 纯苹果白兰地**
> **½ 盎司清溪 2 年苹果白兰地**
> **¾ 盎司新鲜青柠汁**
> **¾ 盎司自制红石榴糖浆**
> **装饰：1 片苹果**

　　将所有原料加冰摇匀，滤入冰过的碟形杯。用苹果片装饰。

出类拔萃

经典配方

布克曼大吉利展示了改编酸酒配方的一个有趣方式：用风味糖浆代替单糖浆。关于风味糖浆和柑橘果汁的搭配，有一条很好的规律：柠檬汁酸度柔和，不会影响蜂蜜的风味，而青柠汁有种涩感，能够中和糖浆的浓郁或增强糖浆风味。如果这款经典鸡尾酒是用青柠汁搭配蜂蜜，那么蜂蜜的风味就无法凸显。

2 盎司伦敦干金酒
¾ 盎司新鲜柠檬汁
¾ 盎司蜂蜜糖浆

将所有原料加冰摇匀，滤入冰过的碟形杯。无须装饰。

粉红佳人

经典配方

你可以把这款经典鸡尾酒看作是出类拔萃和杰克玫瑰的合体。金酒和少许苹果白兰地组成了核心，红石榴糖浆的尖酸果味对它们起到了增强作用。青柠汁会掩盖金酒的味道，而柠檬汁就像是一座温柔的桥梁，把金酒、白兰地和红石榴糖浆连接在一起。粉红佳人还展示了克制的力量：如果在基础酸酒配方中直接用 ¾ 盎司红石榴糖浆代替单糖浆，整杯酒喝起来就会是红石榴糖浆的味道。实际上，它只用了 ½ 盎司红石榴糖浆来代替单糖浆。为什么只使用 ½ 盎司柠檬汁呢？那是因为红石榴糖浆也带有一定的酸度，再加上蛋清的偏干口感，如果加入整整 ¾ 盎司柠檬汁，整杯酒就会太干了。

1½ 盎司普利茅斯金酒
½ 盎司莱尔德 50°纯苹果白兰地
½ 盎司新鲜柠檬汁
½ 盎司自制红石榴糖浆
½ 盎司单糖浆
1 个蛋清
装饰：1 颗穿在酒签上的白兰地樱桃

干摇所有原料，然后加冰再摇一遍。双重滤入冰过的碟形杯，用樱桃装饰。

威士忌酸酒

经典配方

在许多情况下，用陈年烈酒（如波本威士忌）搭配青柠汁的效果都不那么令人愉悦。如果你用波本威士忌和青柠汁做一杯基础酸酒，就会理解我的意思了：波本威士忌的迷人特质——香草、香料、单宁——与青柠汁的高酸度、涩感和风味格格不入。这也正是像经典酸酒这样的鸡尾酒配方通常会选用柠檬汁、而非青柠汁的原因。

2 盎司爱利加小批量波本威士忌
¾ 盎司新鲜柠檬汁
¾ 盎司单糖浆
装饰：1 个柠檬角

将所有原料加冰摇匀，滤入加有 1 块大方冰的双重老式杯。用柠檬角装饰。

猫咪视频

娜塔莎·大卫，2015

在这款对皮斯科酸酒的改编中，辛加尼和伊维特的风味与用葡萄酿造的皮斯科的芳香特质形成了强烈对比，令后者的风味得以

提升。辛加尼也是一种以葡萄酿造的烈
酒，它能衬托出皮斯科的深沉泥土风味，
而伊维特紫罗兰利口酒与卡帕皮斯科的
花香特质相得益彰。

烟与镜

> **1½ 盎司卡帕皮斯科**
>
> **1 茶匙伊维特紫罗兰利口酒**
>
> **½ 盎司辛加尼 63 葡萄白兰地**
>
> **½ 盎司新鲜柠檬汁**
>
> **½ 盎司新鲜青柠汁**
>
> **¾ 盎司单糖浆**
>
> **1 个蛋清**
>
> **装饰：1 个柠檬皮卷和 1 朵可食用花**

干摇所有原料，然后加冰再摇一遍。
双重滤入冰过的碟形杯。在酒的上方挤
一下柠檬皮卷，然后丢弃不用。以可食
用花装饰。

烟与镜

亚历克斯·戴，2010

与肯塔基少女一样，这款鸡尾酒中的
陈年烈酒和青柠汁看似不搭配，却被草本气
息十足的薄荷和谐融合在了一起，配方中的
苦艾酒也起到了同样的作用。注意，这款酒
和烟幕的原料是一样的，除了用来画龙点睛
的调味剂。这里用的是苦艾酒，烟幕用的是
查特酒。尽管它们的用量都非常少，但两款
酒的风味特质却截然不同。这说明看上去并
不重要的简单原料也能给鸡尾酒带来非常
大的变化。

> **4 片薄荷叶**
>
> **¾ 盎司单糖浆**
>
> **1 盎司威雀苏格兰威士忌**
>
> **½ 盎司拉弗格 10 年苏格兰威士忌**
>
> **¾ 盎司新鲜青柠汁**

> **2 滴 潘诺苦艾酒**
>
> **装饰：1 根薄荷嫩枝**

在摇酒壶中轻轻捣压薄荷和单糖浆。
倒入其他所有原料，加冰摇匀。滤入加有 1
块大方冰的双重老式杯。用薄荷嫩枝装饰。

蓬巴杜

泰森·布勒，2015

蓬巴杜是对另一种基础酸酒改编方式
的探索：在基酒中加入低酒精度原料，在这
一配方中用的是法国餐前酒夏朗德皮诺。正
如你所看到的，比起在基酒中加入另外一种
强劲烈酒，夏朗德皮诺的用量更大。这款酒
很好地平衡了农业朗姆酒的力度、夏朗德皮

诺的果味和香草的甜美。

1½ 盎司 J.M 牌 VSOP 朗姆酒

1½ 盎司帕斯奎·夏朗德皮诺

¾ 盎司新鲜柠檬汁

½ 盎司香草乳酸糖浆

将所有原料加冰摇匀，滤入冰过的碟形杯。无须装饰。

烟幕

亚历山大·戴，2010

这款烟幕的配方和烟与镜很像，但草本味来自绿色查特酒，而非苦艾酒。苦艾酒的微妙茴香味与烟熏味威士忌形成了对比，而有着青草和龙蒿草风味的查特酒则为烟幕带来了咸鲜特质，令拉弗格的植物风味得以凸显。

4 片薄荷叶

¾ 盎司单糖浆

1 盎司威雀苏格兰威士忌

½ 盎司拉弗格 10 年苏格兰威士忌

¼ 盎司绿色查特酒

¾ 盎司新鲜青柠汁

装饰：1 根薄荷嫩枝

在摇酒壶中轻轻捣压薄荷和单糖浆。倒入其他所有原料，加冰摇匀。滤入加有 1 块大方冰的双重老式杯。用薄荷嫩枝装饰。

肯塔基少女

萨缪尔·罗斯，2005

尽管传统观念认为陈年烈酒更适合搭配柠檬汁，而非青柠汁，但精心挑选的原料能够让这些元素和谐共处。在这方面，我们最爱的一个范例就是肯塔基少女，它是传奇调酒师萨姆·罗斯创作的。捣压过的黄瓜和薄荷将波本威士忌和青柠融合在了一起，造就出一杯出人意料的清新鸡尾酒。多汁的黄瓜起到了和柠檬汁类似的作用，薄荷则带来了草本风味。毫无疑问，如果要向从来没喝过波本威士忌鸡尾酒的人推荐，肯塔基少女将是我们的首选。我们还没碰到过有人不喜欢它的！

5 片薄荷叶

3 片黄瓜

¾ 盎司单糖浆

2 盎司爱利加小批量波本威士忌

1 盎司新鲜青柠汁

装饰：穿在柠檬圈上的薄荷嫩枝

将薄荷放入摇酒壶，盖上黄瓜。倒入单糖浆捣压，确保黄瓜皮被捣破。倒入波本威士忌和青柠汁，加冰摇匀。滤入加有 1 块大方冰的双重老式杯。用穿在柠檬圈上的薄荷嫩枝装饰。

击掌

亚历山大·戴，2010

想创作出既非同一般又口感清新的新鸡尾酒？对海明威大吉利进行改编是一个很好的方法。在这款酒中，我们采用了和海明威大吉利非常相似的结构,但是核心换成了金酒。我们还用阿佩罗来增强西柚的苦味。因为阿佩罗不像海明威大吉利里的樱桃利口酒那么甜，我们还稍微提高了单糖浆的用量。

1½ 盎司必富达金酒

½ 盎司阿佩罗

1 盎司新鲜西柚汁

½ 盎司新鲜青柠汁

½ 盎司单糖浆

将所有原料加冰摇匀，滤入冰过的碟形杯。装饰就是和你的客人击个掌——真的！

布朗·德比

经典配方

西柚汁搭配强劲陈年烈酒和清淡烈酒的效果是不一样的。像朗姆酒和金酒这样的烈酒能够凸显西柚的清新特质，而陈年烈酒往往会衬托出西柚汁更厚重的风味和甜味。尽管布朗·德比的传统配方中只用到了西柚汁这一种柑橘果汁，但我们决定加入少许柠檬汁，以中和浓郁的糖浆，否则它可能会掩盖西柚汁的特质。

2 盎司爱利加小批量波本威士忌

1 盎司新鲜西柚汁

1 茶匙新鲜柠檬汁

½ 盎司蜂蜜糖浆

将所有原料加冰摇匀，滤入冰过的碟形杯。无须装饰。

击掌

大吉利大家庭

莫吉托

经典配方

莫吉托无疑是大吉利大家庭中的一员，因为它用到了和大吉利一样的原料——朗姆酒、青柠汁和甜味剂，比例也很接近。然而，它需要加碎冰，所以我们觉得只能把它叫作大吉利的"远亲"。碎冰的加入意味着我们必须考虑到鸡尾酒做好之后的变化。关键在于在杯中密集地加入大量碎冰，冰要超过鸡尾酒的分量。这会让鸡尾酒保持冰凉，并防

止冰在杯子里移动。冰在杯子里移动与酒有关系吗？当然。这会加快稀释速度，让鸡尾酒迅速变得寡淡。

为了防止这一点，我们在调制莫吉托及其改编版时要采取几个措施。第一，我们选用的酒杯必须能够装得下鸡尾酒本身和相当数量的冰，容量至少为16盎司的柯林斯杯或双重老式杯都可以。第二，我们要提前冰冻酒杯，确保它在鸡尾酒倒入时是冰凉的。第三，我们不是用常规方法把酒摇匀，而是采用所谓的"搅打"技法：摇酒时加几片碎冰即可，这足以让原料混合，但是不会让它们稀释太多。毕竟这些酒要加入大量碎冰饮用，所以与不加冰饮用的鸡尾酒相比，它们在制作时无须将温度降至那么低。而且，碎冰还能起到稀释鸡尾酒的作用。第四，将酒倒入杯中之后，我们要把碎冰加到酒杯的4/5满，接着用吧勺或斯维泽搅棒搅拌几秒，然后密集地加入更多碎冰，让顶端像刨冰那样隆起。最后应该直到杯底都装满了碎冰，酒均匀分布其中，液面线上是隆起的碎冰。

10 片薄荷叶

¾ 盎司单糖浆

1 块白方糖

2 盎司卡纳布兰瓦白朗姆酒

1 盎司新鲜青柠汁

装饰：1 束薄荷

在摇酒壶中轻轻捣压薄荷叶、单糖浆和方糖，直至方糖碎裂。倒入其他所有原料，加几片碎冰摇匀。无须过滤，将摇酒壶中的原料直接倒入柯林斯杯，然后加碎冰至酒杯的4/5满。用斯维泽搅棒搅拌几秒，然后密集地加入更多碎冰，让顶端像刨冰那样隆起。以薄荷束装饰，把它插在碎冰的中心部分，加一根吸管。

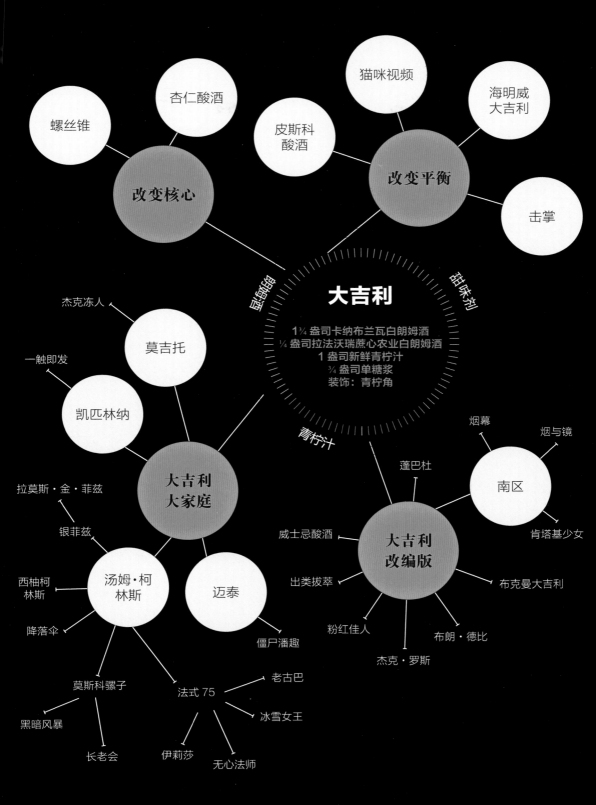

螺丝锥

杏仁酸酒

皮斯科酸酒

猫咪视频

海明威大吉利

改变核心

改变平衡

击掌

增稠剂

甜味剂

大吉利

1¾ 盎司卡纳布兰瓦白朗姆酒
¼ 盎司拉法沃瑞蔗心农业白朗姆酒
1 盎司新鲜青柠汁
¾ 盎司单糖浆
装饰：青柠角

杰克冻人

莫吉托

一触即发

凯匹林纳

青柠汁

烟幕

烟与镜

蓬巴杜

南区

大吉利大家庭

拉莫斯·金·菲兹

银菲兹

西柚柯林斯

降落伞

汤姆·柯林斯

迈泰

僵尸潘趣

威士忌酸酒

出类拔萃

粉红佳人

杰克·罗斯

布朗·德比

大吉利改编版

肯塔基少女

布克曼大吉利

莫斯科骡子

法式 75

老古巴

冰雪女王

黑暗风暴

长老会

伊莉莎

无心法师

杰克冻人

德文·塔比，2015

杰克冻人由莫吉托改编而来，基酒是等份的特其拉、梨子白兰地和干味美思，少许薄荷利口酒起到了调味的作用。尽管整杯酒的薄荷味不是太明显，但薄荷利口酒有种清凉特质，就像是在一个雪夜呼吸着冷空气的感觉，酒里的碎冰更强化了这种效果。

¾ 盎司卡贝萨银特其拉

¾ 盎司清溪梨子白兰地

¾ 盎司园林干味美思

1 茶匙吉发得白薄荷利口酒

¾ 盎司新鲜青柠汁

½ 盎司单糖浆

装饰：1 束薄荷鼠尾草和糖粉

将所有原料倒入摇酒壶，加几块碎冰摇匀。无须过滤，将摇酒壶中的酒直接倒入柯林斯杯，然后加碎冰至酒杯的 4/5 满。用斯维泽搅搅棒搅拌几秒，然后密集地加入更多碎冰，让顶端隆起。以薄荷鼠尾草束装饰，并撒上糖粉。加一根吸管。

迈泰

经典配方

碎冰能够降低浓郁原料的甜味。一款经典迈泰包含了浓烈朗姆酒、杏仁糖浆、橙味利口酒和青柠汁，口感复杂。不过，它虽然复杂，却很容易被做得太甜。加入大量碎冰，既能让口味变得恰到好处，又能凸显其复杂度。

1 盎司阿普尔顿庄园珍藏朗姆酒

1 盎司拉法沃瑞蔗心农业白朗姆酒

¼ 盎司柑曼怡

1 盎司新鲜青柠汁

½ 盎司自制杏仁糖浆

¼ 盎司单糖浆

1 滴安高天娜苦精

装饰：1 束薄荷

将所有原料倒入摇酒壶，加几块碎冰摇匀。无须过滤，将摇酒壶中的酒直接倒入双重老式杯，然后密集地加满碎冰。用薄荷束装饰。

一触即发

亚历克斯·戴，2015

对不那么酸的柑橘类水果而言，捣压是一种萃取风味的绝佳方式，比如橘子有着芬芳的果皮和甜美的果汁。这款酒是特其拉酸酒和凯匹林纳的结合体，本来不加入捣压过的水果就已经够平衡了，但我们选择加入适量橘子，以增添一丝活泼特质。

½ 个橘子，切成 4 片

¾ 盎司罗勒茎糖浆

1½ 盎司埃斯波隆银特其拉

1 茶匙德玛盖维达梅斯卡尔

¾ 盎司新鲜柠檬汁

装饰：1 片罗勒叶

在摇酒壶中轻轻捣压橘子和罗勒茎糖浆。倒入其他所有原料，加冰摇匀后直接倒入双重老式杯中。用罗勒叶装饰。

凯匹林纳

经典配方

我们在本章已经介绍了柑橘果皮富含芳香精油。这些精油可以通过挤压的方式来萃取，但是捣压也能达到同样的效果。源自巴西的凯匹林纳在调制时用了几乎一整个青柠，是我们考量捣压柑橘类水果技巧的绝佳对象。在用切开的青柠角装饰鸡尾酒时，我们会按照从青柠的顶部到底部的方式竖切，这样更容易把它们的汁挤入酒里。但在捣压时，我们希望把青柠切成特定的大小和形状，只需要1次用力均匀地捣压就能轻松萃取出果汁和皮油。所以，我们会先把青柠横切成两半，然后把果肉朝下放在砧板上，切成相等的4瓣。

随后，我们把青柠和糖一起捣压，这样能够萃取出青柠皮油。我们更喜欢用方糖，因为它的摩擦力更大，能带出更多皮油。我们建议把方糖放在小号摇酒壶里，然后加入青柠和单糖浆。每一瓣青柠都要捣压，压下去的时候稍微转动一下捣棒，把青柠压扁，使方糖裂开。一旦捣压完了所有的青柠瓣就立刻停下来。

尽管我们通常都强烈反对把摇酒壶里的冰倒入酒杯，但凯匹林纳是个例外。按照传统，它不但要加冰饮用，还必须把捣压过的青柠也放进去。这样能够让青柠继续为酒调味，尽管它们可能会变苦，但我们发现喝到最后会有种令人愉悦的青柠味。杯中色泽明亮的青柠看上去也非常悦目。

1 个 青柠

¾ 盎司单糖浆

1 块方糖

2 盎司卡莎萨

将青柠横切成两半，然后每半又切成4瓣。把6瓣放入摇酒壶，另外2瓣留着稍后用。加入单糖浆和方糖，轻轻捣压青柠，小心地捣压每一瓣。倒入卡莎萨，加冰摇匀，直接倒入双重老式杯。无须装饰。

汤姆 · 柯林斯

经典配方

大吉利大家庭中的另一类鸡尾酒是添加了气泡原料的酸酒。这是一个非常广泛的种类，包括了几个子家族，即柯林斯风格鸡尾酒、菲兹和众多含有起泡酒的鸡尾酒。我们将从柯林斯开始介绍：它基本上是一款加了冰和气泡水、以长饮杯盛放的酸酒。

制作柯林斯的最大挑战在于避免过度稀释。我们希望柯林斯的气泡尽可能丰富，所以我们不会像制作酸酒时那样通过摇酒来达到完全稀释，而是会缩短摇酒的时间，摇 5 秒钟左右，足以令原料降温，但又不会稀释太多。这给气泡水留下了足够的空间。

一般而言，柯林斯风格鸡尾酒会在最后加入气泡水，无须搅拌。我们认为这种做法不够理想。在用吸管啜饮它的时候，你经常会觉得是在喝一杯逐渐变淡的酸酒，而且可能毫无气泡感。我们的做法是先在空酒杯里加入适量气泡水，然后倒入摇酒壶中的酒（这样能够有效地令整杯酒混合），最后再加冰，无须搅拌。

为了做出最棒的柯林斯，要选用尽可能凉的气泡水。使用前要冷藏密封，或者组装充气设备，自制冰凉、气泡丰富的气泡水。用室温气泡水是在浪费时间，气泡会迅速消失，气泡水也就变得没气了，把它加入酒里其实只会起到稀释的作用。

2 盎司冰气泡水

2 盎司必富达金酒

1 盎司新鲜柠檬汁

¾ 盎司单糖浆

装饰：半个橙圈和 1 颗穿在酒签上的白兰地樱桃

将气泡水倒入柯林斯杯。将其他所有原料短时间加冰摇匀（约 5 秒钟），滤入酒杯。在杯中加满冰块，用半个橙圈和樱桃装饰。

西柚柯林斯

山姆·罗斯，2005

在对柯林斯配方进行改编时，要记住气泡水中含有少许碳酸，会增强酸的感觉。因此，关于柯林斯风格鸡尾酒中的柑橘果汁和甜味剂用量，我们通常会选择 1 ∶ 1 的比例，除非我们想让口感特别酸（针对基础柯林斯我们会这么做，但如果酒里添加了其他风味，我们会减少酸的用量）。在这款西柚柯林斯中，西柚汁的味道是酸甜平衡的，所以我们不用再考虑它，使用等量的柠檬汁和单糖浆就可以了。

2 盎司冰气泡水
2 盎司必富达金酒
1½ 盎司新鲜西柚汁
½ 盎司新鲜柠檬汁
½ 盎司单糖浆
4 滴北秀德苦精
装饰：半个西柚圈

将气泡水倒入柯林斯杯。将其他所有原料短时间（约 5 秒钟）加冰摇匀，滤入酒杯。在杯中加满冰块，用半个西柚圈装饰。

降落伞

泰森·巴勒，2017

降落伞是用低酒精度基酒来调制柯林斯风格鸡尾酒的绝佳范例，它的基酒由等量的果味白波特酒和微苦萨勒餐前酒组成。这两种原料的风味都很强烈，所以这款酒尝起来就像是酒劲十足的酸酒，但实际上烈度却没有那么高。

2 盎司冰汤力水

1 盎司尹帆塔多酒庄白波特酒
1 盎司萨勒龙胆根餐前酒
1 盎司新鲜柠檬汁
¾ 盎司单糖浆
2 滴北秀德苦精
装饰：半个西柚圈

将汤力水倒入柯林斯杯。将其他所有原料短时间（约 5 秒钟）加冰摇匀，滤入酒杯。在杯中加满冰块，以半个西柚圈装饰。

莫斯科骡子

经典配方

莫斯科骡子并非浪得虚名——姜味浓郁，口感清新。你可能会注意到，这款配方中的青柠汁用量比一般的酸酒风格鸡尾酒少一些。我们这么做是为了向原始配方——伏特加和姜汁啤酒的简单混合致敬，再加上少许鲜榨青柠汁。相比于酸酒，它更像是高球。而且，生姜的强烈风味有点像柑橘类水果，所以在用它调酒的时候，我们通常会减少柠檬汁或青柠汁的用量，令生姜味得以凸显。

2 盎司冰气泡水
2 盎司伏特加
½ 盎司新鲜青柠汁
¾ 盎司自制生姜糖浆
装饰：1 个青柠圈和 1 片穿在酒签上的糖渍姜

将气泡水倒入柯林斯杯。将其他所有原料短时间（约 5 秒钟）加冰摇匀，滤入酒杯。在杯中加满冰块，用青柠圈和糖渍姜装饰。

黑暗风暴

经典配方

在莫斯科骡子中，伏特加核心让生姜、青柠汁和气泡水之间的相互作用得到了最大的体现。如果基酒变成了另一种风味更丰富的烈酒，原料的比例可能需要做出调整，我们这个版本的黑暗风暴无疑体现了这一点（黑暗风暴的传统做法是用姜汁啤酒）。为了平衡高斯林黑海豹朗姆酒的浓郁糖蜜风味，我们增加了生姜糖浆和青柠汁的用量。

2 盎司冰气泡水
2 盎司高斯林黑海豹朗姆酒
¾ 盎司新鲜青柠汁
1 盎司自制生姜糖浆
装饰：1 个青柠圈和 1 片穿在酒签上的糖渍姜

将气泡水倒入柯林斯杯。将其他所有原料短时间（约 5 秒钟）加冰摇匀，滤入酒杯。在杯中加满冰块，用青柠圈和糖渍姜装饰。

银菲兹

经典配方

就最简单的形式来看，菲兹其实就是不加冰的柯林斯风格鸡尾酒。尽管菲兹最常用的基酒是金酒，但它们可以用任何烈酒来调制。经典的银菲兹是一款加入了蛋清的简单菲兹。在摇酒时，蛋清里结构紧密的蛋白质被摇散，将空气吸附其中，形成气泡。随后倒入气泡水，泡沫变得更丰富，因为包裹着二氧化碳气泡的蛋白质会形成一层轻盈松软的泡沫。

2 盎司必富达金酒
¾ 盎司单糖浆
¾ 盎司新鲜柠檬汁
1 个蛋清
2 盎司冰气泡水

先将除了气泡水之外的所有原料干摇一遍，然后再加冰摇匀。双重滤入菲兹杯。慢慢倒入气泡水，不时将杯底在桌上或平面上敲一下，令气泡沉淀。倒完气泡水之后，酒的表面应该有一层厚厚的泡沫。无须装饰。

银菲兹

拉莫斯·金·菲兹

经典配方

诞生于新奥尔良的拉莫斯·金·菲兹可能是最有名的菲兹了，它在纯净而简洁的银菲兹基础上加入了风味浓郁的重奶油。一般而言，它必须摇上整整 10 分钟，才能营造出一种轻盈、优雅的质感，就像白云一般。但我们从来没发现长达 10 分钟的摇酒是必要的（它更像是一种炫技，而非必需），摇 5 分钟就已经足以营造出拉莫斯·金·菲兹必备的那种空气般的轻盈感，后面我们还将介绍一款用发泡器制作的 N₂O 拉莫斯·金·菲兹。

> **2 盎司富特金酒**
> **½ 盎司新鲜青柠汁**
> **½ 盎司新鲜柠檬汁**
> **1 盎司单糖浆**
> **1 盎司重奶油**
> **1 个蛋清**
> **3 滴橙花水**
> **2 盎司冰气泡水**

先将除了气泡水之外的所有原料干摇一遍，然后在摇酒壶中装满冰块，摇 5 分钟。双重滤入品脱杯。慢慢倒入气泡水，不时将杯底在桌上或平面上敲一下，令气泡沉淀。倒完气泡水之后，酒的表面应该有一层厚厚的泡沫。无须装饰。

长老会

经典配方

我们已经在本章中多次提到，一旦改变了鸡尾酒的核心烈酒，那么柑橘类水果的种类和用量可能也需要做出调整。经典的长老会与莫斯科骡子和黑暗风暴很像，都是烈酒和干姜水的简单组合。但它的核心烈酒是黑麦威士忌，柠檬汁则起到了调味作用。我们的版本同时用到了柠檬汁和青柠汁，前者的风味甜美清新，后者则带来了令人愉悦的涩感。

> **2 盎司冰气泡水**
> **2 盎司老奥弗霍尔德黑麦威士忌**
> **½ 盎司新鲜柠檬汁**
> **½ 盎司新鲜青柠汁**
> **¾ 盎司自制生姜糖浆**
> **装饰：1 个青柠角**

将气泡水倒入柯林斯杯。将其他所有原料短时间（约 5 秒钟）加冰摇匀，滤入酒杯。在杯中加满冰块，用青柠角装饰。

老古巴

经典配方

这款十分复杂的鸡尾酒出自传奇调酒师奥黛丽·桑德斯之手，香槟的运用令整杯酒的口感更活泼。为了提高复杂度，奥黛丽将轻度陈年朗姆酒作为基酒，用安高天娜苦精和薄荷调味，造就出一款既清新又复杂的鸡尾酒。我们很爱老古巴，因为它会随着你的饮用时间而变化，最开始的几口让你感受到刺激味蕾的气泡感和清新薄荷味。随着鸡尾酒的温度上升，气泡变得不那么有力，朗姆酒的浓郁口感占据了主导，为你带去慰藉。

> **1½ 盎司百加得 8 年陈年朗姆酒**
> **¾ 盎司新鲜青柠汁**
> **1 盎司单糖浆**
> **2 滴安高天娜苦精**
> **6 片薄荷叶**
> **2 盎司冰干型香槟**

将除了香槟之外的所有原料加冰摇匀，双重滤入冰过的碟形杯。倒入香槟，将吧勺迅速伸入杯中轻轻搅拌一下，令香槟和鸡尾酒混合。用薄荷叶装饰。

法式 75

经典配方

是的，香槟能够让一切变得更好，包括柯林斯！有些调酒师会用长饮杯来盛放法式 75，就像柯林斯那样，但我们的选择是更华丽的细长型香槟杯。不过，无论你用哪种酒杯，加入香槟（或风格类似的起泡酒）都会改变鸡尾酒的平衡，带来更高烈度和更多风味。因此，这款经典鸡尾酒需要降低酸味基底中全部 3 种原料的用量，我们的版本只用了一半的金酒以及 2/3 的柠檬汁和单糖浆。

1 盎司普利茅斯金酒
½ 盎司新鲜柠檬汁
½ 盎司单糖浆
4 盎司冰干型起泡酒
装饰：1 个柠檬皮卷

将除了起泡酒之外的所有原料加冰摇匀，滤入冰过的细长型香槟杯。倒入起泡酒，将吧勺迅速伸入杯中轻轻搅拌一下，令起泡酒和鸡尾酒混合。在酒的上方挤一下柠檬皮卷，然后放入酒杯。

伊莉莎

德文·塔比，2016

经过小心的调整，法式 75 的微妙复杂度可以用来创造出非常出色的改编版鸡尾酒。在这款配方中，我们用墨西哥菝葜风味

伊莉莎

明显的飞行金酒代替了柑橘果味十足的普
利茅斯金酒，再加入清溪梨子白兰地和开胃
的法国黑加仑利口酒，薰衣草苦精带来一丝
魅惑花香。

½ 盎司飞行金酒

¼ 盎司清溪梨子白兰地

¼ 盎司吉发得勃艮第黑加仑利口酒

½ 盎司新鲜柠檬汁

½ 盎司单糖浆

1 滴薰衣草苦精

4 盎司冰干型起泡酒

装饰：穿在酒签上 1 颗黑莓和 1 颗覆盆子

将除了起泡酒之外的所有原料加冰摇
匀，滤入冰过的细长型香槟杯。倒入起泡酒，
将吧勺迅速伸入杯中轻轻搅拌一下，令起泡
酒和鸡尾酒混合。用黑莓和覆盆子装饰。

冰雪女王

娜塔莎·大卫，2015

冰雪女王利用了法式 75 配方的灵活性，
引入老古巴的部分元素——朗姆酒、薄荷和
青柠汁，并用黄瓜来增添开胃特质。

1 片黄瓜

½ 盎司单糖浆

1½ 盎司蔗园 3 星朗姆酒

½ 茶匙吉发得白薄荷利口酒

¾ 盎司新鲜青柠汁

4 盎司冰干型起泡酒

装饰：1 个青柠皮卷

在摇酒壶中轻轻捣压黄瓜和单糖浆。
倒入除了起泡酒之外的所有原料，加冰摇匀。
滤入冰过的碟形杯。倒入起泡酒，将吧勺迅
速伸入杯中轻轻搅拌一下，令起泡酒和鸡尾
酒混合。在酒的表面挤一下青柠皮卷，然后
放入酒杯。

无心法师

娜塔莎·大卫，2014

啤酒和西打可以被用来给柯林斯风格
鸡尾酒添加气泡。因为这些原料的酒精度、
风味、甜度和酸度有着很大的不同，在使用
它们时要注意调整基酒、柑橘果汁和甜味剂
的用量。这款无心法师只用到了 1 盎司强
劲烈酒（威士忌），青柠汁的用量也减少了
一些。甜味剂的量也更少了，因为酒里还含
有秋桃利口酒。

1 盎司布什米尔爱尔兰威士忌

½ 盎司吉发得秋桃利口酒

½ 盎司新鲜青柠汁

½ 盎司自制生姜糖浆

3½ 盎司冰布鲁塞尔白啤酒（或其他小麦
啤酒）

装饰：1 个青柠圈

将除了啤酒之外的所有原料加冰摇匀，
滤入冰过的大号菲兹杯。倒入啤酒，用青柠
圈装饰。

进阶技法：澄清

鲜榨柑橘果汁是制作众多鸡尾酒的关键元素之一，理由是它能缓和烈酒的强劲，并增添风味和质感。但它也会给酒增色，并且让酒变得混浊。那么，如果我们只想要柑橘果汁带来的风味和平衡感，却不希望它给酒增加色泽和厚重感，该怎么办？

在戴夫·阿诺德的大作《液体的智慧》（*Liquid intelligence*）以及他为博客"烹饪问题"撰写的专栏中，我们已经学到了很多关于澄清的知识。简单说来，澄清就是去除液体中的混浊颗粒物，从而让它变得清澈透明。用滤纸就能做到这一点。你可以想一下滴滤咖啡和法压壶咖啡之间的不同：滴滤咖啡的色泽更淡、更透明，而用法压壶做的咖啡是混浊的。它们的风味也有着显著不同：滴滤咖啡更清淡纯净，法压壶咖啡更厚重鲜明。

尽管用滤纸就可以给鸡尾酒澄清果汁，但我们更喜欢选用离心机或琼脂。我们的酒吧会对各种各样的果汁进行澄清处理，比如柑橘果汁（柠檬、青柠、西柚、橙子、红橘）、果蔬汁（苹果、梨、茴香根）或果泥（覆盆子、草莓）。

在开始详细介绍澄清技法之前，我们要先回答一下你可能想问的问题：为什么要费力气去澄清呢？坦白地讲，有时我们只是喜欢给客人一个出其不意的惊喜：当他们看到一杯水晶般透明、类似于马天尼的鸡尾酒，会以为它肯定很烈、很尖锐。但当他们啜上一口，却是口感偏酸的大吉利。这大大出乎他们的意料，令人惊喜。澄清还有着实际性的功用：在制作充分充气的鸡尾酒时（我们将在第五章结尾部分进行详述），去除所有颗粒物能够让二氧化碳均匀、彻

底地分布在整杯酒中。

最后一点：因为澄清果汁通常比新鲜果汁更容易变质，我们建议在一天之内把它们用完。例外的情况是：它们已经混合在加入了甜味剂和烈酒的分批或大桶鸡尾酒中，将有助于保持其微妙的风味。

用澄清果汁进行调酒试验

我们的基础大吉利配方将帮助你了解澄清果汁是如何改变一杯酒的。在你开始试验之前，先澄清适量青柠汁。你很可能没有离心机（说不定以后就有了），所以可以用前文介绍的琼脂澄清法。然后根据下面的两个配方调制两杯酒，注意第二款配方的做法是搅拌，而非摇匀。

这个试验将清晰地表明，澄清果汁和新鲜果汁是两种完全不同的原料，风味也截然不同。澄清果汁的味道更清淡，不那么鲜明。因此，澄清大吉利具有更明显的朗姆酒风味。

澄清还可以改变人们的偏见。比如，多年来我们一直不愿意用橙汁来调酒。一个主要原因是因为橙汁的味道会根据橙子的品种、季节和所在地而产生很大差别。（尽管所有的柑橘类水果都有这个问题，但橙汁似乎尤为明显。）此外，橙汁在搭配其他原料时会有同化效果，导致调出来的酒变得无趣。

以猴腺为例，我们一直觉得这款酒就是垃圾。为什么？因为它缺乏平衡。

金酒是好喝的，红石榴糖浆有活泼的果味和涩感，但糖分高、酸度低的橙汁弱化了金酒和红石榴糖浆的味道。当这3种原料聚在了一起，它们没有变得更好，而是更差。每喝上一口，我们都仿佛回到了过去的那个糟糕年代。那时，鸡尾酒的意义主要在于掩盖劣质烈酒的味道。但事实上，猴腺并非无可救药。我们可以把橙汁换成澄清过的，带来令人愉悦的平衡感，同时从摇匀改成搅拌，让它的特质变得更像马天尼（另一个可行的改良方法是加几滴柠檬酸溶液）。我们真心鼓励你做做这个试验，而且同样要用琼脂法来澄清橙汁。

大吉利

我们的基础配方

1¾ 盎司卡纳布兰瓦白朗姆酒

¼ 盎司拉法沃瑞蔗心农业白朗姆酒

1 盎司新鲜青柠汁

¾ 盎司单糖浆

将所有原料加冰摇匀，滤入冰镇的碟形杯。无须装饰。

澄清大吉利

1¾ 盎司卡纳布兰瓦白朗姆酒

¼ 盎司拉法沃瑞蔗心农业白朗姆酒

1 盎司澄清青柠汁

¾ 盎司单糖浆

将所有原料加冰摇匀，滤入冰过的碟形杯。无须装饰。

猴腺 1 号（经典配方）

2 盎司普利茅斯金酒

1 盎司新鲜橙汁

1 茶匙自制红石榴糖浆

2 滴潘诺苦艾酒

将所有原料加冰摇匀，滤入冰过的碟形杯。无须装饰。

猴腺 2 号（以澄清橙汁为原料）

2 盎司普利茅斯金酒

1 盎司澄清橙汁

1 茶匙自制红石榴糖浆

2 滴潘诺苦艾酒

将所有原料加冰摇匀，滤入冰过的碟形杯。无须装饰。

如何用琼脂澄清果汁

榨汁器

以粗棉布包裹的细孔滤网

几个碗或其他容器

克重秤

平底锅

琼脂

炉子

打蛋器

超级袋或咖啡滤纸

1. 将水果或其他新鲜原料榨汁，然后用细孔滤网将果汁过滤到碗中。

2. 用克重秤称一下容器的重量，然后倒入果汁，计算出两者之间的差值。（如果你的秤有称皮重功能，先将秤归零，然后倒入果汁，就能计算出它的重量。）把果汁的重量记录下来。

3. 计算一下果汁重量的 25% 是多少（乘以 0.25）。将等量的水倒入另一个容器中。

4. 把果汁和水的重量加在一起，然后计算一下它的 0.2% 是多少（乘以 0.002），得出结果为 X 克。这就是你将用到的琼脂重量。

5. 将水和琼脂倒入平底锅。中火慢煮，不时搅拌一下，直到琼脂融化。

6. 关火，倒入果汁，搅拌至均匀。

7. 将混合物倒入之前用过的一个容器里，然后把容器放入冰水中。

8. 约 10 分钟后混合物会开始凝固。一旦凝固，就要用打蛋器把它打成凝乳状的大块。

9. 倒入放在一个碗上、以多层粗棉布包裹的细孔滤网中。

10. 轻轻捏起粗棉布的边缘，把它变成一个球。将液体挤出时注意不要太用力，否则琼脂可能会漏出来。

11. 如果澄清果汁中仍然有颗粒物残留，用超级袋或咖啡滤纸过滤。

12. 倒入储存容器，冷藏一段时间后即可使用。

如何用离心机澄清果汁

> 榨汁器
> 以粗棉布包裹的细孔滤网
> 克重秤
> 诺维信果胶酶 Ultra SP-L
> 水溶性二氧化硅
> 壳聚糖
> 带盖的离心管
> 离心机
> 超级袋

1. 将水果或其他新鲜原料榨汁，然后用细孔滤网过滤果汁。

2. 用克重秤称一下离心管的重量，然后倒入果汁，计算出两者之间的差值。（如果你的秤有称皮重功能，先将秤归零，然后倒入果汁，就能计算出它的重量。）把果汁的重量记录下来。

3. 计算一下果汁重量的 0.2%（乘以 0.002）是多少，得出结果为 X 克。

4. 将 X 克诺维信果胶酶 Ultra SP-L 和水溶性二氧化硅加入果汁，并搅匀。盖上盖子，静置 15 分钟。

5. 将 X 克壳聚糖加入果汁，并搅匀。盖上盖子，静置 15 分钟。

6. 将离心管放入离心机之前，再将 X 克水溶性二氧化硅加入果汁并搅匀。

7. 称一下装有果汁的离心管的重量，然后在其他离心管内装满同等重量的水。离心机内每根离心管的重量都要完全一样，以保持离心机的平衡。

8. 将离心机的转速设置为 4500rpm，运转

12 分钟。

9. 取出离心管，用包了几层粗棉布的细孔滤网或超级袋小心滤出果汁，千万不要让沉在离心管底部的固体物混进来。

10. 倒入储存容器，冷藏一段时间后即可使用。

特殊澄清原料

水溶性二氧化硅和壳聚糖：水溶性二氧化硅和壳聚糖是葡萄酒酿造中的常见原料，被称为澄清剂。它们通常放在一起销售，用于澄清葡萄酒中的悬浮颗粒物，但它们也是澄清鸡尾酒原料的好工具。液体中的大部分悬浮颗粒物都带有正或负电荷。澄清剂也带有电荷：先添加的水溶性二氧化硅电荷为负，后添加的壳聚糖电荷为正。它们会吸附与自身电荷相反的颗粒物，形成比周围液体更重的团块。在葡萄酒中，结成团的沉淀物会在静置数天后去除，但在处理鸡尾酒原料时，我们往往需要和时间赛跑。它们的新鲜度会迅速下降，所以我们不能让它们静置数天。因此，我们通常会先用澄清剂让颗粒物结团，然后再用离心机把这些固体物分离出来。

琼脂：另一种澄清的方法是利用凝胶剂。在液体中加入胶凝剂，让它变成凝胶状，然后从凝胶中挤出澄清液体，颗粒物被残留下来。胶凝剂的种类有很多，比如蛋清和明胶，但我们更喜欢琼脂，因为它是从海藻中提取的，素食者也可以食用，而其他许多胶凝剂都是动物产品。尽管在搭配离心机使用的情况下，用水溶性二氧化硅和壳聚糖来澄清鸡尾酒原料的效果很出色，但如果没有离心机，它们的效果就不会那么好了。所以，在没有或不想用离心机的情况下，我们的首选是琼脂。

诺维信果胶酶 Ultra SP-L：详见前文特殊糖浆原料的部分。

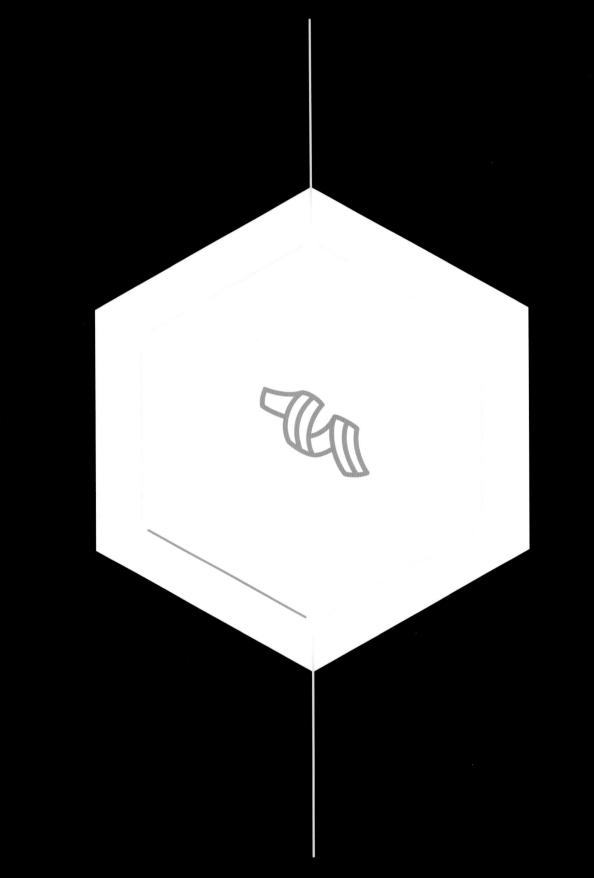

4

边车

经典配方

据说，边车是一战期间一位驻扎在巴黎的美国军官发明的（不过和往常一样，这款鸡尾酒的起源也是众说纷纭）。这位军官经常在城里骑挎斗摩托车，而边车鸡尾酒正得名于此。边车的前身可能是白兰地科斯塔，它最早被收录于杰瑞·托马斯（Jerry Thomas）撰写的《调酒师指南》（*The Bar-Tenders' Guide*）一书中，配方是大量白兰地加少量柠檬汁和橙皮利口酒（以及几滴苦精）。随着边车的演变，它们的比例也发生了改变。有些比较老的法国配方会用到等分干邑和君度，但现代调酒师很少会按照这个比例来调制边车，因为君度会掩盖干邑的果味特质。

边车

1½ 盎司干邑
1 盎司君度
¾ 盎司新鲜柠檬汁
装饰：1 个橙皮卷

将所有原料加冰摇匀，滤入冰过的碟形杯。在酒的上方挤一下橙皮卷，然后在杯沿上轻轻抹一圈，放入酒杯。

了口感丰富、风味鲜明的基底，而同样来自皮埃尔·费朗的极干型橙皮利口酒起到了美妙的烘托作用。然后，因为橙皮利口酒的口感非常干，我们加入了少许单糖浆来提升风味，令整杯酒更和谐。

装饰：1 个橙皮卷

将所有原料加冰摇匀，滤入冰过的碟形杯。在酒的上方挤一下橙皮卷，然后在杯沿上轻轻抹一圈，放入酒杯。

大都会

因为有了利口酒

如果说大吉利是派对上的一位喧闹客人——那个谁都认识的家伙，那么边车就是某个朋友带来的外国人——安静、散发着异域风情、喜欢读精装大部头。尽管它只含有 3 种原料，却十分神秘。第 1 次喝它的时候，你可能很难分辨出杯子里的是什么。第一口满是柑橘味，然后是几乎令人振奋的干爽口感，最后是悠长的余味。它是一款复杂、层次丰富的鸡尾酒，口感会随着温度升高而变化（大吉利则不会），从爽脆到干，再到浓郁丰满。

边车和大吉利之间存在着关联，它们都是从同一个酸酒配方进化而来。但边车的不同之处在于它含有大量风味浓郁的利口酒，通常在 ½ ~ 1 盎司之间。所以，大吉利（和许多酸酒）的决定性特点是丰富质感和酸度，而边车及其大家庭成员往往口感更干，而且复杂度来自利口酒和柑橘果汁的搭配。因此，我们给调酒师做鸡尾酒培训时会把大吉利和边车分开。由于边车含有相对大分量的利口酒，而利口酒的甜度、烈度和单宁各不相同，所以要掌握它们更困难。

边车及其改编版需要达到像大吉利那样的平衡——烈、甜和酸的和谐共处，不过，因为边车用的是利口酒（它给酒带来烈度、甜度和调味），所以原料的比例会有所不同。更棘手的是，每款利口酒都有不同的烈度和甜度，因此并没有一个标准配方，你必须对利口酒进行研究，然后相应地改变比例。

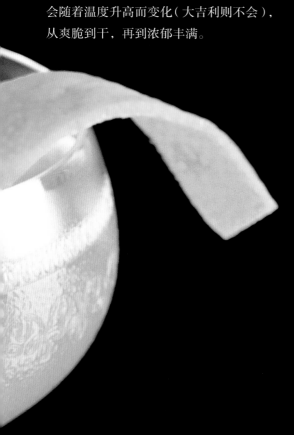

理解配方

你可能已经注意到，边车的配方和几款更流行的鸡尾酒很相似，比如玛格丽特（特其拉、橙皮利口酒、青柠汁）和大都会（伏特加、橙皮利口酒、青柠汁、蔓越莓汁）。我们之所以选择边车作为这一类鸡尾酒的代表，是因为它用到的 3 种原料——干邑、橙皮利口酒和柠檬汁会根据产品的不同而存在很大的差异。

这使得它成为了一个绝佳范本，让你了解平衡原料固有特质的重要性。根据年份的不同，干邑可以是清淡、单宁明显的，也可以是浓郁饱满的。橙皮利口酒可以是极干的（皮埃尔·费朗）、甜的（柑曼怡）或介于两者之间（君度）。只有了解每种原料的特质，你才会知道该怎样把它们结合在一起。

你可以从下面这个试验开始探索边车配方。榨一些柠檬汁，拿起你的摇酒壶，然后打开一瓶干邑。（和大多数类似的试验一样，我们会省去装饰，把重点放在鸡尾酒本身。）让我们回到之前的基础酸酒配方：它的比例通常是两份烈酒、一份柠檬汁或青柠汁和一份甜味剂，而且被广泛认为是一款可口、平衡的鸡尾酒。然后，在你的摇酒壶里直接做一杯简单的干邑酸酒，然后再做边车 1 号（强劲版）和边车 2 号（平衡版）。

边车守则

本章中所有鸡尾酒的决定性特点：

边车的核心风味是由烈酒和大量风味利口酒组成的。

边车是由利口酒来平衡和调味的，而且它还有增甜的作用，有时会搭配另一种甜味剂。

边车也是由高酸度的柑橘果汁来平衡的，通常是柠檬汁或青柠汁。

干邑酸酒

经典配方

2 盎司干邑（最好是 VSOP）

¾ 盎司新鲜柠檬汁

¾ 盎司单糖浆

将所有原料加冰摇匀，双重滤入冰过的碟形杯。无须装饰。

你觉得如何？是的,它可能很好喝,但对我们来说,它似乎没什么特别的。干邑无疑是整杯酒的主角,但它的木头特质被柠檬和糖的清爽组合冲淡了。把酒放下,几分钟以后再喝,然后把调酒听洗干净。开始调制下一杯酒,把单糖浆换成了君度,做出来的就是基础边车。

边车 1 号（强劲版）

2 盎司干邑（最好是 VSOP）

¾ 盎司君度

¾ 盎司新鲜柠檬汁

将所有原料加冰摇匀，双重滤入冰过的碟形杯。无须装饰。

你最先尝到的是什么味道？我们猜是酒味。这个配方含有大量干邑,尽管这不一定是坏事,但酒精味占据了主导,让整杯酒变得苦而呛口。这是一个调酒时的常见问题：忽视了某些修饰剂的酒精度更高（如君度）,只是简单地用另一种甜味剂来代替,而不去调整比例。君度的酒精度为 40%,几乎和大多数基酒一样烈,尽管它的甜度能中和一部分柠檬汁的酸,但最后做出来的酒会太干。这也是为什么经典边车配方会减少干邑的用量,而稍微增加君度的用量,让整杯酒的甜度提高一点。所以,即使你已经在这一章的开头做了一遍经典配方边车,现在也可以再做一遍,然后把两杯酒放在一起比较。

边车 2 号（平衡版）

1½ 盎司干邑（最好是 VSOP）

1 盎司君度

¾ 盎司新鲜柠檬汁

将所有原料加冰摇匀，双重滤入冰过的碟形杯。无须装饰。

我们发现,这个经典配方达到了几乎完美的平衡：干邑的饱满特质正好与君度的甜味和柠檬汁的清新特质形成互补。不过,这个配方对大多数人来说可能有点太干了,所以我们的基础配方中还包括了少许单糖浆,以达到理想的平衡,并提升整杯酒的风味。

核心：白兰地

干邑为边车提供了可以尽情发挥的基础。它足够浓郁，可以平衡柠檬的酸；它的结构感足够强，可以和谐地搭配君度的柑橘味、香料味、柔和性与甜度。干邑是世界上最有名的白兰地之一，而白兰地是所有以水果蒸馏的烈酒的总称，包括葡萄白兰地、苹果白兰地和生命之水。

在全球范围内，以葡萄酿造的白兰地绝对是最常见的，而法国特有的干邑又是其中最流行的。但干邑只是葡萄白兰地的一种风格：法国也生产雅文邑，秘鲁和智利生产另一种葡萄白兰地——皮斯科，而美国也生产优质白兰地。葡萄白兰地可以用明亮、高酸度的葡萄酿造，也可以用甜美芬芳的葡萄酿造。另外，它们可以陈酿，也可以不陈酿。和其他烈酒一样，木桶陈酿能够让白兰地具有丰富口感，带着橡木赋予的深沉微妙的香草和香料风味。相比之下，未经陈酿的白兰地呛口而尖锐，呈现出葡萄原料的本来面目。后者能够让你真正了解葡萄本身的特质和酿酒师捕捉特质的技巧。

不同风格的白兰地很少能相互代替。所以，尽管两款年份相近的干邑可以在鸡尾酒中互换使用，但陈年和未陈年白兰地有着完全不同的风味特质，会影响整杯酒的平衡。就边车而言，一款适度陈酿的干邑能够带来必不可少的丰富口感，令鸡尾酒达到平衡，而一款

年轻一点的干邑就做不到这一点。

在本章中，我们将探索从边车模板中衍生出来的各种鸡尾酒，同时探索改变基酒带来的影响。因此，我们将用下面的篇幅来介绍不同种类的白兰地——干邑、雅文邑、西班牙白兰地、皮斯科、苹果白兰地、生命之水。此外，因为最有名的边车改编版是玛格丽特，我们还将简要介绍一下龙舌兰烈酒。

干邑

干邑产自法国西南部，数百年来都遵循着同样的酿造方式：用一种特别的蒸馏罐来蒸馏葡萄酒，然后用橡木桶陈酿。尽管所有这些步骤（酿葡萄酒、蒸馏、陈酿）都很重要，但决定干邑特质的关键因素在于调和，每家酒庄都能通过调和打造出一款体现自身风格的干邑。这确保了每家酒庄出品的干邑在每一年都有着相对稳定的风味特质。根据年份不同，干邑被分为3个官方等级，从低到高分别为VS、VSOP和XO。另外，有些干邑还会用到"超龄"一词，它的定义和XO一样，但酒庄主要用它来形容那些年份超过了XO的优质干邑。干邑价格不菲，所以我们往往只用VS和VSOP来调酒。VSOP通常是我们的首选，因为它们有着饱满的风味和酒体，经常还带有类似于煮香蕉的风味，适合用来调制各种不同的鸡尾酒。VS干邑则一般带有木头风味，和强劲鸡尾酒风味不同，不过，它们是柑橘果味

鸡尾酒的完美之选，包括边车。

推荐单品

轩尼诗 VS：轩尼诗酿造的干邑占全球供应量的 40%，是当之无愧的干邑巨头。虽然那些喜欢小型精酿酒庄的人可能会对此不屑一顾，但我们非常欣赏轩尼诗的稳定品质，并且觉得它有着标志性的干邑特点：木头风味和甜味，以及一丝淡淡的丁香味。另外，轩尼诗的另一个优点是它几乎从不会断货。

保罗·博 VS：大多数 VS 干邑都是可以纯饮，在调酒时却复杂度不够，但保罗·博有着绝佳的平衡：既有年轻烈酒的烈度，又有来自橡木的香草和烤木头特质。它的价位也很吸引人，通常在 30 ～ 40 美元之间。

御鹿 VSOP：市场对适合调酒的价格平易近人的、个性强烈的干邑，需求越来越大，于是御鹿顺势推出了这款风味美妙的 VSOP 干邑。它有着浓郁的花香和新鲜核果风味，以及少许香料味。搭配个性鲜明的烈酒时，它的优雅可能无法体现，但作为单一基酒的表现非常好，同时也很适合搭配清淡的加强型葡萄酒（如菲诺和阿蒙提亚多雪莉酒）以及加香葡萄酒（如利莱白利口酒）。

派克 VSOP：许多 VSOP 等级的干邑都有着深沉的水果风味，但派克干邑的香气和风味都很明亮。你能品出标志性的煮香蕉特质，但柑橘类水果和新鲜桃子的风味更明显，令这款干邑成为调制清新柑橘果味鸡尾酒的理想之选。

皮埃尔·费朗 1840：这是一款为了调酒而特别推出的新品。尽管皮埃尔·费朗一反常规，不在瓶身上标示干邑年份，但这款 1840 和下文中的琥珀干邑在调酒时的效果和 VSOP 一样。它有着强烈的烤香料香气，并在口感中得以延续。大部分干邑的装瓶酒精度都是 40%，而它的酒精度为 45%。所有这些特质让皮埃尔·费朗 1840 足以成为一杯酒的主角，而且在搭配其他风味浓郁的烈酒时也不会失色，比如美国黑麦威士忌。

皮埃尔·费朗琥珀：这款我们调酒时的首选干邑，它散发着甜美的香草和杏子香气，风味深沉而复杂。橡木的影响很明显，但它仍然带有新鲜水果特质——像是咬了一口甜苹果，为打造鸡尾酒提供了一个绝佳平台。不管是需要摇匀还是搅拌的鸡尾酒，它的表现都让我们非常满意。另外，我们还喜欢纯饮或用它来搭配其他烈酒，尤其是陈年朗姆酒、苹果白兰地和波本威士忌。

雅文邑

雅文邑是干邑的近亲，因为它们都在法国西南部酿造，原料也很相似。它们之间的一大差异在于风味。干邑口感浓郁、果味明显，而雅文邑虽然有着某些相同的风味，但往往更辛辣。我们经

一款好到难以置信、却没必要的边车

　　人的一生中总要有一些奢侈体验，抱着这样的信念，我们推荐你买一瓶昂贵、完美的保罗·博超龄干邑，然后根据下面的配方制作一杯边车。这个配方和我们的基础配方有所不同，反映了年份更高、口感更厚重的保罗·博超龄干邑对边车的特殊影响。

1½ 盎司保罗·博超龄干邑

1 盎司皮埃尔·费朗干型橙皮利口酒

¾ 盎司新鲜柠檬汁

装饰：1 个橙皮卷

　　将所有原料加冰摇匀，双重滤入冰过的碟形杯。在酒的上方挤一下橙皮卷，然后用它轻轻抹一下整个杯沿，并放入酒杯。

常会这样打比方：干邑和雅文邑的关系就好像是波本和黑麦威士忌。

　　雅文邑的另一个特别之处在于，它经常在特定的年份装瓶，而每个年份都非常不同，所以我们几乎不可能建议你用哪款雅文邑来调酒。不过，法国现在也出口一定数量的调和型雅文邑，它们的价格更容易负担得起，所以是调酒的好选择。这些调和型雅文邑采用了和干邑一样的年份等级划分——VS、VSOP、XO 和超龄，而我们也会像干邑那样根据年份等级来运用它们。

推荐单品

　　塔希克经典 VS 下雅文邑：这是一款绝佳的入门级雅文邑，价格也很吸引人。尽管它的年份不高，但酒体却出人意料地饱满，还带有杏干和烤香料风味——以丁香为主，夹杂着一丝肉桂味。

　　塔希克 VSOP 下雅文邑：随着木桶陈酿时间的增加，塔希克雅文邑有了更为出色的结构感和复杂度。上面那款年份更少的单品还带着少许粗犷口感，而这款 VSOP 的特质更圆润，具有香草和煮核果风味。更饱满的酒体正好衬托出微妙的烤香料风味，令这款雅文邑更适合调制需要搅拌的鸡尾酒。

　　埃斯帕杭斯酒庄白雅文邑：白雅文邑风味丰富，是其他未陈年葡萄白兰地的绝佳替代品。产自南美洲的未陈年白兰地——皮斯科具有强烈的花香，而高酸度葡萄酒基底则让这款雅文邑的香气更咸辣，有明显的杏仁和白胡椒香气及风味，同时又不失活泼和清新。

西班牙白兰地

　　西班牙白兰地的风格多种多样，比法国白兰地更浓郁、色泽更深，甜度也更高。今天，我们能买到的西班牙白兰地大多为赫雷斯白兰地——产自西班牙南部，口感浓郁甜美。在赫雷斯产区之外还有其他风格的西班牙白兰地，但我们很少用它们来调酒。

西班牙白兰地在调酒时的效果类似于干邑和雅文邑，但它的陈酿过程让它具有了一种明显的浓郁特质。在用经过长久陈酿西班牙白兰地调酒时，我们通常只会少量使用，为鸡尾酒增添一丝香料水果蛋糕味。如果用量太大，它会掩盖其他风味。但老式鸡尾酒是一个例外，它能很好地凸显高年份西班牙白兰地的特质。

推荐单品

门多萨主教索莱拉珍藏：这款门多萨主教珍藏在欧洛罗索和佩德罗—希梅内斯雪莉桶中陈酿了 15 ~ 17 年，具有强烈的西梅和葡萄干风味，以及甜甜的坚果和巧克力味。因为它的口感非常厚重，我们通常用它搭配等分的其他基酒来调制高烈度鸡尾酒，比如搭配美国威士忌来调制老式鸡尾酒。

阿尔巴公爵索莱拉珍藏：多年来，威廉 & 汉拔公司（William & Humbert）出品的阿尔巴公爵曾经是美国境内唯一能普遍买到的西班牙白兰地，因此，它很大程度上决定了我们对西班牙白兰地的印象。它的香气浓郁而甜美，口感半干，同时又保留了雪莉桶陈酿威士忌标志性的葡萄干风味（就这款单品而言，用的是欧洛罗索雪莉桶）。这是一款可口的品鉴型白兰地，也可以搭配等分的其他基酒来调制搅拌类鸡尾酒。

卢士涛索莱拉赫雷斯白兰地：卢士涛酒庄不但出品我们最爱的几款雪莉酒，还带来了高性价比的赫雷斯白兰地。这款单品在阿蒙提亚多雪莉桶中陈酿 3 年左右。香气厚重，口感干，带着香草、烤坚果和新鲜肉豆蔻风味。尽管年份不高，但它的酒体仍然足够饱满，不管是需要摇匀还是搅拌的鸡尾酒，它都能够胜任。另一款卢士涛珍藏则更高级。它陈酿了 10 年以上，而且是部分以风味更丰富的欧洛罗索雪莉桶陈酿。这造就出一款成熟的白兰地，充满了核桃和太妃糖风味，并带有悠长的葡萄干余味。我们非常喜欢用卢士涛珍藏调制的曼哈顿改编版。

皮斯科

皮斯科及其近亲辛加尼都是南美白兰地，以带有浓郁花香的葡萄品种酿造，而且通常不经过陈酿直接装瓶。这使得它们的特质和欧洲陈年白兰地截然不同，在调酒时的用法也不一样。

在流行文化中，皮斯科几乎总是和地球上最具代表性的皮斯科鸡尾酒——皮斯科酸酒联系在一起。在这款酒中，口感尖锐、花香浓郁的皮斯科和柑橘类水果融合在一起，营造出令人愉悦的风味。这证明了一点：皮斯科非常适合用来制作以摇匀手法调制的柑橘果味鸡尾酒，既风味丰富，又香气四溢。我们尤其喜欢用它来搭配阿蒙提亚多雪莉酒，如黛西枪（见第288页），皮斯科为它增添了一层葡萄酒和葡萄白兰地风味。随着越来越多的优质皮斯科品牌进入美国，人们发现它的用途相当广泛，在搅拌类鸡尾酒中表现也很出色。在很多时候，我们和银特其拉一样使用皮斯科，只不过银特其拉带来的是明显的植物特质，而皮斯科会给酒增添花香和强烈的劲道，但后者可以通过添加白味美思或另一种半甜加强型葡萄酒来中和。

推荐单品

坎波·德·恩坎托特选皮斯科：这是一款为调酒而生的皮斯科。它以酷斑姐、特浓迪、麝香和意大利葡萄混酿而成，香气纯净明亮，口感顺滑，以蒸馏酒精度的酒装瓶，不添加任何其他液体。如果你只能选择一瓶皮斯科来调酒，它是不二之选。不过，我们还是建议你关注一下坎波·德·恩坎托出品的单一葡萄品种皮斯科，它能够让你以一种独特的方式去探索不同葡萄品种赋予皮斯科的魅力。

卡普若·阿卡拉多皮斯科：这款单品有着皮斯科标志性的香气和风味——明亮核果和花香特质，但同时又有着独特的泥土风味，非常适合调制搅拌类鸡尾酒，尤其是加入了白味美思的马天尼改编版。这款皮斯科以不同的葡萄品种混酿而成，但卡普若也出品令人惊艳的单一葡萄品种皮斯科。如果你看到了，一定要赶紧下手！

马丘皮斯科：马丘皮斯科的产地和坎波·德·恩坎托一样，但仅以酷斑姐（一种非芳香葡萄）为原料。它的香气不像其他皮斯科那么浓郁，但仍然酒体饱满、口感丰富。它是酸酒风格鸡尾酒的绝佳基酒。

辛加尼

尽管皮斯科抢走了大部分风头，但玻利维亚特有的未陈酿葡萄白兰地——辛加尼也有着独一无二的特质，深沉风味与柑橘果味和高烈度鸡尾酒很搭配。皮斯科和辛加尼之间的不同在很大程度上源于后者葡萄原料的产地，一个位于玻利维亚南部、面积极小的干旱产区，海拔高达 5200 英尺[①]，出产的亚历山大麝香葡萄香气十分浓郁，而它们正是酿造辛加尼的原料。用辛加尼调酒的方式和皮斯科类似，尽管辛加尼的花香特质通常更浓郁。和皮斯科一样，我们最爱的辛加尼使用方式是用它来提升加强型葡萄酒的风味，如超级大腕，或者搭配另一种基础烈酒，如闪点。在玻利维亚，人们最爱的辛加尼饮用方式是传统的丘弗莱，即辛加尼加干姜水，用一片青柠装饰。

推荐单品

辛加尼 63：目前，这是唯一一款在美国广泛销售的辛加尼。它的平衡度极佳，带有葡萄酒基底的饱满风味和轻度烈酒特质：花果香气明显，质感鲜明。

---

① 1 英尺 ≈ 0.3 米。——译者注

苹果白兰地

根据蒸馏和陈酿方式的不同，苹果白兰地可以是顺滑丰富的，也可以是辛辣浓烈的。尽管苹果品种和多种多样的酿造方式使得苹果白兰地风格繁多，但它们都拥有一个共同的特质：与生俱来的苹果风味。在这一部分，我们将探讨两种常见风格：法国卡尔瓦多斯和美国苹果白兰地。

卡尔瓦多斯

正统、美妙、完美，可能没有什么烈酒能够像卡尔瓦多斯那样让我们喜爱不已了。根据法国官方规定，它可以 200 种苹果和梨中的一种或多种为原料，榨汁后发酵成西打，然后蒸馏并在橡木桶中陈酿至少 2 年。

卡尔瓦多斯可以根据产区（其中奥日产区的规定最严格）和年份来分类。尽管它的年份等级类似于干邑和雅文邑，但酿酒商可以用许多不同的专业词语来表示每个年份。在调酒时，我们倾向于选用陈酿了至少 3 年的卡尔瓦多斯，但如果年份超过了 3 年，用来调酒就太贵了。更年轻的卡尔瓦多斯通常风味不够深沉，无法成为鸡尾酒的主角，而且很容易被其他原料掩盖。

推荐单品

布斯奈奥日地区 VSOP：提到卡尔瓦多斯，我们总会想起布斯奈 VSOP 的香气和风味，因为我们使用它的频率太高了。它散发着甜甜的香料香气，以烤苹果为主，夹杂着肉桂、丁香和香草气息。它的口感略干，能品出黄油、太妃糖和一丝焦糖味。所有这些特质结合起来，造就了一种非常丰富的风味，能够以各种不同的方式融入鸡尾酒当中，尤其是作为摇匀类和搅拌类鸡尾酒的核心，或者少量使用作为调味剂。

杜邦奥日地区珍藏：这款极其优雅的白兰地以不同的橡木桶陈年原酒调和而成，其中 25% 是新桶。这营造出一种更强烈的烘烤味道，以及淡淡的香料味和一丝香草味。这是一款非常微妙的烈酒，我们通常会把它当作整杯酒的主角。

美国苹果白兰地

美国苹果白兰地的历史和美国本身一样久。苹果树在殖民地时期的美国已经被广泛种植，含酒精的苹果白兰地以及后来出现的白兰地成为了殖民者的首选酒款。美国首家商业蒸馏厂（创建于 1780 年）生产的就是苹果白兰地。在美国很长时间的历史里，它都非常流行，但随着岁月变迁，美国白兰地渐渐失宠了。在接下来的时间里，重要的酿造商只剩下了一家——莱尔德（Laird）。莱尔德之所以重要，是因为它代表了广义上的美国苹果白兰地。莱尔德的产品和法国苹果白兰地有着明显不同：卡尔瓦多斯是干邑的近亲，而莱尔德出品的苹果白兰地更像是美国威士忌。莱尔德还酿造苹果杰克，根据相关法规，它是用苹果白兰地和中性谷物烈酒调配而成的一种烈酒，在波本桶中陈酿至少 4 年。尽管苹果杰克有着自己独特的作用，但我们还是更喜欢百分百以苹果酿造、酒精度为 50% 的莱尔德苹果白兰地。

随着人们对美国苹果白兰地的兴趣越来越大，美国境内的酿造行业也开始繁荣起来。有些生产商跟随莱尔德的脚步，秉承美国威士忌精神来酿造苹果白兰地（用烧焦的橡木桶陈酿），有些生产商则从法国卡尔瓦多斯中汲取灵感。在调酒时，莱尔德风格的白兰地效果类似于美国威士忌，尤其是波本威士忌。而那些遵循法国传统的产品的调酒效果很像卡尔瓦多斯。尽管有几款经典鸡尾酒必须以苹果杰克为原料，但现在这个词的概念和上文中的法规定义一致。苹果杰克曾经指的是纯苹果白兰地，所以如果你想精确复制那些经典鸡尾酒，我们建议你选用下面这些单品。

推荐单品

黑土苹果杰克： 黑土是一款风味美妙的烈酒，在纽约州限量生产。它受到了莱尔德的启发，但同时又有着自己的风格。它完全以苹果酿造，在新烧焦的橡木桶中陈酿至少 4 年（尽管很多批次都陈酿了 5 ~ 6 年）。它拥有许多和莱尔德一样的辛辣陈年特质，但苹果味更明显，整体风味更柔和。

克利尔溪 2 年苹果白兰地： 这款白兰地有点像是异类，因为它的陈酿方式与莱尔德和黑土苹果杰克都不一样。它像是一款非常年轻的法国苹果白兰地，而正是因为年轻，它拥有强烈的劲道和个性。我们通常会像莱尔德和黑土那样来运用它，也就是说，用来代替美国威士忌。

克利尔溪 8 年苹果白兰地： 这款白兰地以金冠苹果为原料，在铜质蒸馏罐中蒸馏，然后在新法国橡木桶中陈酿至少 8 年。它有着像法国卡尔瓦多斯那样的老灵魂，但又融入了太平洋西北部的独有特色。金冠苹果的甜度使得它的香气明亮而饱满，仿佛在大声宣告："我是用苹果做的！"木桶陈酿造就了它的浓郁香草风味和一丝木头味，味道半甜而悠长。我们绝对喜欢用这款白兰地来调制各种鸡尾酒，尤其是用来衬托其他陈年烈酒的风味，比如纯罐式蒸馏爱尔兰威士忌——复制和黏贴就是一个很好的例子。

铜与国王防洪堤苹果白兰地： 这款苹果白兰地来自肯塔基铜与国王酒厂，别出心裁地将欧洲和美国陈年酒风格结合在了一起。它以铜质蒸馏罐蒸馏，然后在波本桶和欧洛罗索雪莉桶中陈酿至少 4 年。它具有辛辣香气和类似于苹果皮的风味，在某种程度上和苏格兰威士忌很像。

莱尔德 50° 纯苹果白兰地： 以西维吉尼亚苹果酿造、在弗吉尼亚蒸馏——这款单品堪称美国苹果白兰地的典范。它非常强劲而辛辣，如果平衡不得当会支配整杯酒的风味。在酸酒风格鸡尾酒中，可以搭配风味足以跟它抗衡的基酒，如杰克玫瑰；在其他风格的鸡尾酒中，用它充当修饰剂，能增添出人意料的风味层次，如粉红佳人。

莱尔德44%12年苹果白兰地：最出名的莱尔德产品可能是它的高纯度苹果白兰地，但它也出品这款精致优雅的罐式蒸馏苹果白兰地。它呈深琥珀色，有着甜甜的巧克力香气和黄油风味，以及长时间陈酿带来的香草和肉豆蔻特质。尽管它深受欧洲酿造传统启发，但仍然拥有粗糙、酸度明显的特质，是调制老式风味鸡尾酒的完美之选。

生命之水（水果白兰地）

法语eau-de-vie直译的意思是"生命之水"，指的是以葡萄之外的水果酿造、透明无色的白兰地。尽管生命之水偶尔是陈年酒，但大部分都是未陈年酒。就后一种情况而言，因为蒸馏后不会再形成额外的风味，风味和香气的浓缩要通过十分精确的蒸馏过程来实现。成功的生命之水应该能够体现水果原料的风味，因此品尝全世界不同的生命之水就相当于一场令人兴奋的发现之旅。尽管你不可能同时尝到阿尔萨斯、俄勒冈和加利福尼亚的新鲜梨子，但却可以同时细品用它们酿造的酒。一场说走就走的风味之旅……太神奇了。

用水果白兰地调酒没有统一的规则，但我们发现下面这两种方法通常效果很好：用½到¾盎司搭配等量的另一种烈酒作为基酒，或是少量（通常为1茶匙到¼盎司）加入酒体单薄的低酒精度鸡尾酒，增添更多风味和劲道。水果白兰地的风格多种多样，但我们在这里只会介绍自己最常用的几种：梨子、樱桃和杏子。

梨子白兰地（威廉梨白兰地）

梨子白兰地在鸡尾酒中的作用近似于风味浓缩萃取液，因此它可以用来增强另一种风味，或是搭配其他原料形成一种全新的风味，或两者皆有。例如，在一杯基酒中含有苹果白兰地的鸡尾酒中加入少许梨子白兰地，苹果风味就会变得更明显。最终的风味并不一定是梨子加苹果，而是更鲜明的苹果特质。正是由于梨子白兰地的百搭性，它也是草本风味的好拍档。我们的喷气机一族就是个绝佳范例：配方中的薄荷利口酒和苦艾酒带有强烈的草本味，令梨子白兰地的清新特质得以最大程度地发挥，最终酿造出一款层次丰富而复杂的清新鸡尾酒。

推荐单品

克利尔溪梨子白兰地：克利尔溪梨子白兰地既保留了欧洲生命之水的传统，又体现了俄勒冈的丰富农业资源。它以生长在胡德山斜坡上的梨子为原料，那里离位于波特兰的克利尔溪酒厂不远。它的口感明亮，带着少许黄油般的特质，但整体风味非常集中。我们强烈推荐使用它，因为它不但品质出众，性价比也很高。

玛斯尼威廉梨白兰地： 产自阿尔萨斯的白兰地有种独一无二的纯净和尖锐口感，就像当地出产的葡萄酒一样（比如矿物味浓郁的极干型雷司令）。事实上，许多鉴赏家都认为阿尔萨斯酿造的生命之水是全球最好的。玛斯尼出品一系列优质生命之水和利口酒，而它的威廉梨白兰地是我们的最爱之一。威廉梨在美国被称为巴特利特梨，是一种非常多汁的梨，它的特色在这款产品中得到了美妙的体现。

樱桃白兰地

在樱桃白兰地的酒标上，你经常会看到 "kirschwasser" 或 "kirsch" 的字样。它闻起来酒劲很大，其他白兰地往往能够直接体现出其原料的风味，而它却可能具有欺骗性。喝上几口之后，你的大脑会重新启动，然后你将在冲鼻的酒精气味中闻到并尝到樱桃的味道。我们强烈建议少量使用樱桃白兰地，通常是 1 茶匙至 ¼ 盎司。在用樱桃白兰地调制的鸡尾酒中，我们的最爱之一是黑麦派。

推荐单品

克利尔溪樱桃白兰地： 这款出色的生命之水产自俄勒冈，以俄勒冈和华盛顿州新鲜樱桃为原料。甜甜的樱桃香气非常明显，入口后果味十足。

玛斯尼老樱桃白兰地： 不出意料，我们最爱的樱桃白兰地之一来自阿尔萨斯。与克利尔溪樱桃白兰地相比，这款玛斯尼有着杏仁般的坚果特质。

杏子白兰地

我们不久之前才开始试着用杏子白兰地调酒，因为这种生命之水非常少见，但效果令我们兴奋不已。不明花香物体用杏子白兰地来增添果味，同时又不会提高甜度，这在给鸡尾酒添加果味时很难做到，可以说是生命之水对调酒的终极贡献。

推荐单品

布鲁姆·玛瑞兰杏子白兰地： 这款白兰地以来自德国多瑙河河谷的杏子为原料，花香明显，并散发着克洛斯特新堡杏子（酿造这款酒的原料）的浓郁香气。这可能会让你以为它的味道是甜的，但就和其他生命之水一样，它的口感干而集中。少量使用即可带来出色效果，正如金奈之约（见第 291 页）所表现的那样。

核心：龙舌兰烈酒

在一个专门介绍边车的章节里提到墨西哥特有的烈酒，似乎有点跑偏了，但我们这么做是有充分理由的。毕竟在本章的一开头我们就说过，这一章的主角本来也可以是玛格丽特，而非边车，因为这两款酒的配方非常相似。调酒师通常对龙舌兰烈酒——特其拉、梅斯卡尔以及它们的近亲巴卡诺拉和拉伊西拉非常着迷甚至是崇拜，因为它们身上有种真诚——用来酿造它们的植物的风味在酒中得以体现。而且，它们直到最近都不受现代世界的影响。这听上去非常浪漫，并为它们增添了淳朴、真实的光环。另外还有一个有趣的小知识：梅斯卡尔指的是任何以龙舌兰酿造的烈酒（就像白兰地指的是任何以水果酿造的烈酒），因此特其拉实际上是梅斯卡尔酒中的一种。

特其拉

龙舌兰的种植耗时费力。在外人看来，它的种植方式非常老派，甚至可以说是古怪。蒸馏过程也是如此，正如酒标和品牌宣传所形容的那样，大师们要使用古老的蒸馏罐，基本上靠自己的直觉来酿酒。这些都是很棒的故事，但它们背后藏着一个更令人兴奋的传奇，即特其拉终于摆脱了廉价粗糙的形象，开始受到人们的推崇，足以与全球最昂贵的烈酒媲美。

优质和劣质特其拉之间存在着一个简单的区别：是以百分百龙舌兰酿造，还是以龙舌兰和其他糖类混合酿造（亦即混合型特其拉）。混合型特其拉比百分百龙舌兰特其拉更便宜，但前者品质也差得多。我们只使用百分百龙舌兰特其拉。在酿造得当的情况下，它们的口感精致优雅，可凸显龙舌兰的植物特质。

和许多烈酒一样，特其拉也有着自己的年份等级，而且几乎每个等级都能在调酒时起到独特作用。未经橡木桶陈酿的特其拉是风格最清淡的，这一年份等级下的优质单品口感明亮、植物特质明显，非常适合调制像玛格丽特这样的柑橘果味鸡尾酒。微酿特其拉必须在木桶中陈酿2个月至1年，这让它们拥有了类似于其他陈年烈酒的特质——丁香及肉桂香料、香草和少许甜味。微酿特其拉的用途非常广泛，可以用来调制柑橘果味和强劲鸡尾酒。陈年特其拉的木桶陈酿时间必须在1～3年，所以木桶赋予了它更为深沉和辛辣的风味。陈年特其拉的价格很昂贵，所以我们只是偶尔用它来调制曼哈顿改编版。最后一个年份等级是特级陈年特其拉，它们必须储存3年或更长时间，把它们用于调酒的成本太高了。下面这些推荐单品按年份等级排序。

推荐单品

西马隆银特其拉： 这款价格亲民的优质银特其拉具有丰富的植物风味和白胡椒的浓烈气息。整体口感有点偏咸辣，但用途和下面的普布罗·维乔一样广泛。在制作像玛格丽特这样需要摇匀的鸡尾酒时，它是我们的首选。

普布罗·维乔银特其拉： 普布

罗·维乔·银特其拉口感明亮，辣椒味明显，个性十足，非常适合调酒。在制作玛格丽特和其他含有柑橘类水果的摇匀类鸡尾酒中，它是我们最爱的基酒之一。

席安布拉·阿祖尔银特其拉： 这款特其拉出自大卫·索拉（David Suro）之手，他一直以符合伦理的方式来酿造优质特其拉。席安布拉·阿祖尔散发着纯净花香，入口后果味明显。这款特其拉的品质能够在所有鸡尾酒中得到很好的体现，从柑橘果味鸡尾酒到搅拌类鸡尾酒。它还有一个优点，即价格合理。

西亚特·拉古阿斯银特其拉： 银特其拉不只适合调制摇匀类鸡尾酒，我们也非常喜欢它的植物特质在搅拌类鸡尾酒中的表现。虽然用西马隆和普布罗·维乔银特其拉制作的搅拌类鸡尾酒也很好，但在用特其拉搭配加强型葡萄酒时，我们更倾向于选择复杂度更高一些的单品。西亚特·拉古阿斯是一款非常美妙的银特其拉：口感鲜亮、泥土特质明显、丝般顺滑。它还带有少许香草味，是白味美思和利口酒（尤其是桃子利口酒）的好搭档。

西马隆微酿特其拉： 这款单品堪称陈年特其拉中的异类，它的价格只比同一品牌的银特其拉贵一点。尽管它不像有些微酿特其拉那么精致，但却能给鸡尾酒增添复杂度，同时又不会让你耗费太多。

唐·胡里奥珍藏金标： 就特其拉而言，我们更爱关注那些小型酿酒商，因为它们通常会采用传统的酿造方式，生产出来的特其拉风味浓郁独特，个性更强烈。但不幸的是，它们的产品并不总是能买到。作为一家大型生产商，唐·胡里奥生产的特其拉既容易买到，又拥有稳定的高品质。这款珍藏金标的口感非常平衡，既有丰富的龙舌兰植物风味，又有陈年肉桂和烤橡木风味。它是制作搅拌类鸡尾酒的绝佳之选，这得益于它的香料风味，也可以少量使用，为鸡尾酒增添风味。

特索罗微酿特其拉： 特索罗的所有产品我们都喜爱，但这款单品堪称他们特其拉代表作。橡木桶陈酿的影响显然是以一种优雅的方式体现：波本桶赋予其微妙的橡木甜味，没有破坏未陈年特其拉的纯净特质，这正是我们偏爱的陈年特其拉的平衡度。我们很喜欢用它来调制老式鸡尾酒风格的酒，尽管它也适合搭配甜味美思，用于调制曼哈顿改编版。

普布罗·维乔陈年特其拉： 对一款陈年特其拉而言，普布罗·维乔的价格平易近人到了令人震惊的程度。它拥有甜美香草和橙子风味，与龙舌兰的植物特质融合在了一起。这使得它成为很好的波本威士忌替代品，尤其是对柑橘果味鸡尾酒而言。如果用它搭配波本威士忌，可以做出非常棒的曼哈顿风格鸡尾酒。不过，尽管经过长时间陈酿，它还是缺乏结构感，不足以成为老式鸡尾酒的主角。

梅斯卡尔

近年来，梅斯卡尔深深地吸引了烈酒和鸡尾酒爱好者，因为它的风味极其独特，而且又有着浪漫的历史传承，它是由手工艺者打造的农庄烈酒，沿袭着世代相传的酿造传统。事实上，许多烈酒爱好者都已经抛弃了特其拉，转而投向梅斯卡尔的怀抱，因为它和特其拉不同，仍然是一种小批量生产的手工产品。梅斯卡尔基本上都是未陈酿装瓶（银或 joven 意为年轻），但也有少数几家酿酒商会用橡木桶酿造陈酿梅斯卡尔。在我们看来，橡木桶长期陈酿对梅斯卡尔的独特风味不一定有益，但有一家酿酒商出品的微酿梅斯卡尔——洛斯·阿曼特斯是我们喜欢纯饮的。（他们出品的年轻梅斯卡尔也很出色。）

推荐单品

德尔玛盖（Del Maguey）维达： 德尔玛盖是一家优秀的梅斯卡尔生产商，旗下产品阵容在不断扩张中，而维达是其中的入门级单品，专为调酒而生。它有着梅斯卡尔典型的烟熏特质和柔和微妙的植物风味，既可以作为鸡尾酒的基酒，又可以用来衬托另一款烈酒的风味，比如银特其拉或微酿特其拉。

孤独圣母拉康帕尼亚—埃朱特拉： 这是又一个可以负担得起的选择。这款单品的烟熏味比其他梅斯卡尔更淡，但充满了明亮的草本香气和风味（薄荷和芫荽）以及热带果味（包括芒果），余味是青甜椒。尽管梅斯卡尔的鲜明风味经常会令其他烈酒失色，但这款单品非常适合搭配银特其拉或金酒。

洛斯·阿曼特斯微酿梅斯卡尔： 洛斯·阿曼特斯不像其他梅斯卡尔那样容易买到，但我们发现自己常常为它的产品而着迷，尤其是微酿梅斯卡尔。我们几乎总是更喜欢未陈年梅斯卡尔，因为它们能够体现龙舌兰的内在特质和传统酿造方式。然而，这款在法国橡木桶中陈酿了8个月的梅斯卡尔具有美妙的平衡特质，橡木的影响非常小，只是令口感更圆润，而非增添浓郁风味。

改变核心

我们在前面的章节中已经提到，想要创作新配方，最容易的方法之一就是把基酒换成另外一种。有时，只是替换基酒的效果就已经很好了，但通常而言，你需要对其他原料的用量进行调整。让我们以边车及其近亲——玛格丽特为例，看看这个方法是怎么起作用的。如果你准备把边车基础配方当作出发点，只是简单地把干邑换成银特其拉、柠檬汁换成青柠汁，最后做出来的酒会口感偏干、植物特质明显，而且橙子味过于强烈。为什么呢？答案在于基酒。多年的橡木桶陈酿让干邑的口感变得更柔和，而且比银特

其拉明显要丰富得多。而且，干邑与
君度的甜味融合在一起，形成了和谐
的核心风味。如果只是单纯地把干邑
换成特其拉，整杯酒的结构会变得松散，
酒味会非常明显，而且君度的浓郁风
味会掩盖特其拉的味道。为了纠正这
一点，让特其拉的风味凸显，我们会
减少君度的用量，增加特其拉的用量，
并加入少许单糖浆，以弥补君度用量
减少而损失的甜度，尽管我们几乎总
是更喜欢偏干的鸡尾酒。

　　当然，每个人对甜与酸的口味偏
好都不一样，所以我们建议你试试下
面这个金发姑娘实验，以测出你的口
味偏好。按照惯例，我们将省略装饰，
以达到最好的试验效果。

玛格丽特

经典配方

青柠角
犹太盐，用于杯沿
2 盎司席安布拉·阿祖尔银特其拉
¾ 盎司君度
¾ 盎司新鲜青柠汁
¼ 盎司单糖浆

　　用青柠角绕着双重老式杯上半部
½ 英寸宽的区域摩擦半圈，然后将变
湿了的部分在盐里转一下，让盐沾在
半圈杯沿上。在杯中放入一块大方冰。
将剩下的原料加冰摇匀，滤入准备好
的酒杯里。无须装饰。

玛格丽特 1 号（偏干）

青柠角

犹太盐，用于杯沿

2 盎司席安布拉·阿祖尔银特其拉

¾ 盎司君度

¾ 盎司新鲜青柠汁

　　像上一个配方那样，用青柠角和盐处理好双重老式杯的杯沿，然后在杯中放入一块大方冰。将剩下的原料加冰摇匀，滤入准备好的酒杯里。无须装饰。

玛格丽特 2 号（偏甜）

青柠角

犹太盐，用于杯沿

2 盎司席安布拉·阿祖尔银特其拉

¾ 盎司君度

¾ 盎司新鲜青柠汁

½ 盎司单糖浆

　　像上一个配方那样，用青柠角和盐处理好双重老式杯的杯沿，然后在杯中放入一块大方冰。将剩下的原料加冰摇匀，滤入准备好的酒杯里。无须装饰。

进一步改变核心

让我们再具体看一下烈酒的选择对平衡的影响。经典鸡尾酒床笫之间是对边车的简单改编，只是把基酒从干邑换成了等量的干邑和朗姆酒。在无数鸡尾酒书中，你都可以找到下面这个配方。鉴于我们对干邑和朗姆酒的理解，我们知道不同品牌的风味和甜度也有千差万别。

床笫之间

经典配方

经典的床笫之间配方以等量的干邑和朗姆酒为基酒。

¾ 盎司干邑
¾ 盎司朗姆酒
¾ 盎司君度
¾ 盎司新鲜柠檬汁

将所有原料加冰摇匀，滤入冰过的碟形杯。无须装饰。

在没有风味指导的情况下，你可能会选择一款 VS 干邑和一款未陈年西班牙风格朗姆酒，这样做出来的酒非常烈，而且风味过于单薄。但是，如果你选择了另一个极端，用一款风味浓烈的牙买加风格朗姆酒搭配一款口感饱满的 XO 干邑呢？这样做出来的酒口感丰富、奢华、浓烈，而且完全不平衡。只有了解了我们用的烈酒和它们之间的互动效果，我们才能做出正确的选择，让它们完美融合。

床笫之间

我们的理想配方

床笫之间能够让你很好地探索不同烈酒对鸡尾酒的影响。我们的招牌配方以等量的年轻的 VS 干邑和个性鲜明的牙买加朗姆酒为基酒，然后用皮埃尔·费朗干型橙皮利口酒来平衡。如果我们像调制经典边车那样仍然选择君度，那么就可能不需要额外任何甜味剂，但是因为皮埃尔·费朗非常干，我们加入了少许德梅拉拉树胶糖浆，令整杯酒的酒体更饱满。

1 盎司保罗·博 VS 干邑
1 盎司阿普尔顿庄园珍藏调和型朗姆酒
¾ 盎司皮埃尔·费朗干型橙皮利口酒
¾ 盎司新鲜柠檬汁
1 茶匙德梅拉拉树胶糖浆

将所有原料加冰摇匀，滤入冰过的碟形杯。无须装饰。

白色佳人

经典配方

另一个简单改变核心的代表性范例是白色佳人，这款著名的边车改编版把基酒从干邑换成了金酒。和玛格丽特一样，如果原料的用量沿用边车的比例，那么金酒的风味会被橙皮利口酒掩盖，而且会有种难喝的涩味。因此，为了重新平衡这款经典鸡尾酒，我们提高了金酒的比例，让它的特质更好地体现出来，同时减少君度的比例，并加入少许单糖浆。

白色佳人还展示了蛋清对鸡尾酒的作用，以及它是如何影响饮用者对平衡的感受的。虽然我们还将在其他地方介绍蛋清的用法，但对边车家族而言，它的作用尤其重要。因为蛋清的绵密泡沫会增加整杯酒的体积，而鸡尾酒的风味也会传播到整杯酒中。

2 盎司普利茅斯金酒

½ 盎司君度

¾ 盎司新鲜柠檬汁

¼ 盎司单糖浆

1 个蛋清

装饰：1 个柠檬皮卷

先将所有原料干摇一遍，然后再加冰摇匀。双重滤入冰过的碟形杯。

在杯的上方挤一下柠檬皮卷，然后放在杯沿上。

桃与烟

理性观点

德文·塔比，2017

在向刚入门的调酒师展示如何运用梨子白兰地的时候，我们最喜爱的方式之一就是把它作为经典边车的双基酒之一。在这款配方中，我们选择的另一款基酒是保罗·博干邑，因为它有种泥土般的质感，令人想起梨子皮，所以和梨子白兰地特别搭配。肉桂糖浆带来一丝温暖香料味，令烈酒的尖锐口感变得圆润。

1 盎司保罗·博 VSOP 干邑

½ 盎司克利尔溪梨子白兰地

1 盎司皮埃尔·费朗干型橙皮利口酒

¾ 盎司新鲜柠檬汁

1 茶匙肉桂糖浆

将所有原料加冰摇匀，滤入冰过的碟形杯。无须装饰。

桃与烟

亚历克斯·戴，2014

出于各种原因，低酒精度鸡尾酒正在变得越来越流行。从个人角度而言，我们承认我们很喜欢 1 次尝几杯酒而又不会醉的感觉，而我们的许多客人也是这么觉得的。创作低酒精度鸡尾酒的方法之一是把两种酒——分量较大的加强型葡萄酒和少量强劲烈酒放在一起做核心。在边车中，少量强劲烈酒与风味浓郁的利口酒共同对整杯酒进行平衡和调味。要注意的是，由于加强型葡萄酒通常具有一定甜度，所以你可能需要减少利口酒的用量。

1 个 桃子角

1½ 盎司利莱桃红利口酒

½ 盎司皮埃尔·费朗琥珀干邑

1 茶匙拉弗格 10 年苏格兰威士忌

¾ 盎司吉发得桃子利口酒

¾ 盎司新鲜柠檬汁

¼ 盎司单糖浆

装饰：1 个桃子角

在摇酒壶中捣压桃子角。倒入其他所有原料，加冰摇匀，滤入冰过的碟形杯。用桃子角装饰。

博索莱伊

德文·塔比，2016

博索莱伊的主要风味组成（干味美思、柠檬利口酒和柠檬汁）与经典边车十分相似。但是，因为味美思的酒精度较低，我们用少许格拉帕来增加烈度，并且增加了单糖浆的用量。这两个调整能够让酒喝起来不那么寡淡。

1½ 盎司杜凌干味美思

½ 盎司克利尔溪黑皮诺格拉帕

1 盎司梅乐蒂柠檬利口酒

¾ 盎司新鲜柠檬汁

¼ 盎司单糖浆

装饰：1 根百里香嫩枝

将所有原料加冰摇匀，滤入装满冰的柯林斯杯。用百里香嫩枝装饰。

平衡与调味：利口酒

我们很想写本书，讲讲各种利口酒以及它们在调酒中的运用，因为市面上的利口酒数以百计，而每一款都有着独一无二的特质。但在这本书里，我们只会向你简要介绍一下利口酒的种类以及它们的特质，比如甜度和酒精度，对鸡尾酒有着怎样的影响。

利口酒是由酒精、调味剂和甜味剂组成的。尽管它们存在的理由似乎只是为了增加风味，但在调酒时，你也必须考虑到它们的甜度和烈度，因为这两者都会对鸡尾酒的平衡产生深远影响。有些利口酒的甜味来自天然果糖，但更常见的做法是人工添加糖分。而一个更大的问题在于，几乎没有利口酒会在瓶身上标注糖的含量。不过，有时你可以根据利口酒的种类来判断它的甜度。像黑加仑和覆盆子这样的水果利口酒通常比较甜，而像橙皮这样的柑橘利口酒可能出人意料地干。

至于烈度，法律规定利口酒必须在酒标上注明酒精度。通常而言，利口酒的酒精度不得低于20%，否则保质期会不稳定。但许多利口酒的酒精度远高于20%，像绿色查特酒的酒精度就高达55%。酒精度低的利口酒味道更甜，而酒精度高的利口酒味道更干。

水果利口酒

几乎你能想到的所有水果都能用来酿造利口酒。关于水果利口酒，你必须了解一点：优质产品和廉价产品之间存在巨大差异。人工的味道一点也不好，所以要买就买好的。

橙皮利口酒

有几个自主品牌已经成为了橙皮利口酒的代名词，其中君度和柑曼怡是最有名的。要特别指出的是，橙皮利口酒并非仅以橙皮调味，它还含有其他能够衬托橙味的香料。它们可以像君度那样以中性烈酒为基底，也可以像柑曼怡那样以更浓郁的白兰地为基底，而不同的基底会带来不同的风味影响。

橙皮利口酒通常口感偏干（至少以利口酒的标准来看），所以用途非常广泛。橙皮利口酒是边车的重要组成部分，用量一般为整整 1 盎司，因此是整杯酒的关键风味之一。在用量更少的情况下，它可以衬托加强型葡萄酒的风味，如烦恼的悠闲。它也可以微量使用，给鸡尾酒增添一丝活泼的风味，如加入队列。

推荐单品

君度： 君度是最具代表性的橙皮利口酒，口感纯净，用途广泛，是调制边车和玛格丽特等摇匀类鸡尾酒的首选。因为口感相对较干，它在搅拌类鸡尾酒中的表现也不错，如黑兹尔护士。

柑曼怡： 陈年干邑基底赋予这款

橙皮利口酒更多美妙的深度，尽管这可能会限制它在调酒中的运用。我们非常喜欢用它搭配朗姆酒，以调制迈泰和黑马这样的经典。

西柚利口酒

经常被称为 pamplemousse（法语中的"西柚"）的西柚利口酒是一个新品种，但却已经成为了酸酒类鸡尾酒的热门原料。它具有酸甜平衡的风味特质，可以增强柑橘味鸡尾酒的果味。我们很少会使用超过 ½ 盎司的量，而且我们发现，在酸酒类鸡尾酒中同时添加 ½ 盎司西柚利口酒和 ½ 盎司单糖浆的效果有时非常棒。

推荐单品

吉发得西柚利口酒：这款利口酒香气浓郁，具有十分平衡的甜度和酸度。它已经成为了新的圣哲曼，不管是什么酒，加了它味道都会更好。

僵尸复活 2 号

莓果利口酒

甜美多汁的莓果利口酒堪称纯粹的味蕾享受。它们都具有成熟水果的丰美风味，但有些产品（如黑加仑利口酒）还带有一种酸涩感，很容易掩盖鸡尾酒的味道。在调酒时，我们只会少量使用，通常为¼ ~ ½盎司。

推荐单品

克利尔溪覆盆子利口酒：这款酒有着美妙的酸甜平衡，同时味道又不会太像果酱，只需少量使用就能产生明显的效果。在柑橘果味鸡尾酒中，我们通常用它搭配等量单糖浆，以平衡新鲜柠檬汁的味道。它尤其适合搭配苦味餐前酒，如阿佩罗和金巴利。

加布里埃尔·布迪耶第戎黑加仑利口酒：这款黑加仑利口酒是调制皇家基尔的经典之选。它果味浓郁，单宁明显，口感却出乎意料地干，即使加¼盎司的量，也不会让鸡尾酒变得甜腻。

吉发得草莓利口酒：这款以野草莓酿造而成的利口酒拥有丰富的深度和个性，以及类似于新鲜青草般的微妙草本特质。

核果利口酒

在所有水果利口酒中，杏子和桃子利口酒是我们最爱用来调酒的。我们曾经在诺曼底俱乐部2号中用杏子利口酒来增添一丝尖酸的果味。

推荐单品

吉发得鲁西荣杏子白兰地：这款利口酒是将鲁西荣杏子放入酒精中浸泡而成的，呈鲜明的杏子色，散发着杏子干的香气。

玛斯尼桃子利口酒：这款玛斯尼绝对是我们最爱的桃子利口酒。它有几乎没有煮过的桃子味，所以非常适合用来制作柑橘果味和搅拌类鸡尾酒，因为它会让整杯酒的口感轻盈而清新。

梨子利口酒

我们喜欢用梨子利口酒来为鸡尾酒增添一丝甜味和质感。

推荐单品

克利尔溪梨子利口酒：我们在前面推荐过的克利尔溪梨子白兰地是这款利口酒的基底，它带来了结构感和复杂度十足的口感。下面那款马蒂尔德梨子利口酒以新鲜梨子味为主，而这款克利尔溪则更多的是烤梨子风味，因此非常适合搭配陈年烈酒和氧化型葡萄酒，比如阿蒙提亚多和欧洛罗索雪莉酒。

马蒂尔德梨子利口酒：这款利口酒具有浓郁的新鲜梨子香气和风味，可以用来调制各种不同的鸡尾酒。和克利尔溪梨子利口酒一样，它以梨子白兰地为基底，因此充满了新鲜梨子的风味特质。当我们想要给柑橘果味鸡尾酒增添鲜明的梨子味质感时就会选择这款酒。

樱桃利口酒

大多数鸡尾酒爱好者都会被樱桃利口酒的迷人特质所吸引，而它也是世界上许多古典和当代小众鸡尾酒的秘密武器。如果没有樱桃利口酒的浓烈风味，飞行和马丁内斯就不可能存在。樱桃利口酒以产自克罗地亚海岸的酸樱桃为原料，酿造时同时用到了樱桃和压碎的樱桃核，因此有种杏仁般的风味。它是一种强劲的蒸馏烈酒，类似于增甜果渣白兰地。最后酿出来的酒香气浓烈，口感极其复杂。

推荐单品

路萨朵黑樱桃利口酒：路萨朵是最常见的樱桃利口酒品牌，风味也非常具有代表性——浓烈、复杂、甜美。樱桃味十分微妙，和你以前尝过的樱桃味都不一样。如果用来纯饮，它的味道不是那么容易让人接受，但是在调酒时少量使用能够起到很好的增强风味作用。我们通常用它来调制含有柑橘类水果的鸡尾酒。

玛拉斯卡樱桃利口酒：玛拉斯卡的基本原料和酿造方法与路萨朵一样，但甜度更高，而且樱桃味更明显。我们通常只用很少的量（1 茶匙至 ¼ 盎司）来给搅拌类鸡尾酒调味，如布鲁克林。

花香和药草利口酒

尽管水果利口酒是市场主流品种，但也有些利口酒以花香风味为特色，其中接骨木花和紫罗兰利口酒是最常见的。

接骨木花利口酒

圣哲曼接骨木花利口酒被称为"调酒师的番茄酱"，因为它能让所有酒变得更好喝。自圣哲曼在 2007 年上市以来，接骨木花利口酒已经出现在了各种各样的鸡尾酒里。圣哲曼是这一风潮的开创者，并迅速引来了其他品牌的跟风。

推荐单品

圣哲曼：如果你从没听说过（或喝过）圣哲曼，那就说明你的消息太闭塞了。圣哲曼散发着甜甜的花香，酒体饱满，有点像甜点葡萄酒，非常适合用于调酒。老实说，我们想不到哪种烈酒是和它不搭配的。在少量使用的情况下，圣哲曼可以为鸡尾酒增添多汁的果味，同时又不会有明显的甜味，比如夜光。在大量使用的情况下，它可以作为基酒之一，前提是要用一点酸度来平衡，比如诺曼底俱乐部 3 号。

紫罗兰利口酒

紫罗兰利口酒是多款经典鸡尾酒的必备原料，其中最著名的莫过于飞行。在适量使用的情况下，它能给鸡尾酒增添一丝神秘的味道，但是如果用量过大，它会掩盖鸡尾酒的风味，从而尝起来就像是液体皂或香水。紫罗兰利口酒分为不同的风格: 一种是甜度高、酒精度低的浓醇型紫罗兰利口酒，而另一种风格在美国只有一个品牌——伊维特，其特点是酒精度高，而且加入了其他风味。这两种风格不能混用，除非你会对鸡尾酒的甜度或基酒进行调整。

推荐单品

吉发得紫罗兰利口酒: 这款利口酒呈深紫色，散发着活泼的紫罗兰香气，而且甜度恰到好处，是调酒的绝佳选择。它的甜味明显，但又没有甜到让紫罗兰花香无法凸显。

绿薄荷利口酒和白薄荷利口酒

薄荷利口酒能够为鸡尾酒增添冰爽和清新特质。绿薄荷利口酒是史丁格和绿色蚱蜢的关键原料。它的传统酿造方式是将干燥的薄荷在酒精中浸泡数周，然后将薄荷过滤掉，再添加糖分。绿薄荷利口酒的颜色可以是天然的，也可以来自可食用色素，但它们的风味基本上和透明的白薄荷利口酒一样。

推荐单品

吉发得白薄荷利口酒: 你可以像法国人那样加碎冰喝，也可以用它来调制经典的薄荷利口酒鸡尾酒。另外，你还可以在含有新鲜薄荷的鸡尾酒里加上一点点，以突出薄荷特质，如救世茱莉普，或者在含有药草利口酒的鸡尾酒里少量

使用，增强它们的风味，如最强舞者。

光阴似箭绿薄荷利口酒: 这款利口酒以胡椒薄荷和留兰香为原料，还加入了秘制草本植物，拥有十分复杂的薄荷风味。当然，这种出色的复杂度让它非常适合调酒，因为它的风味更容易与鸡尾酒中的基酒或其他原料搭配。

药草利口酒

到现在为止，我们介绍的所有利口酒都以单一风味为特色，即使加入了其他原料，比如香料，作用也是为了突出主要风味。但利口酒也可以同时拥有多种强烈的风味，这些风味协同作用，形成了一种全新风味，法国廊酒、加利安奴和查特酒就是很好的例子。许多药草利口酒最早都是作为药用，当时的人们认为喝上几口风味浓郁的利口酒有助于健康长寿。因为它们用到了太多风味原料，所以纯饮的味道并不总是特别好，在酒中浸泡过的药草、树皮、根茎、花卉和柑橘类水果带来极其丰富的风味，可能会令你的味蕾无所适从。事实上，它们往往酒精度较高，所以只需少量使用，而且可以考虑增加甜味剂的用量，从而弱化它们的风味。

推荐单品

法国廊酒: 法国廊酒是药草利口酒中最容易让人接受的单品之一，风

味丰富，有着蜂蜜般的甜味和香料的泥土特质。非常适合搭配陈年棕色烈酒和苹果白兰地。

查若加利福尼亚芦荟利口酒： 这款 2014 年推出的芦荟利口酒不只是看上去那么简单。它以未陈年白兰地为基底，带有层次丰富的芦荟、黄瓜、柠檬皮、甜瓜和留兰香风味，复杂度令人惊艳。尽管入口后芦荟味明显，但细品后你会发现清新而复杂的药草特质，能给鸡尾酒锦上添花。作为一款利口酒，它额外添加了糖分，但口感却出乎意料地干。在调酒时，我们倾向于把它看作一款烈酒，而非利口酒。如果要用它来代替另一款利口酒，我们通常会稍微提高单糖浆的用量，如睡莲叶。

查特酒： 几个世纪以来，加尔都西会（Carthusian）教士都在法国阿尔卑斯山脚下酿造查特酒，历史悠久。常见的查特酒有两种：黄色查特酒（酒精度 40%）和绿色查特酒（酒精度 55%）。它们都具有独特的木头香气和甜美的药草风味，能够赋予鸡尾酒十分美妙的深度和复杂度。因为酒精度（相对）较低，黄色查特酒可以较为大量地使用，通常高达 ½ 盎司。相比之下，绿色查特酒很容易主导一杯酒的风味，所以最好适量使用，为酒增添独特的复杂药草风味。不过也有例外：像宝石这样的鸡尾酒就是用大量绿色查特酒来增添复杂度，同时又用金巴利的苦味来进行平衡。

加利安奴： 加利安奴具有强烈的八角、杜松子、肉桂和香草风味（其中香草风味尤为明显）。正是这种占据了主导地位的香草甜味让加利安奴与众不同，你可以用它来给鸡尾酒增添微妙的香草特质。不过，我们倾向于只少量使用它，通常少于 ½ 盎司，如爱司与八，否则它会迅速掩盖酒里的其他风味。

金女巫： 这款利口酒的鲜明黄色来自原料中的藏红花，但它用到的所有原料超过了 70 种。这造就了它独一无二的风味——非常开胃，带着淡淡的八角味。金女巫的用法基本上和黄色查特酒一样，尽管用它来调酒可能更具有挑战性。我们通常只会用很少的量：只需要 1 茶匙就能给搅拌类鸡尾酒增添深度，或者也可以在酸酒中用它搭配单糖浆。

浓郁利口酒

我们将在第六章介绍弗利普和其他浓郁鸡尾酒，而浓郁香甜的利口酒正是它们的重要原料之一，例如可可利口酒、香草利口酒、咖啡利口酒和奶油利口酒。不过，既然我们已经聊到利口酒了，不妨在这里把它们一并介绍。这些利口酒经常因为甜度高而受人诟病，但其实许多都是非常百搭的调酒原料，作用不只是增加风味。在适量使用的前提下，它们能够给鸡尾酒调味，同时又不会掩盖整杯酒的风味。

可可利口酒

一个世纪以来，可可利口酒一直是酒吧必备品，这得感谢曾经风靡一时的白兰地亚历山大（第 257 页）。这款酒的甜美饱满让可可利口酒成为了调制浓郁鸡尾酒的首选之一。不过，其他经典鸡尾酒也会用更微妙的方式来运用它。如 20 世纪就是一个很好的例子，它用可可利口酒来搭配金酒、利莱白利口酒和柠檬汁。可可利口酒有淡色和深色两种不同的版本可选。深色版通常会用焦糖色来加深色泽，这么做也会让风味变得更深沉，而且最后的效果是我们不喜欢的。我们更喜欢用淡色的白可可利口酒来调酒。

推荐单品

吉发得白可可利口酒： 吉发得白可可利口酒以可可豆和少量香草为原料，是一款优质可靠的产品。我们在用它调酒时会非常小心：只要用量超过了 ¾ 盎司，它就会让整杯酒尝起来像牛奶巧克力粉。

香草利口酒

尽管很多利口酒都含有香草，但只有几款主打香草味。因为香草很容易削弱其他风味，所以我们倾向于只是少量使用，尤其在含有陈年烈酒的鸡尾酒中，橡木桶长期储存已经让它们拥有了香草特质。而且，香草利口酒往往甜度颇高，因此使用时一定要克制。

推荐单品

吉发得马达加斯加香草利口酒： 这款产品添加了马达加斯加香草提取物，是一款纯粹的香草味利口酒。在调酒时，我们发现它最大的作用是能够衬托出酒里已经有的甜味，同时又不会让酒太甜，如冷面人。

咖啡利口酒

如果你是手工咖啡爱好者，可能对咖啡的不稳定性再熟悉不过了。一杯用现磨新鲜咖啡豆冲煮的咖啡有着甜美浓郁的风味，但这种风味可能很快就会变坏。某些咖啡利口酒的问题正在于此：它们的咖啡味缺乏新鲜优质咖啡的那种复杂度。幸运的是，随着优质咖啡烘焙坊的兴起，很多城市都出现了本土手工咖啡利口酒品牌。如果你所在的城市就有，我们强烈建议你试一试。下面这两款推荐单品是市场上较为常见的。

推荐单品

洛丽塔咖啡利口酒： 这款产自墨西哥的利口酒具有强烈的咖啡风味，但又毫不甜腻。因此是调酒的好选择。在像白俄罗斯这样的经典配方中，它可以较为大量地使用。不过，它也可以少量使用，为鸡尾酒增添微妙的咖啡特质，如椰子冰。

加利安奴特浓： 来自加利安奴的这款利口酒以特浓咖啡为灵感，复杂度十足，咖啡味中夹杂着肉桂和巧克力味。它最好是非常少量地使用，为鸡尾酒增添一丝咖啡味，同时又不会影响核心风味，如爱司与八。

改变平衡与调味

你已经了解了利口酒的各个种类，或许已经等不及要把边车里的橙皮利口酒换掉，用其他利口酒创作出全新的改编版了。不过，这个任务远比改编大吉利更难。大吉利的平衡和调味都是靠柑橘类水果来完成的，而利口酒的烈度和甜度就已经千差万别，更别提风味了。

从理论上讲，你可以把各种各样的利口酒加入边车配方中，从而创造出全新的鸡尾酒。但在这么做之前，我们需要了解一款特定的利口酒与橙皮利口酒相比，在烈度、甜度和风味方面有哪些不同。像君度这样的橙皮利口酒相对较干，风味柔和，但它仍然含有糖分和低酒精度。如果我们改用另一款烈度和甜度都更高的利口酒，如临别一语，会发生怎样的改变？或者正好相反，如果你改用一款烈度更低、甜度更高的利口酒，如20世纪中的白可可利口酒，又会怎样？你需要增强核心风味，并减少利口酒的用量，才能找到平衡。下面这些鸡尾酒说明了不同利口酒的特质是怎样影响鸡尾酒的原料用量的。

20 世纪

经典配方

用浓郁的白可可利口酒替换君度，再用少许利莱白利口酒中和可可的甜味，这样做出来的就是 20 世纪。它是一款巧克力味的鸡尾酒，但喝起来不会像液体甜点。（你会注意到它的原料包括整整 1½ 盎司伦敦干金酒，这个调整很有必要，因为可可利口酒比君度甜，但又不像君度那么烈。）金酒的明亮植物风味以及柠檬汁和利莱白利口酒的酸度令整杯酒具有了可可粒般的果味，而不是香甜巧克力棒味。

1½ 盎司伦敦干金酒
¾ 盎司利莱白利口酒
¾ 盎司白可可利口酒
¾ 盎司新鲜柠檬汁

将所有原料加冰摇匀，滤入冰过的碟形杯。无须装饰。

临别一语

经典配方

这款经典鸡尾酒用药草风味十足的绿色查特酒和浓烈的樱桃利口酒来代替君度。这两种利口酒特质鲜明，并且极大地提高了鸡尾酒的烈度，所以要降低金酒的比例。在这款酒中，绿色查特酒和樱桃利口酒都是主导性风味，不但为鸡尾酒增甜，还平衡了青柠汁的酸度，而金酒则营造出干的口感。

¾ 盎司伦敦干金酒
¾ 盎司绿色查特酒
¾ 盎司路萨朵黑樱桃利口酒
¾ 盎司新鲜青柠汁

将所有原料加冰摇匀，滤入冰过的碟形杯。无须装饰。

露脐装

德文·塔比，2013

在这款鸡尾酒中，我们对高烈度的临别一语进行了改编，创作出一款更微妙、更清淡的配方。我们把蒙特内罗作为基酒之一，所以整杯酒的口感比厚重的临别一语清新得多。它的风味组合——利口酒的西柚味和蒙特内罗的肉桂香料味——受到了唐氏混合香料 1 号的启发，后者是用西柚汁和肉桂糖浆做成的一种经典提基糖浆。

¾ 盎司必富达 24 金酒
¾ 盎司蒙特内罗
¾ 盎司吉发得西柚利口酒
¾ 盎司新鲜柠檬汁

将所有原料加冰摇匀，滤入冰过的碟形杯。无须装饰。

探索技法：杯沿边

我们觉得一杯平衡度极佳的鸡尾酒不需要额外的糖或盐，因此，我们很少在杯沿上加糖边或盐边。但有些经典鸡尾酒的传统做法是要加杯沿边的，比如帕洛玛、玛格丽特、血腥玛丽、边车，所以我们在制作这些鸡尾酒时会尊重这一传统。有时，我们在对这些酒进行改编时也会加杯沿边，以体现它们的历史渊源。

我们把杯沿边分成两种不同的尺寸：细边和宽边。在制作盐边、糖边和其他普通杯沿时，我们会用原料覆盖一半杯沿，宽度为 ½ 英寸。在使用味道更浓烈的原料时（如辣椒粉和其他香料），我们制作的杯沿边会更窄。之所以只覆盖一半杯沿，是因为我们想让客人根据自己的喜好来选择要不要尝到杯沿边的味道。

如何制作杯沿边

在大多数情况下，我们都会先用一个柑橘类水果角——最好是和酒里一样的柑橘类水果来湿润杯沿。（如果酒里没有柑橘类水果，我们会用柠檬汁，因为它的风味更中性。）我们还喜欢柑橘类水果和盐和（或）糖之间的风味平衡，令盐边和（或）糖边的味道不会突兀。但有时我们会根据鸡尾酒的风味特质来选用其他液体，比如椰子油或糖浆。重要的是，我们只会湿润酒杯外壁，如果把制作杯边的原料蘸在酒杯内壁，它们可能掉入酒中而影响酒的风味。

湿润酒杯外壁之后，我们会把它在制作杯沿边的原料里滚半圈。我们先把原料在平底碟中均匀铺开，这样能够让它们更容易地均匀分布在酒杯上。蘸好原料之后，我们会把酒杯头朝下拿着轻轻拍打，让多余的原料颗粒掉下去。

制作杯沿边的原料

经典边车通常会使用带糖边的酒杯。这可能是因为边车本身的口感偏干，但也有可能是一种炫耀，因为在边车诞生的那个年代，糖仍然是一种奢侈品。不过话说回来，我们觉得我们的边车已经足够平衡，无须额外加糖，所以我们在根据自己的配方做边车时通常会省略糖边。在的确需要加糖边的时候，我们喜欢用细颗粒蔗糖。像德梅拉拉蔗糖和黑砂糖这样更厚重的糖类不但颗粒太大，而且风味太浓郁，会削弱酒的风味。但归根到底，这是个人选择：想一想糖边会对鸡尾酒的平衡造成怎样的影响。如果你觉得把糖边做得更甜能够让一杯酒更好喝，那就放手去做吧！

至于盐边，虽然我们用到它的频率比糖边更高，但通常而言，我们只需要加几滴盐溶液就能达到同样的效果。无论如何，少许盐分都可以提升水果利口酒的明亮风味或中和苦味原料。盐还能够增强雪莉酒、金酒和其他有开胃特质的烈酒的咸鲜味或矿物味。最后，盐还有助于融合厚重型阿玛罗和其他具有巧克力或焦糖特质的原料的风味。在需要加盐边的时候，选用哪种盐取决于我们想给品酒体验增添多少质感。尽管我们一般都会用犹太盐，但有时也会选择雪花状的海盐，以带来松脆口感。

现在，我们经常会在杯沿边里混合多种原料。这样我们就可以加入芳香原料（如黑胡椒和其他浓烈香料）或柑橘类水果干粉，做法是先在脱水机里干燥柑橘水果片，然后把它们磨成粉末。探索更复杂的杯沿边配方非常有趣，而且能够为鸡尾酒的创意加分。但要注意，它们的作用永远都是增强酒的风味，而非削弱或掩盖它的味道。

我们最爱的鸡尾酒杯沿边

特殊的盐：粉色喜马拉雅岩盐、犹太岩、海盐、灰盐

烟熏盐

盐 + 胡椒

盐 + 茴香花粉

盐 + 芹菜籽粉

卡宴辣椒粉或其他辣椒粉

卡宴辣椒粉 + 盐

糖 + 肉桂粉

水果干粉：草莓、覆盆子等

柑橘水果干粉：柠檬、青柠或西柚

粉色喜马拉雅岩盐 + 粉红西柚干粉 + 柠檬酸 + 椰子油

杯型：碟形杯

在制作边车和其他不加冰饮用的摇匀类鸡尾酒时，我们最爱的杯型是碟形杯（我们还会偶尔用它来盛放香槟鸡尾酒）。它有着宽而浅的杯身，杯壁朝着顶端微微收拢。有很多年，我们在酒吧

用的都是多用途的普通碟形杯，因为它们是唯一我们能负担得起、容易实现的选择。它们只能容纳 5½ 盎司液体，这意味着一杯普通鸡尾酒就会把它们完全装满，直到一部分在传递酒杯的过程中洒出来。而且，除非你在摇酒时把稀释度控制得很好，否则把酒杯装满之后，摇酒壶里很可能还会残留着少许酒液。对边车（或大吉利）而言，这个问题尤其严重，因为留在摇酒壶里的往往是那些美妙的白色泡沫。而没有一层泡沫的边车是失败的。

现在我们用的是容量约为 7 盎司的碟形杯。更大的容量让我们拥有了更多创作空间，可以在酒里加入气泡和其他复杂原料。目前我们最爱的型号是都市酒吧出品的复古碟形杯，它可以装下 7 盎司液体，而且足够耐用，能够经受住繁忙吧台的考验。

只要条件允许，我们都会提前冰冻碟形杯。原因之一是这么做能够让鸡尾酒更长时间地保持冰凉（酒杯会保持低温，并在你饮酒的时候把它传递给酒）。而另一个重要的原因是从冰凉杯沿啜饮刚摇好的鸡尾酒的那种触感体验。这样的额外体验不会让酒更好喝，却会让整个品酒体验更特别。

如果找不到碟形杯，你总是可以用老式杯或小号葡萄酒杯来盛放边车或其他相似鸡尾酒。真见鬼，只要有边车可以喝，我们才不在乎它装在哪种杯子里呢！

边车改编版

边车是绝佳的改编对象，你对配方的改动越大，它就会变得越复杂。它是一款能够体现平衡重要性的鸡尾酒：利口酒用太多，会掩盖整杯酒的风味；柑橘类水果用太多，你的舌头会像被用砂纸磨过。下面我们将向你展示，改动边车的 3 个组成元素之一将分别对鸡尾酒的平衡产生怎样的影响，以及这种改编最终为什么会成功。然后，我们会进一步为你介绍边车大家庭。

有何不可

德文·塔比，2017

当威士忌酸酒遇上边车，有何不可就诞生了。尽管简单地用威士忌来做边车也会有着平衡美妙的口感，但我们决定用枫糖浆来代替一半君度，这样做不但能增加甜味，还能带来浓郁风味。最后，我们用散发着草本香气的鼠尾草来作装饰。这是一款完美的秋冬季鸡尾酒。

1¾ 盎司爱威廉斯"黑牌"波本威士忌
½ 盎司君度
¾ 盎司新鲜柠檬汁
½ 盎司深色浓郁枫糖浆

将所有原料加冰摇匀，滤入装满冰的双重老式杯。用鼠尾草和柠檬圈装饰。

佩古俱乐部鸡尾酒

经典配方

口感强烈的苦精能够调整鸡尾酒的平衡度。正如你所看到的，这款配方和我们的床笫之间一样，都脱胎于同一个基础模板。金酒能够衬托君度的多汁果味和甜度，而安高天娜和自制橙味苦精的加入就相当于调味剂，让整杯酒的口感变得更干一些，同时又中和了青柠的尖锐酸度。

2 盎司伦敦干金酒

¾ 盎司君度

¾ 盎司新鲜青柠汁

1 滴安高天娜苦精

1 滴自制橙味苦精

装饰：1 个青柠角

将所有原料加冰摇匀，滤入冰过的碟形杯。用青柠角装饰。

澄清大都会

德文·塔比和亚历克斯·戴，2015

为了做出理想的大都会，我们只选用优质原料，然后用澄清青柠汁来营造大部分人印象中"大都会"的那种透明感，无须用到罗斯牌青柠汁和糟糕的混合蔓越莓汁。除了选用纯蔓越莓汁之外，我们选择不使用柑橘味伏特加，而是在摇酒时加入柠檬和青柠皮卷一起摇，从而形成了柑橘果味。这种做法更灵活，能够让我们满足客人指定使用某个伏特加品牌的要求。

1¼ 盎司伏特加

¾ 盎司君度

½ 盎司澄清青柠汁

½ 盎司未增甜的纯蔓越莓汁

½ 盎司单糖浆

柠檬皮卷

青柠皮卷

装饰：1 个橙皮卷

将所有原料加冰摇匀，滤入冰过的碟形杯。在酒的上方挤一下橙皮卷，然后在杯沿上轻轻抹一圈，放入杯中。

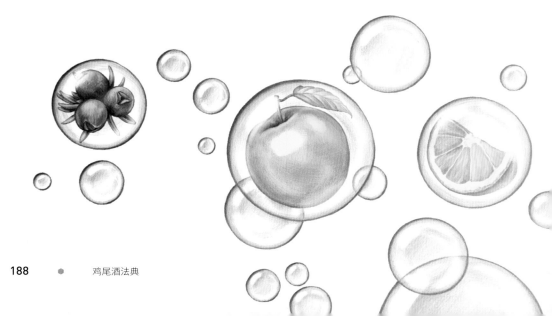

大都会

托比·切奇尼，1988

尽管有许多关于大都会和凯莉·布拉德肖的玩笑，但你很难去讨厌这款酒。大都会有种美妙的清新感，如果你想通过一款酒让人们产生探索鸡尾酒世界的兴趣，它绝对是最佳选择。它还很好地展示了一款经典配方是怎样摇身一变成为一款全新鸡尾酒的。大都会其实就是边车，只不过用柑橘味伏特加代替了干邑、用青柠汁代替了柠檬汁，同时添加了少许蔓越莓汁。制作这款酒有个常见误区是：用的是混合蔓越莓汁，而且加得太多。这会让整杯酒变得甜腻不堪，不习惯喝强劲烈酒的人可能会觉得这样很好喝，但它会让大都会失去应有的复杂、精致与平衡。尽管混合蔓越莓汁是大都会原始配方中的原料之一，但我们建议你试试未增甜的纯蔓越莓汁。当然，它含有大量单宁，而且调酒效果很不一样，但在我们的配方中，我们用等量单糖浆来平衡蔓越莓汁，然后再稍微增加伏特加的用量，让它的风味从酸甜口感中凸显。

2 盎司柑橘味伏特加

¾ 盎司君度

½ 盎司新鲜青柠汁

½ 盎司未增甜的纯蔓越莓汁

½ 盎司单糖浆

装饰：青柠角

将所有原料加冰摇匀，滤入冰过的碟形杯。用青柠角装饰。

大都会

睡莲叶

德文·塔比，2015

　　白味美思在摇匀类鸡尾酒中能起到类似于利口酒的作用，因为它的含糖量够高。在这款边车改编版中，它和查若芦荟利口酒共同起到了利口酒的作用。因为查若口感非常干，我们增加了甜味剂的用量，令整杯酒的酒体更饱满。

5 片 罗勒叶（最好是泰国罗勒）

½ 盎司单糖浆

1½ 盎司孟买蓝宝石金酒

½ 盎司白味美思

½ 盎司查若芦荟利口酒

¾ 盎司新鲜柠檬汁

1 滴圣乔治苦艾酒

1 滴盐溶液

装饰：1 片罗勒叶（最好是泰国罗勒）

　　在摇酒壶中轻轻捣压罗勒叶和单糖浆。然后将其他所有原料加冰摇匀，滤入冰过的碟形杯。用罗勒叶装饰。

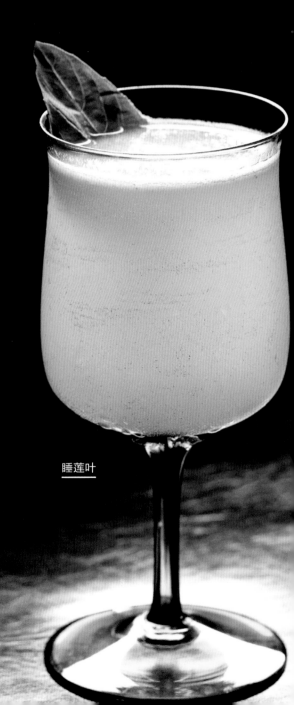

睡莲叶

娜塔沙 · 大卫 (Natasha David)

娜塔沙 · 大卫是曼哈顿酒吧夜饮的主理人之一，并且和搭档杰瑞米 · 厄特尔（Jeremy Oertel）一起运营着酒吧顾问公司你和我鸡尾酒（You and Me Cocktails）。

我最早搬到纽约念大学的时候，我姐姐给我介绍了一份调酒的工作，地点在东村一家爱尔兰酒吧。那时我对酒一无所知，甚至连啤酒都不知道怎么倒。有客人点鸡尾酒的时候，我要么根据我以为的配方去做，要么去查一下吧台后的那本配方小手册。我对平衡毫无概念，而且从来没听说过量酒器，所以我会目测所有原料的用量。酒吧里有位常客每次来都点边车，我会在带盐边的杯子里倒上白兰地、橙皮利口酒和混合酸味剂，调好后给他。有次我试了一下自己做出来的边车，发现难喝得要命。但这位客人——上帝保佑他的灵魂——喝掉了我给他做的每一杯。

后来，我在一家名叫伍德森和福特（Woodson and Ford）的地下酒吧找到了工作，这是一家真正的地下酒吧。那里的老板吉姆 · 卡恩斯（Jim Kearns）和利奈特 · 马雷罗（Lynette Marrero）向我展示了如何调制一杯真正的边车：优质白兰地、君度、新鲜柠檬汁。那是一杯完美平衡的鸡尾酒，让我眼界大开。不久之后，我决定结束自己之前的工作，开始全职在酒吧工作。

以边车为起点，我学会了如何正确制作我最爱的鸡尾酒——玛格丽特和这个酸酒家族中的其他鸡尾酒。这些酒表明 3 种原料是如何相互作用，并让彼此的特质得到最佳体现的。

边车模板的用途极其广泛，所以我在创作新配方时会经常用到它。对边车进行改编的关键在于分解修饰剂。君度是一种很有趣的原料，因为它既甜又干，所以我喜欢用一种甜的原料（可能是风味糖浆）和一种干的原料（如雪莉酒）来替换它。而且，除非客人特别要求，我不会给酒加糖边。我希望自己做的酒不需要额外糖分就能达到平衡。

最重要的是，边车是一款能够彰显原料魅力的鸡尾酒，我非常喜欢这一点。它看上去十分简单，但喝上一口，你却能尝到一层又一层的风味。正是因为你能喝出每一种成分的味道，原料的品质就愈发重要，原料的任何缺陷都是掩饰不了的。

现代演示

娜塔沙 · 大卫，2017

1½ 盎司皮埃尔 · 费朗 1840 干邑
½ 盎司卢士涛路爱可阿蒙提亚多雪莉酒
½ 盎司吉发得西柚利口酒
¾ 盎司新鲜柠檬汁
½ 盎司香草乳酸糖浆
装饰：1 个柠檬皮卷

将所有原料加冰摇匀，滤入冰过的碟形杯。在酒的上方挤一下柠檬皮卷，放在杯沿。

边车大家庭

香榭丽舍

经典配方

这款经典的香榭丽舍用绿色查特酒代替了边车中的君度。查特酒的酒精度更高（55％）而且药草味浓郁，因此配方也必须做出相应调整。正如你看到的，利口酒的用量减少了。此外，干邑的用量稍微增加了一些，而单糖浆的加入能够让整杯酒重新达到平衡。

2 盎司干邑
½ 盎司绿色查特酒
¾ 盎司新鲜柠檬汁
½ 盎司单糖浆
1 滴安高天娜苦精
装饰：1 个柠檬皮卷

将所有原料加冰摇匀，滤入冰过的碟形杯。在酒的上方挤一下柠檬皮卷，放在杯沿。

千真万确

德文·塔比，2014

当一款酒的风味由利口酒主导，你通常需要对柑橘类水果进行调整。这款千真万确从僵尸复活 2 号改编而来，基酒是皮斯科和西柚利口酒的美妙组合，所以我们用酸葡萄汁代替了酸度更高的柑橘果汁，因为后者会掩盖其他原料的风味。技法在这里起到了明显的作用：搅拌让整杯酒具有了丝般顺滑的质感，而摇匀会带来小气泡。

1½ 盎司波·德·恩坎托特选皮斯科
¾ 盎司吉发得西柚利口酒
½ 盎司杜凌白味美思
¾ 盎司聚变纳帕谷酸白葡萄汁
装饰：穿在酒签上的 1 颗青葡萄

将所有原料加冰摇匀，滤入冰过的碟形杯。以葡萄装饰。

千真万确

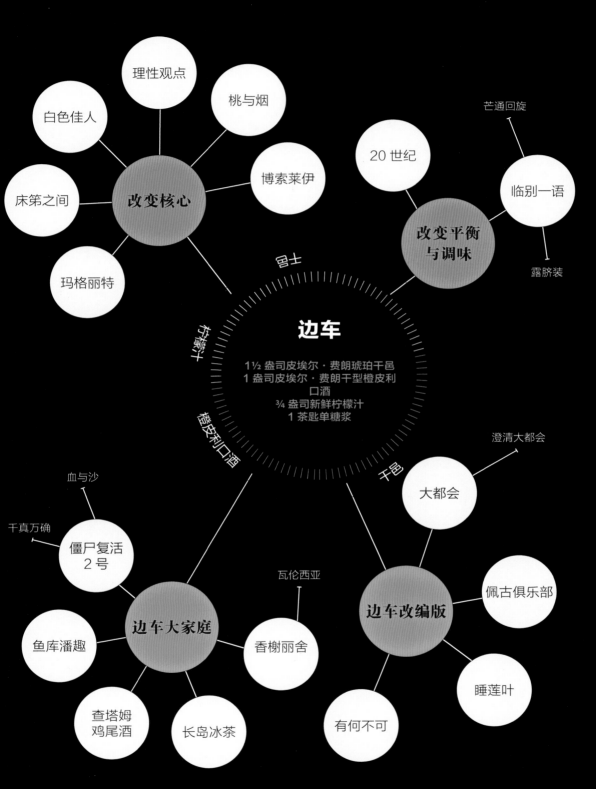

理性观点

桃与烟

白色佳人

博索莱伊

床笫之间

改变核心

玛格丽特

芒通回旋

20 世纪

临别一语

改变平衡
与调味

露脐装

朗姆

边车

1½ 盎司皮埃尔·费朗琥珀干邑
1 盎司皮埃尔·费朗干型橙皮利
口酒
¾ 盎司新鲜柠檬汁
1 茶匙单糖浆

柠檬汁

橙皮利口酒

干邑

澄清大都会

大都会

血与沙

千真万确

僵尸复活
2 号

瓦伦西亚

边车改编版

佩古俱乐部

鱼库潘趣

边车大家庭

香榭丽舍

睡莲叶

查塔姆
鸡尾酒

长岛冰茶

有何不可

酸葡萄汁

在法语里，酸葡萄汁（verjus）的意思是"绿色果汁"。它的做法是将未成熟的酿酒葡萄榨汁，不发酵装瓶。这种口感活泼的无酒精果汁非常容易变质，必须在开瓶之后几天内用完，即使是在密封冷藏的情况下也如此。市场上有白色和红色的酸葡萄汁可选。在调酒时，我们喜欢用更百搭的酸白葡萄汁。

你可以买到瓶装酸葡萄汁。要注意生产日期，如果超过了2年，它的口感就不再活泼了。酸葡萄汁最早被用于烹饪，但现在也被用来给鸡尾酒增添酸度和风味。有时，我们会用较大量的酸葡萄汁来营造明显的酸味主干，尤其是在需要搅拌的酸味鸡尾酒中。这能让做出来的酒像马天尼一样纯净，风味特质出乎意料地清新。

瓦伦西亚

亚历克斯·戴，2008

这款香榭丽舍改编版的基酒由干、咸的曼赞尼拉雪莉酒和用洋甘菊浸渍的黑麦威士忌组成。黄色查特酒的蜂蜜和药草风味能够很好地衬托出浸渍黑麦威士忌中的洋甘菊风味。

1 盎司用洋甘菊浸渍的黑麦威士忌

1½ 盎司姬妲娜曼赞尼拉雪莉酒

½ 盎司黄色查特酒

¾ 盎司新鲜柠檬汁

½ 盎司单糖浆

1 滴 安高天娜苦精

将所有原料加冰摇匀，滤入冰过的碟形杯。无须装饰。

僵尸复活2号

经典配方

边车大家庭包含了许多高烈度鸡尾酒，但其中也有酒精度较低的范例。这款僵尸复活用金酒和利莱白利口酒代替了干邑作为自己的基酒。我们把它看作是一个高度民主的配方：所有原料和谐共处，但同时每一种原料都发挥了自己的作用。利莱白利口酒的作用是将其他原料的特质集于一身——烈度、甜度和酸度。然而，因为它的整体特质比金酒、君度和柠檬汁要柔和、微妙得多，所以它能够有效地中和其他原料的强烈特质，让它们在杯中和谐共处。

¾ 盎司伦敦干金酒

¾ 盎司利莱白利口酒

¾ 盎司君度

¾ 盎司新鲜柠檬汁

2 滴 苦艾酒

将所有原料加冰摇匀，双重滤入冰过的碟形杯。无须装饰。

鱼库潘趣

经典配方

  经典的鱼库潘趣显然和边车同出一脉。它含有干邑、利口酒和柠檬汁，而且比例和边车颇为相似。它的主要不同在于还含有气泡水，从而凸显了酸度，和我们之前在大吉利一章中介绍过的柯林斯很像。在鱼库潘趣的经典配方中，核心烈酒和香甜的秋桃利口酒已经具有非常丰富的风味，而糖浆能够增强它们的特质，令酒体更为饱满。

2 盎司冰气泡水

¾ 盎司皮埃尔·费朗琥珀干邑

¾ 盎司阿普尔顿庄园珍藏调和型朗姆酒

¾ 盎司吉发得秋桃利口酒

¾ 盎司新鲜柠檬汁

¼ 盎司甘蔗糖浆

1 片柠檬皮

装饰：1 个柠檬圈和肉豆蔻

  将气泡水倒入柯林斯杯或高脚杯。将剩下的原料快速加冰摇匀（摇 5 秒钟左右），滤入酒杯。在杯中加满冰块，然后以柠檬圈装饰，并在酒的表面撒上现磨肉豆蔻粉。

查塔姆鸡尾酒

查塔姆鸡尾酒

德文·塔比，2015

查塔姆鸡尾酒的核心是由加强型葡萄酒组成的，它们给酒带来了更多糖分和酸度，而酒里最后还要加香槟，使酸度进一步提高。因此，我们减少了柑曼怡和柠檬汁的用量，加大了单糖浆的用量。

- ¾ 盎司好奇美国好白味美思
- ¾ 盎司卢士涛菩托菲诺雪莉酒
- ¼ 盎司柑曼怡
- ½ 盎司新鲜柠檬汁
- ¼ 盎司单糖浆
- 一小撮盐
- 1½ 盎司香槟
- 装饰：1 个西柚皮卷

将除了香槟之外的所有原料快速加冰摇匀（摇 5 秒钟左右），滤入冰过的笛型香槟杯。倒入香槟，将吧勺迅速伸入杯中轻轻搅拌一下，让香槟融入整杯鸡尾酒中。在酒的上方挤两下西柚皮卷，然后丢弃不用。

芒通回旋

德文·塔比，2015

这款鸡尾酒同样由临别一语改编而来，用两种不同的苦味利口酒代替了查特酒和樱桃利口酒。为了增加必要的甜度，并让酒体更饱满，我们加入了浓郁的草莓糖浆。

- ¾ 盎司灰雁伏特加
- ¾ 盎司阿佩罗
- ½ 盎司诺妮酒庄阿玛罗
- ¾ 盎司新鲜柠檬汁
- ½ 盎司草莓奶油糖浆
- 装饰：1 片草莓

将所有原料加冰摇匀，双重滤入冰过的碟形杯。用草莓片装饰。

长岛冰茶

经典配方

如果不提到长岛冰茶，对边车大家庭的探索就是不完整的。当然，它和标准边车配方的最大不同在于烈酒的用量。它的核心由惊人的 3 盎司强劲烈酒组成，分别为等量的伏特加、金酒、特其拉和朗姆酒。但君度和柠檬汁的用量并没有增加，所以额外加入的可乐相当于带来了大量糖和酸度，令整杯酒达到平衡。

- 2 盎司冰可口可乐
- ¾ 盎司爱斯勃雷鸭伏特加
- ¾ 盎司普利茅斯金酒
- ¾ 盎司西马隆银特其拉
- ¾ 盎司蔗园 3 星朗姆酒
- ¾ 盎司君度
- ¾ 盎司新鲜柠檬汁
- 装饰：1 个柠檬角

将可乐倒入品脱杯。然后将剩下的原料快速加冰摇匀（摇 5 秒左右），滤入酒杯。在杯中加满冰块，用柠檬角装饰。

进阶技法：
另类酸味剂的使用

柠檬汁和青柠汁是许多鸡尾酒的风味主干，但它们提供的酸味也可以在其他来源中找到。下面我们就来探讨一下另类酸味剂的使用。我们稍后将详细介绍这些酸味剂的种类，但首先让我们来看看使用它们的 3 种不同方式——替代、调味和调整。

替代

另类酸味剂的第一种使用方式是将柠檬汁或青柠汁从鸡尾酒中拿掉，然后用等量的其他酸味剂来代替。正如我们把澄清柑橘果汁看作是和未澄清果汁完全不同的原料，我们并不认为这些酸味剂是柠檬汁和青柠汁的替代品，而是能够让我们以不同方式来呈现鸡尾酒的绝佳工具，就好像第三章中的澄清大吉利，以一种出人意料的方式对我们都熟悉的大吉利进行了全新诠释。我们喜欢另类酸味剂的一个原因是它们能够用来创作酸味鸡尾酒的搅拌版本，也就是说，通常要用摇匀手法来制作、带着一层丰富泡沫的鸡尾酒也可以改为搅拌制作，让口感变得更顺滑。你可以通过下面这个简单的边车试验来体会一下它们的效果。按照下面的配方来制作两杯边车，然后同时品鉴一下它们的味道。

边车 1 号（经典配方）

1½ 盎司皮埃尔·费朗琥珀干邑
1 盎司君度
¾ 盎司新鲜柠檬汁

将所有原料加冰摇匀，滤入冰过的碟形杯。无须装饰。

边车 2 号（柠檬酸版本）

1½ 盎司皮埃尔·费朗琥珀干邑
1 盎司君度
1 茶匙柠檬酸溶液

将所有原料加冰搅匀，滤入冰过的碟形杯。无须装饰。

你觉得怎样？酒里有明显的酸味，却没有果汁，这无疑挑战了人们对边车的常规期待。但是，用柠檬酸代替柠檬汁让酒变得更好喝了吗？（必须指出，我们并不认为用搅拌手法制作的边车更出色。）

调味

另类酸味剂还可以给鸡尾酒调味：它们能够通过微妙的方式来增强某些特定原料或整杯酒的风味。调酒师会把糖做成糖浆，因为用糖浆调酒更方便，表现也更稳定。同理，我们经常会把粉末状酸味剂溶化，然后滴进鸡尾酒里。例如，少许磷酸（通常存在于软饮中）能够带来酸味，同时自身又不具有可觉察的风味，所以是用来改编高球的绝妙工具。同样，只需在含有橙汁的鸡尾酒中加几滴柠檬酸溶液，就能增添一种尖酸的特质，使橙汁的风味得到提升，就像下面的试验将展示的那样。

血与沙从边车改编而来，但它的原料通常是搅拌类鸡尾酒会用到的。酸度柔和的橙汁与甜味美思和希零樱桃利口酒正好形成互补。有些版本会用到等份的苏格兰威士忌、味美思、樱桃利口酒和橙汁，但我们的做法是稍微增加威士忌的用量，并加入少许柠檬汁，因为这样做出来的鸡尾酒更平衡，不会那么甜腻。

血与沙

经典配方

1 盎司威雀苏格兰威士忌
¾ 盎司卡帕诺·安提卡配方味美思
¾ 盎司希零樱桃利口酒
1 盎司新鲜橙汁
装饰：1 颗白兰地樱桃

将所有原料加冰搅匀，双重滤入冰过的碟形杯。用樱桃装饰。

血与沙（我们的版本）

1 盎司威雀苏格兰威士忌
¾ 盎司卡帕诺·安提卡配方味美思
¾ 盎司希零樱桃利口酒
1 盎司新鲜橙汁
2 滴柠檬酸溶液
装饰：1 颗白兰地樱桃

将所有原料加冰搅匀，双重滤入冰过的碟形杯。用樱桃装饰。

调整

最后，酸味剂还可以用来对原料进行调整处理。我们在第一章的糖浆部分提到过，我们经常会在糖浆中加入少量粉末状酸味剂，比如添加了柠檬酸的覆盆子糖浆。酸味剂还可以用来调整柑橘果汁中不稳定的风味。我们在第三章已经介绍过，柑橘果汁的风味会根据季节和品种而发生变化。柠檬和青柠的风味通常很稳定，所以我们很少用另类酸味剂来调整它们的风味。但对酸度变化更大的水果而言（如橙子），我们会在必要时使用柠檬酸来提亮它们的果汁风味。

另类酸味剂及其用法

另类酸味剂不但能够取代鸡尾酒中柠檬和青柠的位置，还是减少浪费的好帮手。柑橘类水果榨汁造成的浪费是惊人的，而另类酸味剂既能为我们的清新鸡尾酒营造平衡，对环境的影响又小得多。不过，味道会不一样吗？当然。但进步的味道应该是不一样的，对吗？要记住重要的一点：如果你用的是粉末状酸味剂，一定要用精确到0.01 克的高精度克重秤来称重。

磷酸

磷酸是什么：没有磷酸，就没有我们都知道的可口可乐。它是商业苏打水中的酸味来源，也就是让我们欲罢不能的那种清新特质。它本身是一种无色无味的液体，所以不会像其他很多酸味剂那样带来任何风味。相反，它带来的是一种撩动味蕾的尖酸感。

如何处理：一次性买到大量磷酸是可能的，但并不容易找到。而且，它一般都非常浓缩，需要进行稀释。如果你选择这么做，请先搜索一下安全稀释磷酸的方法。不想这么麻烦？你可以选择即用型磷酸——达西·奥尼尔（Darcy O'Neil）出品的绝迹酸式磷酸盐，在酒饮艺术（Art of Drink）网站有售（详见资源推荐部分）。

如何使用：稀释之后的磷酸必须少量使用。用它来调酒的方法有两种：加入几滴来增强其他原料的酸度，或把它作为唯一的酸味主干。就后者而言，我们的推荐用量在 ½ 茶匙和 1 茶匙之间。我们不建议使用超过 1 茶匙的磷酸，因为那样会带来一种金属味。

安全处理酸味剂

无论是处理粉末状还是液体状酸味剂，只有做好预防措施才能保证百分百安全。要记住，高度浓缩状态下的酸味剂有腐蚀作用。所以，在处理它们的时候一定要戴手套，而且不管是何种形式的酸味剂，都要储存在玻璃容器里。

柠檬酸

柠檬酸是什么：柠檬和青柠中的主要酸类物质就是柠檬酸，所以它是所有另类酸味剂中让我们感到最熟悉的。它有种柠檬般的尖酸特质，味道十分独特。

如何处理：柠檬酸粉末可以直接用于制作糖浆，但在调酒时最好先用水溶化。我们会把它做成溶液，然后直接加入鸡尾酒中。用克重秤来给原料称重，在 100 克过滤水中放入 25 克柠檬酸，搅拌至溶化。倒入玻璃滴瓶或其他玻璃容器，在室温下储存。无须冷藏。

如何使用：尽管柠檬酸的味道与柠檬汁和青柠汁并不完全一样，但几滴柠檬酸溶液就能在鸡尾酒中起到跟柠檬汁一样的作用。一茶匙柠檬酸溶液的酸度大致等于边车或大吉利风格鸡尾酒中的柠檬汁的用量（约 ¾ 盎司），而单纯地用它来替换新鲜果汁虽然是种具有启发性的试验，效果却并不特别有趣。因此，我们不会用柠檬酸来替代柠檬汁或青柠汁，而是在口感稍嫌寡淡、需要更多吸引力的鸡尾酒中加入几滴，比如血与沙。在制作气泡鸡尾酒时，我们还会用它来增加糖浆的酸度。

乳酸

乳酸是什么：这是一种非常百搭的原料，可以给鸡尾酒增加一种奶油般的质感，同时又不会有乳制品或坚果奶的厚重。

如何处理：与柠檬酸和苹果酸（见下文）一样，乳酸可以直接用于制作糖浆。它的味道几乎和乳酸一样浓烈，所以我们采用的水和乳酸的比例是 9：1。用克重秤来给原料称重，在 90 克过滤水中放入 10 克乳酸，搅拌至溶化。倒入玻璃滴瓶或其他玻璃容器，在室温下储存。无须冷藏。

如何使用： 我们喜欢用乳酸来给糖浆增添更圆润的质感，比如香草乳酸糖浆和草莓奶油糖浆。

苹果酸

苹果酸是什么： 如果你吃过青苹果，就知道苹果酸的味道——口感明亮，异常尖酸。

如何处理： 粉末状苹果酸会让糖浆有一种明亮的风味。在调酒时，它的用法和柠檬酸一样。不过，因为它的味道比柠檬酸更强劲，我们会把溶液做得淡一些。用克重秤来给原料称重，在 100 克过滤水中放入 10 克苹果酸，搅拌至溶化。倒入玻璃滴瓶或其他玻璃容器，在室温下储存。无须冷藏。

如何使用： 我们的自制红石榴糖浆配方中用相当数量的苹果酸混合柠檬酸，以加强石榴汁的涩感。在调酒时，苹果酸溶液能够带来尖酸感，从而更好地体现鸡尾酒中已有的风味。在苹果汽水中，我们用澄清苹果汁和芹菜汁制作了无酒精苏打水，然后加入苹果酸，以弥补苹果汁被澄清之后失去的新鲜苹果风味。

酒石酸

酒石酸是什么： 酒石酸是一种天然酸，存在于杏子、香蕉、苹果和葡萄中。对葡萄来说，酒石酸尤为重要，因为它基本上决定了葡萄酒的酸度。

我们用它来给鸡尾酒增添干的口感。

如何处理： 我们很少使用原始状态的酒石酸。如果你想用它来调酒，可以像上面的苹果酸或乳酸那样把它做成 10 ：1 的溶液。

如何使用： 我们最爱的用法是把酒石酸和乳酸混合，做成我们所谓的"香槟酸"。它有着像香槟那样的丰富酵母味，而且单宁明显。在制作香槟酸溶液时，只需将 3 克酒石酸和 3 克乳酸放入 94 克过滤水中，搅拌至溶化。它是鸡尾酒欢庆中的重要原料，作用是增强干型香槟的清新特质。

抗坏血酸

抗坏血酸是什么： 抗坏血酸又被称为维生素 C，几乎没有增强风味的作用。然而，它是一种抗氧化剂，所以是保存脆弱原料的完美之选，可以防止它们跟氧气接触而变质。

如何处理： 我们只使用原始状态（亦即粉末状）的抗坏血酸，以防止果汁、糖浆甚至浸渍原料氧化，所以没有必要把它做成溶液。

如何使用： 像新鲜苹果汁这样的原料很快就会氧化变色，但加入少许抗坏血酸能够减缓或防止这种情况发生。同理，用水把抗坏血酸溶化，然后用溶液冲洗易变质原料（如苹果片），能够防止它们变成棕色。根据我们的经验，每夸特液体（无论是果汁还是用来保存装饰原料的水）要加入 1 茶匙抗坏血酸，然后搅拌至完全溶化。

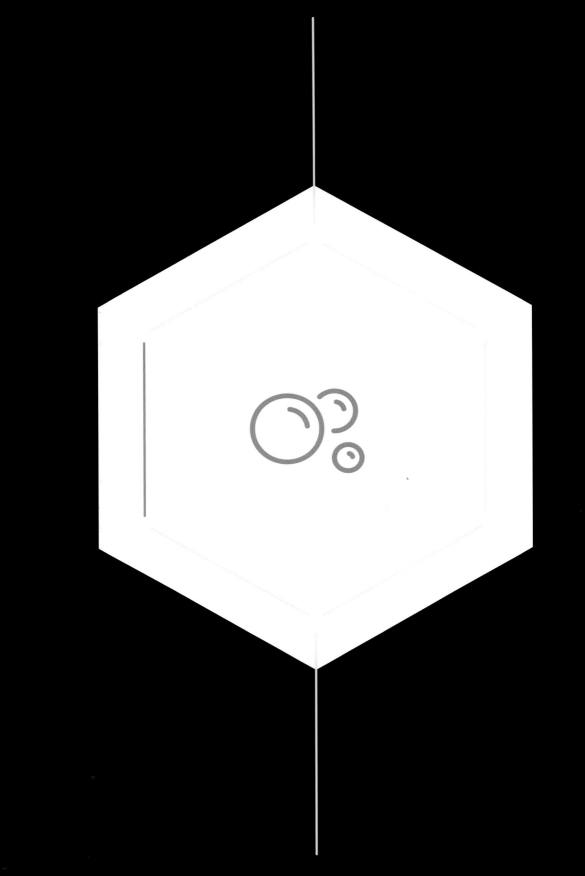

5

威士忌高球

经典配**

　　我们永远都不会知道是谁第一个把苏格兰威
定的是，这款鸡尾酒和"高球"这个词诞生于约
已逝去的蒸汽火车时代：蒸汽火车加速的时候，
个球推到最高点，也就是说，火车达到了"高斑
信号，高高升起的球意味着前方轨道畅通，火车
一杯威士忌苏打。事实上，关于高球还有一个
欢把杯子叫作"球"，那么高球就指的是装在高
论起源如何，这种高杯早已和高球紧紧联系在一

威士忌高球

2 盎司苏格兰威士忌
6 盎司冰赛尔兹气泡水
装饰：1 个柠檬角

　　将苏格兰威士忌倒入
块方冰。搅拌 3 秒。倒入
次搅拌。用柠檬角装饰。

我们的理想威士忌高球

我们的基础配方

2 盎司 白州 12 年日本威士忌

4 盎司 冰赛尔兹气泡水

将威士忌倒入高球杯，加一块方冰。静待 3 秒。倒入赛尔兹气泡水，搅拌一下。无须装饰。

细节定成败

理论上讲，威士忌高球只是威士忌加气泡水，和其他那些由两种原料组成的常见鸡尾酒——伏特加苏打、金汤力、朗姆可乐等非常相似，这些都是许多酒吧里最简单的鸡尾酒。虽然你可能因此而觉得它们不如冰凉的马天尼或以娴熟手法摇匀的边车那么高大上，但我们认为掌握威士忌高球对任何调酒师而言都是一个重要的技法。一杯出色的威士忌高球能够很好地体现调酒师的知识水平、准备工作和技法。如果你觉得这个说法很勉强，请耐心读下去。我们将在这一章稍后的篇幅里深入探讨（详见后面讲到的"探索技法：调制威士忌高球"）。

在狂热的鸡尾酒爱好者族群中流传着许多关于东京银座小酒吧的传说。在那里，毫不起眼的高球拥有神一般的地位。在那些酒吧里，构成这款酒的寥寥几个元素得到了细致的考量，无论是它们本身，还是彼此之间的互动关系。这些元素包括威士忌的特质、冰的大小、形状和纯净度，水的温度、气泡丰富度和矿物质含量，酒杯的高度和杯沿的厚度，以及在客人面前一丝不苟的制作和呈现方式。简而言之，日式高球的呈现仪式体现出纯粹的匠艺，再加上一点戏剧性，调酒的过程似乎和客人享用这杯酒的过程一样重要。我们真心认同这种方式，它需要调酒师熟练掌握原料和工具，并且尽一切

可能地对两者进行提升和重现定义。

威士忌高球守则

这一章中所有鸡尾酒的决定性特点：

高球由一款核心烈酒和一款无酒精软饮组成，前者带来风味，后者起到平衡作用。

高球的核心可以由不同的烈酒、葡萄酒或加强型葡萄酒组成。

高球可以有气泡，也可以无气泡。

理解配方

任何成功的高球都离不开下面几个因素。首先，你必须从适合搭配在一起的原料入手。简单而言，这意味着你要了解基本的风味之间的联系，比如金酒和汤力水是如何在杯中产生"魔法"的。从更深刻、更精妙的层面而言，这意味着你需要了解烈酒和软饮的内在特质，比如某种气泡水的矿物质将如何与某种苏格兰威士忌的海洋气息发生反应。

此外，你还需要懂得高球的配方既非常简单，又极其灵活。简而言之，高球只是一种烈酒和一种软饮的简单组合。而它之所以灵活，是因为它的核心可以是任何烈酒，软饮的选择也十分丰富，如赛尔兹气泡水或汤力水、干姜水或姜汁啤酒、各种可乐和其他汽水是最常见的，有时甚至还有果汁。例如，含羞草是用香槟和橙汁做成的高球，而灰狗则是金酒加西柚汁的清新组合。我们最爱的宿醉救星——血

腥玛丽则是一款咸鲜味高球。

其次，你还可以通过分解核心烈酒、软饮或以上两者来创作出各种各样的全新高球。例如，美国佬就是同时以金巴利和甜味美思为核心，然后加满赛尔兹气泡水，而阿佩罗汽酒则是将阿佩罗作为核心，同时用了苏打水和普洛塞克。为了创作出更复杂的鸡尾酒，你可以对配方进行扩充，加入少量其他调味剂，比如哈维撞墙（伏特加、橙汁和加利安奴漂浮）或龙舌兰日出（特其拉、橙汁和红石榴糖浆）。

最后，调制一杯出色的高球需要时间锤炼，要经过不断的重复练习才能掌握这一技巧。在我们看来，调酒技艺的培养包括仔细研究原料和通过经验来不断改善技法。技艺还和知识有关：更好地了解烈酒、原料、工具和技法，从而提高你的调酒水平。

但艺术是另外一回事，尽管它建立在技艺的基础之上。艺术就是在习得的技艺中加入创意。在杰作诞生之前，作曲家必须先学音阶，雕塑家必须掌握形状，画家必须懂得如何运用原色。我们写这本书的动力正蕴含在这个章节里：通过研究经典鸡尾酒以及解析我们自己和其他人是如何诠释这些配方的，我们为你提供了研发新配方的基础知识。再加上你本身已有的调酒技巧和知识，要创作出属于你的作品并非难事。在我们看来，高球是一个非常好的载体。通过它，你可以把前几个章节里学到的技巧和知识融会贯通。

在这里，我们将循序渐进地讲解程度不同的高球改编版，最后的那一部分鸡尾酒看起来已经和基础高球配方颇为不同。这使得一个问题出现了：高球改编到何种程度就会变成另一款鸡尾酒呢？事实上，高球和柯林斯很容易被混淆，尤其考虑到高球里的软饮可能有着和传统酸酒相似的成分。我们用来区分两者的标准是柑橘果汁的用量：多于 ¾ 盎司，这杯酒应该属于酸酒，比如大吉利。在高球中，柑橘类水果和其他酸味成分的作用是衬托酒里的其他风味，而非主要成分。

核心与调味：威士忌

一杯好的高球应该基于一款优质烈酒，因为整杯酒没有多少遮遮掩掩的空间，尤其是在高球最简单的形式中，即威士忌加赛尔兹气泡水。而且，因为赛尔兹气泡水的风味相对中性，威士忌则充当了主要的调味剂。

在我们的酒吧里，大多数威士忌鸡尾酒都用美国威士忌调制而成。这并非因为我们觉得美国威士忌更好，而是因为以波本威士忌或黑麦威士忌调制的经典鸡尾酒太多了，再加上美国威士忌通常比进口威士忌便宜（酒类产品的国际运输成本很高）。但随着对国际威士忌了解的加深，我们发现了一些价格合理的产品，并且开始越来越多地把它们用于调酒。

在这一部分，我们将概述来自苏格

兰、爱尔兰、日本和其他几个国家的威士忌，然后再推荐具体的单品。不过，我们要先给国际威士忌下个简单的定义。和美国威士忌一样，这些威士忌都以谷物为原料，先将谷物加热蒸煮成浆状，然后蒸馏，并在橡木桶中陈酿。它们之间的不同在于使用的谷物种类、发酵之前和期间对谷物的处理方式、蒸馏过程、陈酿木桶的种类、陈酿时间，以及陈年威士忌是直接原桶装瓶还是加入其他威士忌调和。

苏格兰威士忌

在世界上所有的烈酒中，没有哪一种像苏格兰威士忌那样能够引起人们的狂热研究和讨论，而这并不奇怪。苏格兰威士忌中的精品无异于人类创造的宝藏，长达几个世代的耐心陈酿，有些甚至产自早已关停的酒厂。在某种程度上，高年份苏格兰威士忌的魅力在于它能够让我们穿越到一个逝去的年代。尽管这听上去可能过于念旧，但让苏格兰威士忌与众不同的特质正是它的悠久传统、精湛技艺以及精明的市场推广。

有些非常出色的苏格兰威士忌要花巨款才能买到，而这样的威士忌值得我们仰慕。然而，除非钱对你来说不是问题，否则你一定希望选择价格更平易近人的产品——无论是纯饮还是调酒。优质、平价和适合调酒的苏格兰威士忌之间存在着巨大差异，所以要找到合适的产品颇具挑战性。就

百搭性和性价比而言，下面推荐的这些单品是我们的最爱。

苏格兰威士忌可以分为两大类：单一麦芽型和调和型。有人认为单一麦芽苏格兰威士忌一定比调和型苏格兰威士忌更好，但这种观点是不准确的，它们只是不同而已。

单一麦芽苏格兰威士忌

单一麦芽苏格兰威士忌只能以大麦和水为原料，而且必须在铜质蒸馏罐中蒸馏两次，然后在橡木桶中陈酿至少3年。它必须产自同一家酒厂，但可以用不同年份的原酒调和而成。如果酒标上有年份标识（比如12年），那么它代表的是威士忌中最少的原酒年份。

苏格兰威士忌的酿造被分为不同的产区，其中高地、低地和岛屿是最容易理解的风格分类。苏格兰威士忌酿造的中心是高地，尤其是斯佩塞（Speyside）地区。大部分苏格兰威士忌都产自这里，众多知名酒厂也密集分布于此，包括百富、格兰威特、格兰菲迪、麦卡伦等。斯佩塞威士忌的风格要么清淡而花香明显（格兰威特），要么浓郁而果味十足（百富）。后者的风味来自陈酿时使用的雪莉桶。

苏格兰低地的产量比高地要低得多，但我们有时也会用到产自低地的威士忌。它们通常酒体清淡、口感偏甜，并带有一丝泥煤烟熏味。在调酒时，低地单一麦芽苏格兰威士忌很适合用来做构建风味的基底，但鉴于我们最

爱的单品（欧肯特轩3桶）很难买到，我们几乎不会用它们来调酒。

在所有的单一麦芽威士忌中，风格最鲜明的来自位于苏格兰西北海岸的艾雷岛（Islay），艾雷岛威士忌的口感通常十分强烈：烟熏味浓郁，同时又非常丰富，酒体饱满。在调酒时，艾雷岛单一麦芽威士忌的烟熏味可能会迅速掩盖其他风味，所以我们通常会搭配一款调和型苏格兰威士忌使用，如烟与镜。我们有时会把艾雷岛威士忌装在滴瓶里，在鸡尾酒中滴上几滴就能增添独特风味，或是把它装在喷雾瓶里，作为开胃香氛喷洒在鸡尾酒表面——这个小窍门是我们从山姆·罗斯的新经典鸡尾酒盘尼西林那里学到的。

推荐单品

欧肯特轩3桶（低地）： 这款欧肯特轩历经3次蒸馏（单一麦芽苏格兰威士忌一般都是2次蒸馏），以3种不同的橡木桶陈酿：先在波本桶中陈酿12年，然后在欧洛罗索雪莉桶中陈酿1年，最后在佩德罗—希梅内斯雪莉桶中陈酿1年。最后酿造出来的是一款充满活力、层次丰富的苏格兰威士忌，不同橡木桶带来的风味达到了极佳平衡，令人印象深刻。

波摩12年（艾雷岛）： 在所有的艾雷岛单一麦芽威士忌中，波摩的烟熏泥煤味是最克制的。它并不缺乏烟熏味——事实远非如此，但和其他烟熏香气和风味浓重的经典艾雷岛威士忌相比（乐加维林、阿贝和拉弗格），它的风味更微妙，烟熏味中还夹杂着淡淡的橙子味和香草味。

格兰威特12年（高地）： 优雅、花香明显、带一丝蜂蜜味。格兰威特的产量很高，是在全世界都能买到的单一麦芽苏格兰威士忌品牌之一。它的口感保持着一贯的美妙，尽管可能并不是特别复杂。不过，正是由于复杂度不够，格兰威特才成为了一款非常适合调酒的单一麦芽威士忌，因为它不会影响其他风味。

高原骑士12年（奥克尼群岛）： 这可能是我们最爱的纯饮威士忌，因为它口感优雅，价格也不贵。它产自奥克尼群岛，因此在温和烟熏味和淡淡的甜味之下，海洋的影响一直若隐若现。高原骑士主要用雪莉桶陈酿，因此拥有柔和的杏子风味。

拉弗格10年（艾雷岛）： 我们非常喜欢这款艾雷岛威士忌，因为它有着强烈的烟熏味和海水味，只需要几滴就能为鸡尾酒增添风味，而且它还有着黑胡椒、小豆蔻和香草的复杂香料风味。它还具有悠长的草本特质，很适合搭配薄荷，如烟与镜和烟幕。

调和型威士忌

尽管单一麦芽苏格兰威士忌在当下大出风头，但直到不久之前，苏格兰威士忌中的老大都是调和型威士忌。不过，随着单一麦芽苏格兰威士忌的

用单一麦芽苏格兰威士忌（和其他高端烈酒）调酒

对许多威士忌爱好者而言，在一款优质单一麦芽苏格兰威士忌中加几滴水就已经是极限了，甚至连加冰块都是一种亵渎。为什么？他们认为威士忌应该尽可能地保持原貌。很显然，我们并不这么想。在制作得当的情况下，鸡尾酒展示的就是对烈酒的终极尊重，即用其他风味来衬托烈酒的特质，使之成为整杯酒的耀眼主角，而这正是我们用高端烈酒来调酒的理念。

对大多数酒吧来说，大部分单一麦芽苏格兰威士忌用来调酒都太贵了（除非你愿意为了一杯鸡尾酒花 50 美元，那么我们还很愿意和你讨论一下以分时共享形式入股我们酒吧的事）。但是平时在家里，我们发现自己最爱的纯饮单一麦芽威士忌（尤其是产自斯佩塞和奥克尼群岛的）也可以做出非常好喝的鸡尾酒。如果你会在家调酒，而且很在意成本，不妨试试我们这个行之有效的方法：不要在调酒时只使用一种单一麦芽苏格兰威士忌，而是用它来增强另一款威士忌的风味。基酒可以用价格更亲民的调和型威士忌，比如威雀，然后再加入少量单一麦芽威士忌，为风味增添深度。这个方法对烟熏味强烈的艾雷岛单一麦芽威士忌来说尤为有效，因为它们会迅速主导一杯酒的风味，哪怕在不考虑成本的情况下。

另一个用单一麦芽威士忌调酒的方法则更浪漫。很多品牌在自我描述时都会亲切地提到陈酿地点的地理和气候影响——海洋气息、附近生长的娇柔石楠花等。这些充满诗意的描述能够带来绝妙的调酒灵感。例如，为了强调海洋气息，我们可以用带咸味的曼赞尼拉雪莉酒做基酒，或者为了增强石楠花风味，我们可以加入花香馥郁的圣哲曼接骨木花利口酒。

价格不断水涨船高，调和型苏格兰威士忌又开始流行起来，而像康沛勃克司创始人约翰·格兰泽（John Glaser）这样的创新者正在让优质调和型威士忌赢得人们的尊重。

就调酒而言，调和型苏格兰威士忌不但是个负担得起的选择，而且还很百搭，所以我们会经常用到它。我们倾向于选择那些特质鲜明而又不会过于霸道的单品，同时丰富口感和陈酿形成的香料风味要达到一个很好的平衡。大部分我们最爱的调和型苏格兰威士忌都有苹果般的果味和烟熏烟草风味，在柑橘味鸡尾酒中表现尤其出色。它们也适合用来调制搅拌类鸡尾酒，使烟草和烟熏特质得以凸显。

推荐单品

康沛勃克司亚塞拉：这一部分提到的威士忌都以口感丰富为特色，但亚塞拉却优雅感十足。某些让调和型苏格兰威士忌适合调酒的特质——核心果味加上少许香料特质——在它身上也可以找到，但它的风味更温和，令人联想起新鲜苹果，而非煮苹果。亚塞拉本身酒体清淡，却能够以各种复杂的方式在鸡尾酒中脱颖而出，尤其是像波比·彭斯这样的曼哈顿改编版。

威雀：这是我们最爱用来调酒的调和型苏格兰威士忌。它的原酒来自高原骑士和麦卡伦酒厂，调和后在橡木桶中陈酿 6 个月。它有种奶油般的浓郁口感，与煮苹果风味完美融合，而一丝香料味令它具有了更多个性，但并不霸道。这是一款用途非常广泛的威士忌，可以用来调制很多不同的鸡尾酒，价位也很合适。

康沛勃克司橡木十字：这款独特的调和型威士忌由 3 种单一麦芽威士忌混合而成，在美国和法国橡木桶中陈酿了 6 个月。它的风味厚重，带有麦芽般的香草甜味和烘焙香料味。它的口感足够强烈，即使在含有味美思鲜明风味的鸡尾酒中也毫不失色，比如像亲密关系这样的苦味曼哈顿风格鸡尾酒。

爱尔兰威士忌

爱尔兰威士忌被认为是世界上最古老的威士忌之一（甚至可能就是最古老的）。在长达两世纪的时间里，它的命运都在风靡一时和近乎灭绝中摇摆不定，不过如今正在迎来复兴。许多历史悠久的品牌都在重返出口市场，而这也让我们对爱尔兰威士忌的认知更深入，不再局限于我们多年来所知的那几个品牌。

爱尔兰威士忌和它的苏格兰近亲有几点不同。魔鬼藏在细节里：大多数爱尔兰威士忌都要经过 3 次蒸馏，而不是 2 次。另外，尽管它们用的也是蒸馏罐，但通常比苏格兰威士忌用的更大。虽然有些爱尔兰威士忌是苏格兰单一麦芽威士忌的同类——同一家酒厂酿造、仅以大麦为原料，但爱尔兰威士忌更注重调和的艺术，调和对象是有着不同谷物组成、木桶类型和蒸馏方式的原酒。

在用爱尔兰威士忌调酒时，我们并不像苏格兰威士忌那样强调风格或产区。这主要是因为产区的影响并不像遍及全国的主要威士忌风格分类那么大。爱尔兰的某些地区可能曾经有过自己的标志性威士忌风格，但如今爱尔兰威士忌行业基本上已经被整合成了几家酒厂，尽管随着爱尔兰威士忌再度风行，每年都有新酒厂开张。像帕蒂、尊美醇和图拉多这样偏清淡的调和型威士忌有着柔和甜美的特质，就像是年轻的波本威士忌。用这样的威士忌来调制柑橘味鸡尾酒会很好喝，但用来作为整杯酒的主角则往往有些过于平淡，比如曼哈顿或老式风格鸡尾酒。

纯罐式蒸馏爱尔兰威士忌则有着截然不同的特质。它有着足够的深度和酒体，可以用来调制各种各样的鸡尾酒。我们很喜欢用它们搭配其他能够带出和强调这些特质的原料。

推荐单品

布什米尔经典：在布什米尔旗下的所有产品中，这款以美国橡木桶陈酿 5 年的威士忌风格偏清淡。它的纯净口感让它很适合调制柑橘味鸡尾酒。如果你想调制曼哈顿或老式风格鸡尾酒,我们推荐选用布什米尔的其他单品,比如以大量欧洛罗索雪莉桶陈年威士忌调和而成的黑灌木,或根据陈酿时间长短而呈现出不同复杂风味的多款布什米尔单一麦芽威士忌。

知更鸟 12 年: 这款威士忌堪称传统罐式蒸馏爱尔兰威士忌的典范。它的原料包括未发芽和发芽的大麦,以铜质蒸馏罐蒸馏,因此口感浓郁,近乎于油滑。它有椰子般的特质和一丝八角风味。它以在美国橡木桶和雪莉桶中陈酿的原酒调和而成,具有雪莉桶带来的香料味和浓郁葡萄干余味之间的美妙平衡。这种微妙口感可能无法在酸酒风格鸡尾酒中得到体现(不过我们不会阻止你去尝试),但用知更鸟来充当强劲鸡尾酒的基酒是最理想的,比如在从萨泽拉克改编而来的复制和黏贴中,它就是和陈年苹果白兰地共同充当了核心。

日本威士忌

日本威士忌寂寂无名的日子已经过去了。自从日本威士忌在几十年前进入美国市场以来,人们对它的态度从怀疑变成了狂热追捧,而如今有些日本威士忌更被誉为处于世界顶级水准,在国际上获得了众多奖项和好评。日本人对完美的偏执追求在每一滴日本威士忌中得到了体现,而它在美国的难买程度也总是让我们懊恼不已。

令人惊讶的是,关于日本威士忌酿造的法规少得可怜,整个行业都建立在传统之上。陈酿木桶就是一个很好的例子。尽管许多日本威士忌酒厂用的是和其他国家的酒厂一样的木桶,比如波本桶、雪莉桶和波特桶,但它们也会大量使用日本水楢桶和梅酒桶。这使得酿造出来的威士忌多种多样:有的和单一麦芽苏格兰威士忌极其相似,有的和苏格兰及爱尔兰调和型威士忌颇为类似,还有的是日本特有的风格。这种多元性固然令人兴奋,但却让人很难总结出一个普遍的日本威士忌调酒指南,所以我们不再赘言。相反,在下面的推荐单品描述里,我们将告诉你每款单品最像哪一种威士忌,是单一麦芽苏格兰威士忌还是调和型苏格兰威士忌,是爱尔兰调和型威士忌还是罐式蒸馏威士忌,抑或是日本威士忌,然后再从这一角度给出调酒建议。

不过,你可能会因为一个更实际的原因而裹足不前:大多数日本威士忌的出口量都非常有限,而我们能买到的往往都价格不菲。幸运的是,有几款单品尚在可以负担得起的价位之内,但前提是你能买得到。在我们看来,它们值得你花些力气去寻找。

推荐单品

白州 12 年: 在我们推荐的日本威士忌里,白州 12 年是最像单一麦芽苏格兰威士忌的,不过它远远不止是一款诠释苏格兰风格的日本威士忌那么简单,它很好地体现了日本威士忌酿造的独特之处。白州酒厂位于偏远的山林之中，海拔 2600 米。本地水源对白州的柔和风味功不可没，再加上罐式蒸馏带来的轻微泥煤味，以及在波本桶和雪莉桶中陈酿，最终造就出一款带有淡雅果香和花香的威士忌。我们当然很愿意用更高端、更昂贵的日本威士忌来调制高球，但用优雅的白州做出来的高球堪称理想模板，是我们用来评判其他高球的基准。

一甲科菲谷物威士忌：许多日本威士忌都直接从单一麦芽苏格兰威士忌身上汲取灵感，而一甲科菲谷物威士忌则介于爱尔兰威士忌和波本威士忌之间。它以玉米为主要原料，因此具有类似于波本的香草和香料风味，随后在不同类型的木桶中存放，陈年酒被调和在一起，最后形成一种独特的风味特质。也许你会感到好奇，但其实它名字中的"科菲"一词和咖啡没有任何关系，科菲指的是威士忌酿造过程中使用的蒸馏器。这种连续蒸馏器又被称为科菲蒸馏器，是根据它的发明者埃涅阿斯·科菲（Aeneas Coffey）命名的。

三得利季：这款威士忌以来自三得利旗下 3 家酒厂（山崎、白州和知多）的原酒调和而成，口感顺滑清淡，价格通常在 45 美元左右，尚属合理（对日本威士忌而言），是一款平易近人的入门级日本威士忌。它的平衡度极佳，既有苏格兰风格单一麦芽威士忌的优雅，又有谷物威士忌的粗糙感和香料特质。

其他国际威士忌

虽然全球威士忌酿造行业被少数几个国家（美国、爱尔兰、加拿大和日本）所主宰，但其他许多国家也出产优质威士忌。目前，优质陈年威士忌的生产国包括印度、瑞士、瑞典、丹麦、德国、奥地利、法国、南非、澳大利亚、泰国和新西兰，而这些只是我们知道的国家。更多生产国必然会在未来几年内出现。

如果你决定探索这些威士忌，不妨回顾一下我们在第一章中介绍过的威士忌知识。如果某款威士忌的酿造方式很像某种类似风格，那么你可以大致推测出它的味道如何，这能够帮助你判断它的品质和调酒潜力。不过，对一款新品的判断还要考虑到它的产地和当地气候。

改变核心与调味

在单独用调和型苏格兰威士忌调酒时，我们通常会加入另一种基酒，增添更多和威士忌有关的风味。加强型葡萄酒就是一个好选择，因为许多苏格兰威士忌都是在雪莉桶、马德拉桶和波特桶中陈酿的。出于同样的理由，美国威士忌（尤其是波本威士忌）可能也是个不错的选择，但美国橡木的强烈口感可能会掩盖调和型苏格兰威士忌的风味。你可以用两种方法来实现这一点：第一种是用大量苏格兰威士忌（1½ 盎司）加少量波本威士忌（½ 盎司）组成核心，从而在苏格兰威士忌风味中注入少许香料味。第二种则用大量波本威士忌加少量苏格兰威士忌组成核心，这样做出来的鸡尾酒充满了美国威士忌的香料风味和鲜明个性，但又带有少许柔和的泥土和苹果风味。

当然，除了威士忌之外的烈酒也适合制作高球，一部分原因在于赛尔兹气泡水适合与任何烈酒搭配。事实上，气泡能够增强香气并带来酸味特质，所以观察气泡水怎样改变核心风味是一件很有趣的事。例如，纯饮银特其拉是泥土和植物味，但把它代替威士忌做成高球后，它突然变成了柑橘味。另外，尽管金酒加汤力水是最有名的喝法，但用赛尔兹气泡水代替汤力水能够做出好喝又复杂的高球，因为赛尔兹气泡水能够让植物风味得到充分体现。这同样是一种非常简单的改变核心的方法，所以我们就讲到这里，让你尽情去尝试。

改变核心的下一步自然就是用其他酒来代替强劲烈酒。这一做法的可能性是无穷无尽的，所以我们鼓励你根据自己的喜好去尝试，但不妨从风味鲜明的原料开始，比如加强型葡萄酒和苦味餐前酒。这是一种传统的方法，下面的这款经典鸡尾酒美国佬就是个很好的例子。

美国佬

美国佬是一款经典餐前鸡尾酒，和内格罗尼（马天尼大家庭成员之一）很像，只不过用气泡水代替了金酒，让它变成了一款以金巴利和味美思为基酒的高球。这两种原料都口感丰富，带有苦味，所以无须对基础高球配方进行调整。不过，橙圈装饰对这款鸡尾酒有着重要作用，它能增添香气，同时它的风味会在品酒过程中慢慢渗入酒里。我们强烈建议在饮用时佐依一瓶单独的冰赛尔兹气泡水，可以边喝边倒入酒中，绝对是傍晚阅读时的良伴。

1 盎司金巴利
1 盎司卡帕诺·安提卡配方味美思
4 盎司冰赛尔兹气泡水
装饰：半个橙圈和一小瓶冰气泡水

将金巴利和味美思倒入高球杯，然后加 3 块方冰。搅拌 3 秒钟。倒入赛尔兹气泡水，再搅拌 1 次。以半个橙圈装饰，佐依一小瓶赛尔兹气泡水。

平衡：气泡水

大多数鸡尾酒都是通过带有甜味、酸味或酸甜兼具的原料来进行平衡的，但经典的威士忌高球只用气泡水来平衡。这需要你对气泡水的品质多加注意，同时还要有高超的倾倒技巧。所以，让我们先来学习一下这种看似简单的原料吧！

气泡水在高球中发挥着一个非常明显的作用：稀释烈酒，让它的强劲风味变淡，从而更易于入口。但这也会改变烈酒的风味。原本集中复杂的风味会松弛下来，变得更易于辨认。气泡水还可以更好地发挥酸度所起的作用。这种酸度和柠檬汁或青柠汁的酸度不一样，它只会在舌间产生一种令人愉悦的尖锐刺激感。最后，气泡水还能增强烈酒的香气，让鸡尾酒上方的空间充满芬芳气味，将易挥发的香气提升到饮者的鼻尖。

鉴于以上原因，我们对气泡水的碳酸化程度非常注重，气泡越多对鸡尾酒的影响就越大。我们还会确保气泡水是充分冰冻的，以保存气泡（二氧化碳在温暖的液体中更容易消失）。气泡水有着各种各样的标识和销售方式，这可能会令你感到迷惑，所以我们想要清楚地解释一下气泡矿泉水、苏打水或俱乐部苏打水以及赛尔兹气泡水之间的区别。

气泡矿泉水： 有些天然泉的矿物质含量较高，溶化在来自地下岩的水中。有些气泡矿泉水的气泡是天然的，但也有一些是经由人工碳酸化得来的，因此它们的碳酸化程度有着很大的差异，矿物质的种类及其含量，以及酸度（或酸碱值）也同样有很大的差异。因为这些天然差异，不同的气泡矿泉水并不能相互代替使用。不过，某些矿泉水的风味尽管非常微妙，但的确是高球中威士忌的绝配。

苏打水： 苏打水又被称为俱乐部苏打水，制作方法是在无气泡水中加入少量不同矿物质（通常是碳酸氢钠、柠檬酸钠和硫酸钾），然后对水进行碳酸化处理，营造出微妙的咸味。这些矿物质的风味在直接喝苏打水时几乎觉察不到，但是你可以试试把它们与赛尔兹气泡水一起品尝，看看能不能喝出它们之间的差异。在调酒时，这些矿物质能够让柑橘果味变得更明亮以抑制苦味，就和加入少许盐溶液的作用一样。我们希望尽可能掌控鸡尾酒，所以并不经常使用苏打水，而是会首选赛尔兹气泡水，然后在必要时加入盐分。

赛尔兹气泡水： 赛尔兹气泡水就是经过碳酸化处理的过滤水。它不含任何添加物，因此是一款非常中性和稳定的产品。它是我们调酒时的首选，而且我们强烈建议用它来调制高球，因为它的纯净风味不会对核心烈酒造成明显的改变。

最后要指出的是，高球并不需要有气泡，它也可以用不含气泡的软饮来调制，主要是果汁。按照老方法用柑橘类果汁做的这一类鸡尾酒往往都名声不佳，比如螺丝起子和咸狗，但并不冤枉，它们用的通常是经过巴氏消毒处理的加工果汁，所以做出来的鸡尾酒味道寡淡，令人难以接受。但是，如果用新鲜原料来做，它们会非常好喝，尽管也非常简单。在这一类鸡尾酒中，最极端的例子让你绝对意料不到，那就是血腥玛丽。

改变平衡

因为软饮在高球的总量中占据了非常大的一部分，而软饮的选择又几乎是无穷无尽的，所以改变软饮为探索新配方提供了广阔的空间。你可以只是简单地用一种不同的商业软饮来代替赛尔兹气泡水，比如汤力水或可乐，也可以大胆地改用啤酒、气泡水或果蔬汁，而果蔬汁能够让配方呈现出咸鲜味的新面貌，比如血腥玛丽及其众多改编版。

帕洛玛

经典配方

或许玛格丽特才是世人眼中的明星，但墨西哥人的最爱应该是帕洛玛，即简单的西柚苏打水加特其拉，再挤上一点青柠汁。这款鸡尾酒也可以用梅斯卡尔来做，而且我们强烈建议你试试。我们的帕洛玛版本以传统配方为基础，对它的风味进行了强化，先用新鲜西柚自制西柚苏打水，然后加入少许西

柚利口酒，以带来更多复杂度。

青柠角
犹太盐，用于杯沿
1¾ 盎司银特其拉
¼ 盎司吉发得西柚利口酒
¼ 盎司新鲜青柠汁
4 盎司冰自制西柚苏打水
装饰：1 个青柠角

用青柠角绕着高球杯顶部 ½ 英寸宽的区域摩擦半圈，然后将变湿了的杯沿在盐里转一下，让盐蘸在半圈杯沿上。倒入特其拉、西柚利口酒和青柠汁，再放入 3 块方冰。搅拌 3 秒。倒入苏打水，再搅拌 1 次。用青柠角装饰。

自由古巴

经典配方

在经典的自由古巴中，朴实无华的高球——朗姆酒加可乐，在少许青柠汁的帮助下得到了升华。其实，这种做法自有其理由：青柠皮是大多数可乐的关键原料，而青柠汁能够带出可乐中的这种风味，同时中和甜味。核心烈酒对这款酒的成败来说也至关重要，朗姆酒的甘蔗风味可以与可乐的圆润香料味

形成互补，威士忌的香料风味与可乐的苦味和柑橘果味很搭配，但伏特加的微妙风味会被掩盖，而金酒的植物风味会和软饮相冲突。

2 盎司白朗姆酒
¼ 盎司新鲜青柠汁
4 盎司冰可口可乐
装饰：1 个青柠角

将朗姆酒倒入高球杯，然后放入 3 块方冰。搅拌 3 秒。倒入青柠汁和可乐，再搅拌 1 次。用青柠角装饰。

另类内格罗尼

经典配方

还记得"改变核心与调味"中的美国佬（见第 215 页）吗？如果我们用普洛塞克来代替赛尔兹气泡水会怎样？结果是一款口感怡人的鸡尾酒——另类内格罗尼。因为起泡酒的风味比赛尔兹气泡水更丰富，所以用量要减少，最终造就出一款苦、甜、清新兼具的鸡尾酒。

1 盎司卡帕诺·安提卡配方味美思
1 盎司金巴利
1 盎司冰普洛塞克
装饰：1 个橙皮角

将味美思和金巴利倒入高球杯搅匀。在杯中加满冰块，然后倒入普洛塞克，将吧勺迅速在杯中轻轻搅拌一下，使普洛塞克融入整杯酒中。用橙子角装饰。

螺丝起子

经典配方

我们在之前已经提到过，用商业加工果汁调制的螺丝起子（和以柑橘类果汁为原料的类似高球）通常都令人失望。不过，只要改用应季新鲜橙子榨汁，这些简单的鸡尾酒就会呈现出不一样的面貌。新鲜橙汁具有明亮的酸度和甜度，本身已经十分平衡，所以做出来的高球会非常清新。不过即便如此，新鲜橙汁有时也会略显寡淡。没关系，只要一点柠檬酸溶液就能解决这个问题了。

4 盎司新鲜橙汁
柠檬酸溶液，在需要时添加
2 盎司伏特加

在调酒之前尝一下橙汁。如果味道有点寡淡，可以加入少许柠檬酸溶液，每次加一滴，直到橙汁的味道足够甜，同时又带点酸。将橙汁和伏特加倒入高球杯搅匀，然后放入 3 块方冰。搅拌 3 秒。无须装饰。

探索技法：调制威士忌高球

技法对所有高球来说都很重要，但对威士忌高球而言更是如此，所以我们将详细介绍相关技法，让你掌握调制这款简单又复杂的鸡尾酒的诀窍。在调制威士忌高球时，我们会考量 3 个因素：威士忌和赛尔兹气泡水的比例、原料和酒杯的温度、冰的类型。我们还会用到一种非常特殊的搅拌技法。

如果赛尔兹气泡水用量太少，威士忌的味道就会像稀释过，而且气泡会力度不足。如果赛尔兹气泡水用量太多，威士忌的风味会变得寡淡两份赛尔兹气泡水兑 1 份威士忌能够让它

们完美融合在一起。威士忌是整杯酒的主角，而口感鲜明活泼的赛尔兹气泡水起到了很好的衬托作用。整杯酒的风味既清新又丰富。

我们要考量的第二个关键因素是酒杯和原料的温度。首先，我们要确保使用的酒杯有着光滑的内壁，因为任何蚀刻都会增大表面积，令赛尔兹气泡水中的气体被更多空间吸附，从而从液体中消失。另外，我们更喜欢用冰过的酒杯来盛放威士忌高球，并且只用极其冰凉的赛尔兹气泡水来调制高球。这不只是为了让客人喝到冰凉怡人的酒，还能够让赛尔兹气泡水的气泡维持到整个品酒过程结束。

我们要考量的第三个也是最后一个因素是冰的类型，这个因素也会对气泡的持久度产生影响。而这背后的原因同样和表面积有关：许多小冰块的表面积比几块大方冰大得多，而这也会让更多气体更快消失，使得整杯酒迅速跑气。尽管表面积更小的一大块冰，如一块长长的冰条，能够令气泡持久，但降温效果却可能不那么好。所以我们选择了一个折中方案：使用几块 1 英寸见方的方冰。

在调酒时，先从冰柜里取出一只冰过的高球杯，然后倒入威士忌。小心地放入一块刚从冰柜里取出的方冰（最好是 1 英寸见方或者更大），要顺着吧勺慢慢地放入威士忌中，以免碎裂。让方冰在杯中静置 10 秒，如果你立刻开始搅拌，威士忌和冰之间的温差很可能会让方冰裂开。方冰适应了威士忌的温度之后，开始慢慢搅拌，直到酒杯外壁结霜（通常需要 10 秒）。再放入一或两块方冰，这时它们会处于酒杯的 2/3 满处，迅速搅拌一下。倒入一部分冰赛尔兹气泡水，注意不要让方冰浮起来。将吧勺伸到杯底，然后小心地将最下面的方冰抬起 1 英寸左右，再放回杯底。这会以一种温和的方式让威士忌和赛尔兹气泡水混合在一起。放入最后一块方冰，倒入剩下的赛尔兹气泡水。最后搅拌 1 次，只需搅拌一圈即可，以免破坏气泡。

杯型：高球杯

对威士忌高球及其大家庭中的大多数鸡尾酒而言，气泡至关重要，所以一定要选用能够让气泡尽可能持久的酒杯。在矮而宽的酒杯中（比如老式鸡尾酒杯或碟形杯），鸡尾酒和空气接触的表面积更大，所以与长而窄的酒杯比起来，软饮中的气体会更快消失。

我们的理想高球杯应该能装下 12 盎司液体。我们希望它有厚重的底部，而且杯壁朝着杯沿慢慢变薄。厚重底座能够让整杯酒稳稳地立在桌上，而纤细杯沿和嘴唇接触的感觉极好，同时也很实用（虽然薄薄的杯沿更容易磕破，但是它真是太性感了！）。有些高球杯会在外壁刻花，虽然这么做主要是为了装饰，但也能让饮用者更稳地握住酒杯。许多我们最爱的杯型都来自高球圣地——日本，对此你可能并不会感到惊奇。在我们最爱的日本品牌里，能在美国买到的是强化（Hard Strong），它出品多种不同风格的耐用型高球杯，集厚重和精致于一身，是我们眼中的完美之选。

要指出的是，高球杯和柯林斯杯虽然外型很相似，但却并不一定能混用。正宗的柯林斯杯容量更大——约 14 盎司。这种容量上的差异是很有道理的：高球是 2 盎司烈酒加软饮，而柯林斯是一种完整的鸡尾酒，摇匀稀释之后倒入装有冰块的酒杯，最后加满气泡水。容量更大的柯林斯杯可以用来盛放高球，但是如果你要用高球杯来装柯林斯风味的鸡尾酒，那么就必须减少软饮或冰块用量，才能装得下所有酒液。斯维泽和酷乐也是如此，要用容量更大的酒杯才能装得下它们所需的大量冰块。

拒绝浪费

在大多数酒吧里，高球风格鸡尾酒都是用塑料吸管来喝的，而直到最近，我们的酒吧也是如此。但是，出于对环保的考虑，我们正在慢慢淘汰塑料吸管，它们最终会进入垃圾填埋场，而且它们的生产过程也会对环境造成不良的影响。坦白地讲，大多数鸡尾酒其实并不需要吸管。如今我们只在客人主动要求的情况下才会提供吸管，在其他时候，我们只把它们用于那些真正需要吸管的鸡尾酒，比如茉莉普、斯维泽和其他碎冰鸡尾酒。而且，我们用的是金属吸管，它们可以无限次清洗后再使用。

高球改编版

　　因为高球非常之简单，所以前面几个章节中提到的鸡尾酒元素都可以用来创作高球改编版。例如，酸柠檬汁或青柠汁和糖之间的平衡（大吉利的风味基础）可以被少量运用在高球中，起到提升风味的作用，但不能过度，否则就变成了酸酒！同理，老式鸡尾酒和马天尼的准则——用苦精来烘托烈酒，或通过烈酒和加强型葡萄酒的结合来达到和谐，也可以用于高球。事实上，你将在本章接下来的内容中看到，一部分鸡尾酒看上去很像是酸酒、老式鸡尾酒或马天尼的改编版，只不过加入了软饮来稀释。

龙舌兰日出

龙舌兰日出

经典配方

和螺丝起子一样，龙舌兰日出是一款经常受人诟病的经典鸡尾酒，但是只需要用新鲜果汁代替商业化果汁，就能让它得到很大的改善。我们还发现这款酒的经典配方有点过于甜腻，因为红石榴糖浆的甜度很高，所以我们加入了少许青柠汁，它正好也与特其拉很搭配。最后做出来的酒口感清新、果味十足，非常适合日间饮用。

2 盎司银特其拉
4 盎司新鲜橙汁
¼ 盎司新鲜青柠汁
¼ 盎司自制红石榴糖浆
装饰：半个橙圈和 1 个青柠角

将特其拉、橙汁和青柠汁倒入高球杯，放入 3 块方冰。搅拌 3 秒。倒入红石榴糖浆，不要搅拌，让它慢慢沉到杯底。用半个橙圈和 1 个青柠角装饰。

金汤力

经典配方

金汤力的人气可能比威士忌高球还要高，原因或许是两种简单原料之间的神奇互动。汤力水不只是苦味的赛尔兹气泡水，它还含有一定数量的糖分，而这种甜度既能衬托出高烈度英格兰金酒的草本风味，又能抑制酒精的劲道。

2 盎司伦敦干金酒
4 盎司冰汤力水
装饰：1 个青柠角

将金酒倒入高球杯，然后放入 3 块方冰。搅拌 3 秒。倒入汤力水，再搅拌 1 次。用青柠角装饰。

哈维撞墙

经典配方

如果你还想认识更多名声不佳的高球，哈维撞墙正是其中之一，它基本上是加了一层加利安奴漂浮的螺丝起子。少许利口酒的加入为简单的高球带来了更多风味和复杂度。在我们这个版本的配方中，伏特加的用量稍微减少了一些，因为加利安奴本身也含有酒精。另外，就像我们的龙舌兰日出（见左图）一样，我们加入了少许柑橘类果汁（在这个配方里是柠檬汁），以中和额外的甜味。我们还改掉了加一层加利安奴漂浮的做法，因为我们觉得那样鸡尾酒的风格会不平衡，而且它最后还是会沉到杯底。

1½ 盎司爱斯勃雷鸭伏特加
½ 盎司加利安奴
3 盎司新鲜橙汁
½ 盎司新鲜柠檬汁
装饰：半个橙圈

将所有原料倒入摇酒壶，放入 3 块方冰，迅速摇 5 秒钟，滤入装有冰的高球杯。用半个橙圈装饰。

高球大家庭

高球大家庭以不同的方式对基础配方——一份基酒加两份软饮——进行了改编。对血腥玛丽这样的咸鲜味高球来说，精髓在于软饮，所以我们增加了鸡尾酒中软饮的用量。针对以香槟调制的鸡尾酒（如含羞草），我们颠覆了配方，并加入了少许橙汁（软饮），从而起到调味的作用。不过，尽管这些鸡尾酒对高球进行了一定程度的改编，但在本质上还是酒加软饮。

诺曼底俱乐部血腥玛丽

德文·塔比，2015

现在你已经知道了，我们是新鲜果汁的忠实支持者。但在过去很多年里，我们都对番茄汁束手无策，因为新鲜番茄汁味道寡淡，而且和酒混合之后很容易分层。最后我们发现，解决方法是在新鲜番茄汁中加入少许瓶装番茄汁，使它的质地更稳定，同时又保留了新鲜风味。在制作这款酒里的血腥玛丽原浆时，我们就是这么做的。另外，我们还不能忍受血腥玛丽带有颗粒质地或颗粒物，比如香料或山葵。所以在制作血腥玛丽原浆时，我们去掉了香料和山葵，用少许新鲜芹菜汁和甜椒汁来代替。既然已经花了这么多力气来制作完美的原浆，我们决定选择开胃的阿夸维特来作为基酒，使整体风味更深沉。不过，我们的血腥玛丽原浆非常百搭：基酒换成伏特加、金酒或阿蒙提亚多雪莉酒都一样好喝。

柠檬角

柠檬胡椒盐

1½ 盎司罗格斯塔德阿夸维特

5 盎司诺曼底俱乐部血腥玛丽原浆

¼ 盎司新鲜柠檬汁

¼ 盎司新鲜青柠汁

装饰：穿在酒签上的 1 颗樱桃番茄和 1 个青柠角

用柠檬角绕着柯林斯杯顶部 ½ 英寸处摩擦半圈，然后将变湿了的部分在柠檬胡椒盐里转一下，让盐蘸在半圈杯沿上。在酒杯里装满冰块。倒入剩下的原料，搅拌几下。用樱桃番茄和柠檬角装饰。

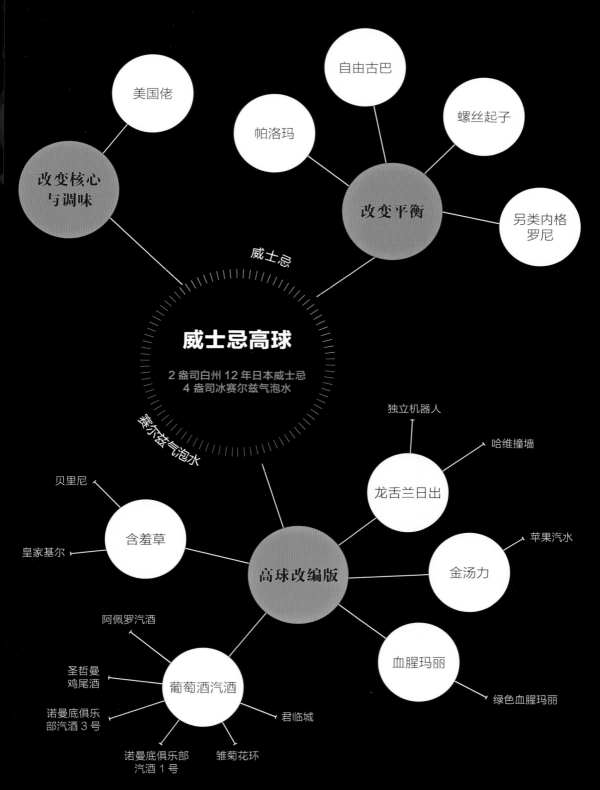

改变核心
与调味

美国佬

自由古巴

帕洛玛

螺丝起子

改变平衡

另类内格
罗尼

威士忌

威士忌高球

**2 盎司白州 12 年日本威士忌
4 盎司冰赛尔兹气泡水**

赛尔兹气泡水

独立机器人

哈维撞墙

贝里尼

龙舌兰日出

含羞草

苹果汽水

皇家基尔

金汤力

高球改编版

阿佩罗汽酒

血腥玛丽

圣哲曼
鸡尾酒

葡萄酒汽酒

绿色血腥玛丽

诺曼底俱乐
部汽酒 3 号

君临城

诺曼底俱乐部
汽酒 1 号

雏菊花环

来自亲友团的分享

泰森·布勒（Tyson Buhler）

泰森·布勒是死亡公社酒吧总监和2015年世界级调酒大师赛美国赛区冠军。

高球可能是每个调酒师学会调制的第一款酒。我是在小时候打工的高尔夫球场里知道它的，去那里打球的老家伙们喜欢喝威士忌苏打，而且一定要"少加苏打水"。

直到最近，我都仍然认为威士忌苏打是老家伙喝的酒。但是，日本特有的高端高球文化正在传播到美国。如今高球酒吧在日本非常流行，而且它们对高球调制有着非常严格的规范，这种特殊的调制方法被称为"水割"。首先，你要在酒杯里加冰并搅拌，使酒杯变得冰凉，然后将融化了的水倒掉，冰留在酒杯里。然后，你要倒入威士忌，不多不少地搅拌13圈半，而且一定要顺时针方向。最后，你要加入气泡水，搅拌3圈半。有些调酒师在整个调制过程中只用一大块冰条，有些调酒师在每个步骤中加冰。至于他们对气泡水的要求，那就更复杂了。总之，整个过程非常具有禅意。

如果这样的行为被我祖父看到了，他会觉得很好笑。然而，如今美国调酒师正在被这种对细节的注重和整个调制过程的浪漫色彩所吸引。不过我必须得承认，要让我们的客人理解这种细微之处的美妙有时并不容易。他们看到的只是一杯用两种原料做成的酒，因此很难理解它的复杂度和对细节

的注重。但是没关系，他们没必要去理解所有的细节，只要喜欢喝就好。

话说回来，高球最大的妙处正在于简单。你只需要一种烈酒、一个酒杯、一些冰和气泡水。你不需要摇酒壶或搅拌杯、高级糖浆或苦精。你甚至不需要真正的吧勺。因此，你几乎可以在任何地方调制出好喝的高球。

简单的配方还为你提供了广阔的创作空间，在常见的金汤力、朗姆可乐和帕洛玛之外，对高球的改编有着无限可能。改编太多，时间太少……下面这个配方用口感温和的卡尔瓦多斯搭配带有明亮苦味的汤力水，听上去可能出人意料，但却非常清新复杂。

卡尔瓦多斯汤力

泰森·布勒

2盎司蒙特勒伊酒庄奥日地区珍藏卡尔瓦多斯

4盎司冰过的芬味树汤力水

将卡尔瓦多斯倒入高球杯，然后放入3块方冰。搅拌3秒。倒入汤力水，再搅拌1次。无须装饰。

血腥玛丽

经典配方

如前所述，高球可以是咸鲜味的，而血腥玛丽是咸鲜味鸡尾酒中的女王。我们的基础血腥玛丽非常简单，只需要最低程度的事前准备。你可以把这个配方当作模板，然后根据你的喜好来调整。你可以加入少许梅斯卡尔，以增添烟熏味，或者用曼赞尼亚雪莉酒来代替伏特加，以增强咸鲜味并降低酒精度（早午餐时不要喝醉）。你还可以试着用我们的烤蒜胡椒伏特加来充当基酒。

犹太盐和胡椒，用于杯沿
柠檬角
2 盎司爱斯勃雷鸭伏特加
5 盎司基础血腥玛丽原浆
¼ 盎司新鲜柠檬汁
装饰：1 个柠檬角和 1 根芹菜茎

在一个小碟中混合等量盐和胡椒。用柠檬角绕着品脱杯杯沿 ½ 英寸宽的区域摩擦半圈，然后将变湿了的部分在盐和胡椒里转一下，让它们蘸在半圈杯沿上。在酒杯里装满冰块。倒入剩下的原料，搅拌几下。以柠檬角和芹菜茎装饰。

绿色血腥玛丽

德文·塔比，2013

你可以叫我们古典主义者，但我们通常只使用以番茄制作的血腥玛丽原浆，也就是上面几款鸡尾酒里用到的那种。但用黏果酸浆做的绿色原浆是个例外，因为它与辛辣的浸渍特其拉很搭配。这款酒所需的糖比你想要的多，因为黄瓜和黏果酸浆的天然甜度比番茄低，所以我们在原浆中加入了蜂蜜。蜂蜜还带来了淡淡的泥土风味，能够让其他原料更好地融合在一起。

犹太盐和辣椒粉，用于杯沿
青柠角
5 盎司绿色原浆
1½ 盎司哈雷派尼奥辣椒伏特加
1 盎司新鲜青柠汁
装饰：穿在酒签上的 1 个番茄樱桃和 1 个柠檬角

在一个小碟中混合等量犹太盐和辣椒粉。用柠檬角绕着柯林斯杯顶部 ½ 英寸处摩擦半圈，然后将变湿了的部分在盐和辣椒粉里转一下，让它们蘸在半圈杯沿上。在酒杯里装满冰块。倒入剩下的原料，搅拌几下。用樱桃番茄和柠檬角装饰。

独立机器人

亚历克斯·戴，2013

独立机器人是对螺丝起子的一种奇怪的拓展改编：对整杯酒充气使得它的味道特别好。如果你拥有一套桶装鸡尾酒系统，这款酒可以让人们不知不觉地喝下许多雪莉酒。总体而言，它的风味比典型高球——烈酒加软饮的简单组合——更集中，因此更像一款复杂鸡尾酒。

1¼ 盎司绝对伏特加
1 盎司威廉 & 汉拔半干雪莉酒
1 盎司澄清橙汁
1 盎司香草乳酸糖浆
1 茶匙柠檬酸溶液
1 滴特拉香料橙子精华
2½ 盎司冰赛尔兹气泡水
装饰：半个橙圈

将所有原料事先冷藏，然后全部倒入苏打水枪，装入二氧化碳气弹，轻轻摇晃，令二氧化碳更好地溶化在液体中。将苏打水枪冷藏至少 20 分钟（最好是 12 小时），然后打开。倒入装有冰的高球杯，用半个橙圈装饰。

含羞草

经典配方

在第一章中，我们简单介绍了一下起泡酒。因为它们的酸度和甜度存在着很大差异，而且风味也有尖锐、浓郁、酵母特质等差别，所以调酒时一般不能混用。跟螺丝起子一样，如果你用经过巴氏消毒的果汁来做含羞草，效果肯定与用应季橙子鲜榨的橙汁不一样。前者通常味道寡淡，后者既明亮又清新。不过，不同橙子的甜度和酸度也会不一样，所以我们加入了少许柠檬酸溶液，以确保鸡尾酒的口感活泼。

1 盎司新鲜橙汁
3 滴柠檬酸溶液
5 盎司冰干型起泡酒

将橙汁和柠檬酸溶液倒入冰过的细长型香槟杯。倒入起泡酒，将吧勺迅速伸入杯中轻轻搅拌一下，令起泡酒融入整杯酒中。无须装饰。

苹果汽水

德文·塔比，2015

苹果汽水是我们对简单高球的高规格改编，灵感来自金汤力的简约之美。我们用未陈年法国苹果白兰地搭配少许梨白兰地，再加上白味美思的草本甜味，多汁的自制苹果芹菜苏打水令这些风味变得清淡，造就了一款清新的高球改编版。

1 盎司克里斯蒂诺曼底白苹果白兰地
½ 盎司克利尔溪梨子白兰地
1 盎司杜凌白味美思
5 盎司苹果芹菜苏打水
装饰：1 根薄荷嫩枝和 1 片芹菜叶

将除了苏打水之外的所有原料倒入高球杯，然后放入 3 块方冰。搅拌 3 秒。倒入苏打水，再搅拌 1 次。用薄荷嫩枝和芹菜叶装饰。

贝里尼

经典配方

尽管一年到头你都可以在世界各地的酒吧里喝到贝里尼，但用处于最佳成熟度的桃子来做效果最好，但很少有人能幸运地喝到这样的贝里尼。即使是品质最好的商业桃子果泥，与最佳的新鲜桃子比起来也会相形失色。如果你看到本地农贸市场里有桃子卖，赶紧用它们来做一杯经典的贝里尼。不过，贝里尼的美妙之处在于它几乎可以用任何新鲜成熟水果来做，为创作新配方提供了空间。

1 盎司新鲜桃子果泥
5 盎司冰普洛塞克

将桃子果泥放入细长型香槟杯。倒入普洛塞克，将吧勺迅速伸入杯中轻轻搅拌一下，使普洛塞克融入整杯酒中。无须装饰。

自制果泥

自制果泥需要一台搅拌机和一个细孔滤网。先把水果彻底洗净。苦味或味道不佳的果皮要先削掉。水果的核和籽也要去掉。像桃子、梨和苹果这样的水果与氧气接触后会变成棕色，所以在搅拌时可以加入适量抗坏血酸粉（每两杯水果加半茶匙）。搅拌至质地均匀，然后用细孔滤网过滤。倒入储存容器，盖好盖子，冷藏可保存 1 周，冷冻可保存 1 个月。

皇家基尔

经典配方

另外一个用起泡酒来改编高球的方法是用水果利口酒来调味，但小心别加太多，否则会让整杯酒变得太甜。经典皇家基尔正是用少量带有明亮酸度的黑加仑利口酒营造出了绝佳平衡。这种酸度使得黑加仑利口酒的用途非常广泛，因为它除了本身的多汁果味之外，还同时具有甜味和酸味。尽管传统配方用的是香槟，但勃艮第·克雷芒起泡酒的效果也很好。总之，你可以大胆尝试，探索利口酒和起泡酒之间的无限可能。

½ 盎司加布里埃·布迪耶第戎黑加仑利口酒
5½ 盎司冰干型香槟

将黑加仑利口酒倒入冰过的细长型香槟杯，再倒入香槟，将吧勺迅速伸入杯中轻轻搅拌一下，令香槟融入整杯酒中。无须装饰。

圣哲曼鸡尾酒

经典配方

圣哲曼鸡尾酒的基本原理和阿佩罗汽酒一样。为了确保圣哲曼的微妙风味不会被起泡酒掩盖，我们用赛尔兹气泡水来代替一部分起泡酒，既不影响气泡的丰富，又能令风味平衡，凸显出圣哲曼的美妙特质。

1½ 盎司圣哲曼
2 盎司冰干型起泡酒
2 盎司冰赛尔兹气泡水
装饰：1 个柠檬皮卷

将圣哲曼倒入高球杯。在杯中加满冰块，然后倒入起泡酒和气泡水，将吧勺迅速伸入杯中轻轻搅拌一下，令起泡酒融入整杯酒中。

在酒的上方挤一下柠檬皮卷，放入杯中。

阿佩罗汽酒

经典配方

和美国佬一样，经典阿佩罗汽酒也是一款不可或缺的餐前鸡尾酒，在用餐前享用，以促进食欲。尽管我们坚信起泡酒可以让任何酒变得更好喝，但用量过大会破坏其他原料的微妙风味。这款用阿佩罗（它的风味是所有餐前酒中最清淡的）调制的鸡尾酒就是个很好的例子。如果它用了更多起泡酒，就会变得很烈，所以它还添加了赛尔兹气泡水，确保它既清新又气泡丰富，同时又不会对整杯酒的风味特质造成太多影响。

2 盎司阿佩罗
3 盎司冰普洛塞克或干型香槟风格起泡酒
2 盎司冰赛尔兹气泡水
装饰：1 个西柚角

将阿佩罗倒入葡萄酒杯。在杯中加满冰块，然后倒入起泡酒，将吧勺迅速伸入杯中轻轻搅拌一下，令起泡酒融入整杯酒中。用西柚角装饰。

诺曼底俱乐部
汽酒 3 号

雏菊花环

诺曼底俱乐部
汽酒 1 号

诺曼底俱乐部汽酒 1 号

德文·塔比和亚历克斯·戴，诺曼底俱乐部 2015

因为用到了完全透明的澄清果汁，你很容易以为这是一杯简单的汽酒，然而它充满了尖酸风味和复杂的松木特质——来自克利尔溪道格拉斯冷杉生命之水。

1½ 盎司杜凌白味美思

½ 盎司克利尔溪道格拉斯冷杉生命之水

3 盎司澄清黄瓜水

½ 盎司澄清青柠汁

½ 盎司单糖浆

1 滴盐溶液

½ 盎司水

装饰：1 根薄荷嫩枝

将所有原料事先冷藏，然后全部倒入苏打水枪，进行充气处理（具体操作步骤参考后面的充气部分）。倒入加冰的葡萄酒杯。用薄荷嫩枝装饰。

雏菊花环

德文·塔比，2015

雏菊花环的定位和诺曼底俱乐部汽酒 3 号类似。在喝它的时候，你会觉得自己在喝一杯起泡酒。带咸味的极干型曼赞尼亚雪莉酒、花香四溢的甜美圣哲曼和果味十足的酸葡萄汁组合在一起，让你觉得自己在喝一杯干型莫斯卡托。带苦味的苏姿利口酒能够中和圣哲曼的糖果特质，并带来开胃的感觉，而气泡西打则增添了酒体和浓烈香气，这些特质是赛尔兹气泡水和起泡酒没有的。

1½ 盎司曼赞尼亚雪莉酒

½ 盎司圣哲曼

¼ 盎司苏姿利口酒

½ 盎司聚变纳帕谷酸白葡萄汁

¼ 盎司新鲜柠檬汁

2 滴盐溶液

3 盎司诺曼底气泡苹果西打

装饰：穿在酒签上的 5 薄片苹果

将除了西打之外的所有原料倒入葡萄酒杯。在杯中装满冰块，搅拌至冰凉。加满西打，轻轻搅匀。用苹果片装饰。

诺曼底俱乐部汽酒 3 号

德文·塔比，2015

我们在改良葡萄酒汽酒的基础上进行了进一步改编，创作出这款诺曼底俱乐部汽酒 3 号。它的基酒由干味美思和圣哲曼组成，以澄清果汁平衡，这样不会影响整杯酒的香槟般的质感。我们还选择对整杯酒完全充气，而不是只倒入赛尔兹气泡水。这能够让整杯酒都充满气泡，非常容易入口。

1 盎司布瓦西耶干味美思

1 盎司圣哲曼

¼ 盎司普布罗维乔银特其拉

¼ 盎司坎波·德·恩坎托特特选皮斯科

¼ 盎司吉发得西柚利口酒

1 盎司澄清西柚汁

½ 盎司澄清柠檬汁

2½ 盎司冰赛尔兹气泡水

装饰：半个西柚圈

将所有原料事先冷藏，然后全部倒入苏打水枪，装入二氧化碳气弹，轻轻摇晃，令二氧化碳更好地溶化在液体中（具体操作步骤见第 228 页）。将苏打水枪冷藏至少 20 分钟（最好是 12 小时），然后打开。倒入装有冰的高球杯，用半个西柚圈装饰。

改良葡萄酒汽酒

德文·塔比，2016

我们的改良葡萄酒汽酒证明了一点：第三章中关于大吉利和酸酒的某些理论可以拿来用于高球。这款经过改编的葡萄酒汽酒口感更佳，同时又没有过多地偏离高球模板。我们所做的只不过是加入了少量柠檬汁和单糖浆，但这个简单的做法为整杯酒增添了迷人的酸甜平衡，令葡萄酒风味得以提升，酒体也更丰满了。

4 盎司口感爽脆的冰白葡萄酒或桃红葡萄酒
¼ 盎司新鲜柠檬汁
¼ 盎司单糖浆
2 盎司冰赛尔兹气泡水
装饰：1 个柠檬圈

将葡萄酒、柠檬汁和单糖浆倒入葡萄酒杯。在杯中装满冰块，倒入赛尔兹气泡水，轻轻搅匀。用柠檬圈装饰。

葡萄酒汽酒

经典配方

你还可以用静态葡萄酒来充当一款鸡尾酒的核心。因为葡萄酒的烈度比烈酒低很多，风味也更温和，所以用量要增加，赛尔兹气泡水的用量则要相应减少。好了！这就是经典的葡萄酒汽酒，它其实也是高球的一种。尽管不同葡萄酒的甜度和酸度有着极大差异，但只要搭配少量赛尔兹气泡水，效果一般都很好，因为它能冲淡并延续葡萄酒的独特风味。我们可以毫不羞愧地宣称，我们

是葡萄酒汽酒的忠实粉丝。一杯冰凉的葡萄酒加赛尔兹气泡水哪里不值得你爱呢？无论对家庭主妇还是资深鸡尾酒爱好者而言，它都很适合饮用。

4 盎司口感爽脆的冰白葡萄酒或桃红葡萄酒
2 盎司冰赛尔兹气泡水
装饰：1 个柠檬圈

将葡萄酒倒入葡萄酒杯。在杯中装满冰块，倒入赛尔兹气泡水，轻轻搅匀。用柠檬圈装饰。

君临城

亚历克斯·戴，2013

就原料而言，君临城看上去可能像是一款颇为典型的酸酒类鸡尾酒，尽管酸的比重偏小。但是，如果你仔细看一下它们的用量，就会发现卡瓦和以桦木浸渍的味美思占据了配方的大头，少量柠檬汁和梨子利口酒起到了平衡的作用。因此，这其实是一款高球。

1½ 盎司以桦木浸渍的好奇都灵味美思
½ 盎司克利尔溪梨子利口酒
¼ 盎司新鲜柠檬汁
3½ 盎司冰卡瓦
装饰：1 个柠檬圈

将浸渍过的味美思、梨子利口酒和柠檬汁倒入葡萄酒杯。在杯中加满冰块，然后倒入卡瓦，将吧勺迅速伸入杯中轻轻搅拌一下，令卡瓦融入整杯酒中。用柠檬圈装饰。

君临城

进阶技法：
给鸡尾酒充气

我们热爱一切带气泡的酒饮，所以总是想尽各种方法来让酒尽可能地气泡丰富。气泡能够影响酒的香气和风味，让它变得更好喝。当你把一杯带气泡的酒举到鼻边，二氧化碳气泡会让芳香分子向上升腾，从而提升你的风味感受。喝上一口，二氧化碳会让你的味蕾感受到酸度，

使得酒的口感更清新。

气泡可以天然产生，也可以人工添加。尽管市面上已经有许多优质的气泡软饮，但有时我们还是希望自制或者给整杯鸡尾酒充气。只要掌握了相关技术，这一点也不难！只需要借助一些平价工具，我们就能让几乎所有酒饮都变得气泡感十足。不过在介绍这些技术之前，让我们先来了解一下充气的原理以及实现它的最佳方式。

充气的基本原理

充气即碳酸化，指的是二氧化碳在液体中溶解的过程。在用外力将二氧化碳溶于液体时，一定要考量 3 个关键变量：透明度、温度和时间。

一般而言，充气时最好选择透明的液体。混浊会让气泡不稳定，因为液体中的漂浮颗粒物（如柑橘果肉）会为气泡提供逃逸通道，气泡会附着在颗粒物上浮到液体表面，二氧化碳就这样消失了。因此，我们更喜欢选用透明液体，如有必要，先在充气前对液体进行澄清。（详见后面讲到的"进阶技法：澄清"）

液体的温度也对充气效果有着很大的影响。你给温苏打水开过瓶吗？它的气泡一定溅得到处都是，因为液体温度越高，能够容纳的二氧化碳就越少。相比之下，冰苏打水开瓶之后几乎不会冒泡，所以气泡持续的时间会更长。因此，在充气之前，我们要确保原料尽可能冰凉，而在充气之后，我们也要把它们冷藏起来。

最后，别忘了时间。即使二氧化碳被注入了非常冰凉、透明的液体，它也需要一些时间去完全溶解。我们注意到，我们的自制充气鸡尾酒在静置至少一天的情况下能产生更细腻紧致的气泡。

什么时候该（和不该）充气

并不是所有的透明液体都适合充气。直到不久之前，技术狂调酒师们都还执着于给一切鸡尾酒充气（我们也不例外），包括那些强劲的酒款。尽管在这个世界上没有什么比内格罗尼和气泡——在分开的状态下——更能让我们喜爱，但把它们融为一体实在不是个好主意。下面这些理由会让你明白，我们为什么不该给强劲鸡尾酒充气。

据说，充气鸡尾酒会让饮酒者醉得更快。尽管这个说法尚无确切证据，但我们发现人们在喝带气泡的鸡尾酒时往往速度快得多。因此，我们倾向于给酒精度偏低的鸡尾酒充气。

然后，要考虑一下充气对品尝体验的影响，它会改变液体的香气、质地和风味。像内格罗尼这样的鸡尾酒代表了烈、甜和苦的微妙平衡，源自具有强烈个性的原料。充气会改变这种平衡：增强金巴利和味美思的浓郁香气、酸度感知和酒精的强劲感。总之，充气内格罗尼不是非常好喝，它的口感并没有因为加入了气泡而变得更好。

充气方法

我们将简单地为你介绍 3 种自制充气鸡尾酒的方法：使用苏打水枪、自行组装设备给瓶装液体充气（我们最爱的方法）或组装一个类似装备给整桶鸡尾酒充气。（另一个选择是购买专业的 Perlini 摇酒壶：它由一个特殊的摇酒壶加二氧化碳气弹或二氧化碳压力罐组成。）你可能会问：为什么不直接用 SodaStream 气泡水机或其他相似的机器来给鸡尾酒充气呢？或许你可以这么做，但我们强烈建议你不要做。首先，如果用 SodaStream 来给鸡尾酒充气，你就享受不了它的保修服务了。另外，SodaStream 没办法让你控制加在液体之上的压力。所以，你无法控制最终的效果。

准备充气原料的常见注意事项

1. 准备原料：过滤和澄清任何混浊的果汁、浸渍原料或糖浆。

2. 冷却原料：所有烈酒（酒精度 40% 及以上）都要在冰柜里放置至少 12 小时。低酒精度原料（如味美思、静态葡萄酒和利口酒）不应该放入冰柜，而是要放入冰箱或在冰水中冷却至少 1 小时（后者的效果是最好的）。糖浆和果汁要放入冰箱冷却足够长的时间，以确保它们已经完全冰凉，但又不能太久，否则果汁会氧化。理想的冷却时间是 1 ~ 4 小时。

3. 准备好操作空间和工具：清洗和组装你的充气设备（详见下文）。如果你用的是有隔热保护的苏打水枪，要把它放入冰柜，冷却至冰凉。（一切都应该是冰凉的！）把克重秤、吧台专用毛巾和量杯摆好备用，这样你在制作鸡尾酒时就不会手忙脚乱了。

4. 准备辅助原料：除了冰好的主要原料，你的鸡尾酒可能还需要少量其他原料，比如苦精、风味提取物、酸味溶液等。一定要把它们提前准备好。

5. **注意稀释**：自制充气鸡尾酒时，你做出来的是一杯成品，所以它的稀释度应该和搅拌或摇匀后的鸡尾酒一样。我们发现，用非常冰的赛尔兹气泡水来稀释效果最好。尽管具体用量要根据鸡尾酒中的其他原料来决定，但我们在稀释充气鸡尾酒时有一个常用比例：鸡尾酒的总体积中有 20% 是水。

6. **批量制作**：将原料依次从冰柜、冰箱或冰水中取出。分别称重，然后倒入准备好的容器混合。动作要快，以确保原料还是冰凉的。现在，你可以用下面介绍的方法之一来进行充气了。

充气水果

二氧化碳还可以用来给固体原料充气，做成独特的鸡尾酒装饰。通过使用 iSi 发泡器（不是苏打水枪），任何含有水分的水果或蔬菜都能被充气。整个过程和给鸡尾酒（或水）充气很像。当

二氧化碳和水在高压环境下结合，二氧化碳会通过水果的外膜，溶解在水果内部的液体中。于是，水果就具有了一种出人意料的轻微刺激感。

发泡器的开口很小，所以最容易操作的水果之一是葡萄，它也是我们的最爱之一。浆果过于脆弱，而且易碎。更大的水果需要先切成块，如果是柑橘类水果，我们通常会把每瓣果肉切成 4 小块。将水果放入发泡器，注意不要超过最大刻度线。盖好盖子，在打开放气阀的同时装入二氧化碳气弹，这会清除发泡器中的空气。然后，关闭放气阀，换上一个新气弹并充气。

将发泡器放入冰水中，使原料冷却。水果中的液体越冰凉，能容纳的二氧化碳就越多。放入冰水中的时间为至少 1 小时。水果在发泡器中放得越久，气泡就会越多，如果能够放上一整夜，水果中的气泡就会非常丰富了。

如果你用的是完整的水果（如葡萄），它们可能会在充气过程中破裂，因为二氧化碳的压力超过了果皮的强韧度。在充气前把小颗水果切成两半就可以解决这个问题。另一个办法是在发泡器中加入补充性的液体，让液体起到缓冲作用，为水果的细胞壁提供支持。如果用的是葡萄，我们会加入酸葡萄汁，最后做出来的充气葡萄会带有酸葡萄汁的酸味。

最后要指出的是，带气的水果可能不是谁都能立刻适应的。我们的大脑会依照一种深层的、本能的固定思考模式认为带气的水果正处于发酵状态，所以可能已经腐坏，并对人体有害。对有些人来说，这种反应可能很难去克服。因此，我们通常会用补充性液体对水果进行充气，就像我们在葡萄中注入酸葡萄汁那样。这会增强水果的新鲜特质，让它们成为令人愉悦的独特鸡尾酒装饰。

苏打水枪

苏打水枪是一种专为液体充气设计的厚壁罐。我们爱用 iSi 公司出品的型号（我们也用它生产的二氧化氮奶油发泡器来快速制作压力浸渍原料）。在用苏打水枪充气时，我们要先将液体倒入罐中，注意不要超过最大刻度线，这既为了安全，也为达到最佳充气效果。另外，千万不要把盖子拧得太紧。装入一个二氧化碳气弹并充气，然后用力摇动罐体。（虽然生产商并不推荐这么做，但我们总是会装入第二个气弹并充气，然后再次摇动罐体，以达到最佳充气效果。）然后，将苏打水枪放入冰箱冷藏，或者放入冰水以迅速冷却。不管你选择了哪种冷却方式，都要确保时间至少为 2 小时，但冷却 6 小时效果是最好的，这样二氧化碳能够更好地溶解在液体中。

苏打水枪是一种用途广泛的平价工具，但却有着三大缺陷：第一，不浪费一整个气弹就无法清除罐体中的空气。第二，你无法调节施加给液体的压力大小，所以无法控制成品鸡尾酒中气泡的密度。第三，小小的气弹不但会增加你的成本，还会对环境造成不良影响。光是第三点就让苏打水枪成为一个不那么可持续的选择，尤其对生意繁忙的酒吧而言。不过，如果你准备在家尝试充气鸡尾酒，它是一个不错的现成工具。

①1 磅 ≈ 0.45 千克。——译者注

DIY 瓶装液体充气设备

无论是在酒吧还是家里，我们爱用充气方式都是用自酿啤酒设备来组装出一套系统，这种方式在鸡尾酒大师戴夫·阿诺德和波特兰调酒师杰弗瑞·摩根萨勒（Jeffrey Morganthaler）的推广下变得流行起来。幸运的是，这种系统如今已经相当普遍，所以你应该不需要在一脸困惑的店员注视下把自酿啤酒设备商店翻个底朝天才能找到所需的配件。（当然，如果你所在的地方没有自酿啤酒设备商店，网上也能买到这些配件。）

我们之所以喜欢这套系统，最重要的原因是它只需要预先做出一小笔投资就能让充气鸡尾酒的成本变得非常低。

家用充气设备所需配件

- **二氧化碳气瓶：**购入一个带标准附件的 5 磅①装气瓶（约 14 英寸高、5 英寸宽）。如果你想大干一番，可以购入一个 20 磅装气瓶，它可以重复给数以百计的鸡尾酒充气。不管你买的是哪一种，气瓶空了之后只需要一小笔花费就可以换一瓶全新的。
- **二氧化碳主调节器：**这是用来安装在二氧化碳气瓶一侧的接头上的。你购入的主调节器必须带表盘——一个指示压力（以 PSI 表示，即每平方英寸承受多少磅），一个指示气瓶的气体量，另外还要有气管的关闭阀门。确保调节器可以通过前面的转盘或螺钉来轻松操控，而且最大压力值可

以达到 60 PSI。我们最喜欢迈克罗·迈帝克公司（Micro Matic）出品的调节器。

- **软管：** 你需要 5 英尺长的 5/16 英寸 ID 气体输送软管（ID 指的是"内部尺寸"，即软管的内部直径）。常见的红色可弯曲软管就可以用，但是我们更喜欢迈克罗·迈帝克公司出品的厚壁编织软管，因为它可以承受我们给鸡尾酒充气时的超强压力。（啤酒系统的压力通常不超过 20 PSI。）

- **气体球锁接头：** 这是一种极小的塑料或不锈钢配件，用来把软管连接在倒酒酒头上。

- **管箍：** 你需要至少两个管箍才能把软管紧紧接在调节器和气体球锁接头上。要多买些备用！

- **倒酒酒头：** 这是一种单向阀，用来连接气体球锁接头和塑料瓶。

- **塑料瓶：** 这是用来给鸡尾酒充气的容器。你可以选用回收的 1 ~ 3 升的 PET 塑料赛尔兹气泡水瓶或苏打水瓶，但是一定要彻底清洗这些回收的水瓶，确保瓶中没有任何味道残存。

如何给瓶装液体充气

1. 准备好原料，确保它们尽可能地冰凉。

2. 用漏斗把原料倒入塑料瓶，不要超过瓶体的 4/5 满。在顶部留出一些空间有利于气体和液体之间产生反应。如果你把瓶子全部装满，做出来的鸡尾酒会没有气泡。

3. 挤压塑料瓶的中部，尽可能地清除里面的气体，然后接上倒酒酒头并密封。确保酒头盖紧了，但是别太紧，否则会打不开。(如果你准备同时给几个塑料瓶充气，或者原料尚未冷却完毕，必须把塑料瓶放入冰箱冷藏或放入冰水中。)

4. 打开气瓶开关，把主调节器的压力调到 45 PSI。

5. 把气体球锁接头连接到倒酒酒头上，一直按压到接头锁好为止。迅速涌入的二氧化碳会让塑料瓶在几秒钟之内就鼓起来。

6. 将连接着倒酒酒头的塑料瓶摇动10 秒，然后把软管从酒头里拔掉。

7. 将塑料瓶放入冰箱或冰水中冷却，至少两小时后才能饮用。

8. 为了达到最佳效果，要对鸡尾酒进行 2 次充气。首先，将冷却了 1 小时的塑料瓶取出，打开盖子。将瓶中的气体挤出，然后把盖子盖紧，重复步骤 4 ~ 7。继续放入冰箱或冰水中冷却 1 小时。

9. 准备好饮用鸡尾酒时，将塑料瓶直立拿在手中，然后小心地打开倒酒酒头。瓶中累积的二氧化碳开始奔腾，发出响亮的嘶嘶声。把酒迅速倒入杯中，以保存气泡。

DIY 桶装液体充气设备

给瓶装鸡尾酒充气的方法也适用于给整桶鸡尾酒充气。你需要的只是更大型的设备，但是由于鸡尾酒的体积变大了，你还必须进行一些额外的操作才能达到最好的充气效果。

用真空保鲜桶来供应鸡尾酒已经在调酒界成为一种风尚，而这并不奇怪。通过预先大批量制作，调酒师能够极其快速地为客人送上独特的充气鸡尾酒。它还让调酒师得以用全新的方式对鸡尾酒进行调整，因为是一次性大批量制作，在单杯鸡尾酒中不可能做到的小改动变得更容易实现了。但是要注意：在商业店家中，不以原始包装向客人供应酒类产品可能会违反本地法规，所以一定要先查证一下桶装鸡尾酒在你的所在地是否合法。

根据多年来在酒吧里组装这些系统的经验，我们有了几个重大发现，最重要的一点是以啤酒系统改装而成的桶装鸡尾酒系统寿命都不长。传统啤酒管道并不是为像鸡尾酒这样的液体设计的，鸡尾酒的酸度和酒精度都更高。此外，如果你把啤酒系统改装成鸡尾酒系统，管道很快就会沾上鸡尾酒的味道，而要清理或替换它们会是一个噩梦。

桶装鸡尾酒不只适用于酒吧，它们还很适合用来在派对上大批量供应鸡尾酒，可以让客人自己取酒。所以，我们是懒惰的派对主人吗？没错！我们在酒吧里制作桶装鸡尾酒的方法也适合家庭，只不过你不需要购买 5 加仑[①]装的大桶，2½ 加仑装的小桶就够用了。

桶装鸡尾酒设备所需配件

- 你需要瓶装液体充气装备所需的一切配件（除了倒酒酒头和塑料瓶）。

- 球锁康富桶：你可以在自酿啤酒设备商店或各种网站上买到全新或二手的球锁康富桶，其中 5 加仑容量的最常见，但你也可以买到更小或更大的。针对专业酒吧，我们推荐使用 5 加仑桶；针对家庭消费者，我们推荐更容易操作的 2½ 加仑桶。确保所有的垫圈都是清洁、全新的，而且球锁接头都完好。保鲜桶的顶部开口很容易在运输途中被撞歪，这样的话，要找到一个合适的盖子并不容易，并且很难使充气程度不佳或未充气的鸡尾酒打出来。我们喜欢用来自 Morebeer.com 的可堆叠式托皮多（Torpedo）桶，它有着坚固的把手，能够保护接口不被撞歪。

- 充气桶盖：这种专门为康富桶设计的桶盖上有一条软管，软管末端连接着一块充气石。将充气桶盖紧紧盖在康富桶上之后，软管和充气石会浸没在液体中。充气石上有着微小的孔洞，将二氧化碳更均匀地释放到整桶液体中，从而加快充气速度。（只要稍微做些功课，你就能够自己改装真空保鲜桶，接上一块充气石，这样就不用另外花钱买充气桶盖了。）

- 打酒龙头：自酿啤酒设备商店应该能够替你把球锁液体接头连接在一根软管和简单的龙头上，另外网上也有许多相关资源，

---

① 1 加仑 ≈ 4.55 升。——译者注

搜索"啤酒龙头、康富桶球锁接头"即可。

如何给桶装液体充气

1. 准备好原料，确保它们尽可能地冰凉。
2. 清洗保鲜桶的内胆和外壳。确保所有的 O 型环都完好且连接正常。（桶盖上有大 O 型环，球锁接头上有较小的 O 型环。）
3. 将冰凉的原料倒入桶中，留出足够的稀释空间，桶应该是半满的。
4. 在最后阶段才用非常冰凉的赛尔兹苏打水来稀释桶装鸡尾酒，也就是在把桶盖紧、进行充气之前——这样能够加快充气速度，因为一半的液体已经有气泡了，同时还能保证用量精确。液体的体积不能超过桶的 4/5。在顶部留出一些空间有利于气体和液体之间产生反应。如果你把桶全部装满，做出来的鸡尾酒会没有气泡。
5. 打开气瓶开关，把主调节器的压力调到 45 PSI。
6. 把气对气接头连接在充气桶盖上。这个接头位于桶盖中央，注意位于桶身一侧的是输气管。尽管你也可以用输气管来充气（要配合标准桶盖使用，而不是充气桶盖），但整个充气过程的时间会长得多。
7. 充气一分钟。
8. 把桶盖上的放气阀拉开两秒左右，清除桶内顶端的氧气，令二氧化碳取而代之。你会听到二氧化碳被注入液体的声音。
9. 如果你的调节器管道够长，可以把保鲜桶侧放，然后来回滚动 5 分钟。桶的长度高于宽度，因此，把它侧放能够增加二氧化碳和液体接触的表面积，而液体晃动也将加快二氧化碳溶解的速度。如果你想让充气速度变得更快，可以延长滚动保鲜桶的时间。
10. 将保鲜桶静置一段时间。最好把它在连接着充气管道的情况下静置一夜，确保

最佳充气效果，但更重要的是它应该保持冰凉。如果空间允许的话，把桶和充气设备一起放进冰箱冷藏，在有压力的环境下静置。如果空间不允许，或者你想尽快把鸡尾酒做好，可以把保鲜桶放在一个大桶里，在它周围全部放满冰，然后加水，形成冰水效果。

11. 在打酒之前，将充气软管拔出。

如何从桶里打出鸡尾酒

1. 将充气软管从保鲜桶里拔出。
2. 拉开放气阀。这会产生明显的嘶嘶声。别担心！这只是保鲜桶顶部聚集的气体在释放，而不是溶解在酒里的二氧化碳在跑气，除非你把放气阀打开很长一段时间。所以，只需要拉开放气阀 10 秒左右，直到嘶嘶声变得非常轻且稳定，然后再把放气阀关好。
3. 在这个阶段，你可以把充气桶盖换成标准桶盖。但是，除非你想把充气桶盖用在另一个保鲜桶上，否则没有必要这么做。
4. 把主调节器的压力值调到 5 PSI。将气体球锁接头——不是你用来给鸡尾酒充气的充气桶盖球锁接头——连接到保鲜桶，然后开始送气。
5. 再次打开放气阀，时间还是 10 秒左右。
6. 把龙头接在保鲜桶上，确保液体球锁接头处在关闭位置。
7. 小心地从龙头打出一些酒。如果酒的流速很慢，一点点地增加 PSI 值，直到酒的流速稳定，而且不带泡沫。相反，如果酒的流速太快且有泡沫，就要一点点地降低 PSI 值。关键在于每次只对压力值做出非常小的调整。
8. 我们建议打酒时把保鲜桶放在冰上。

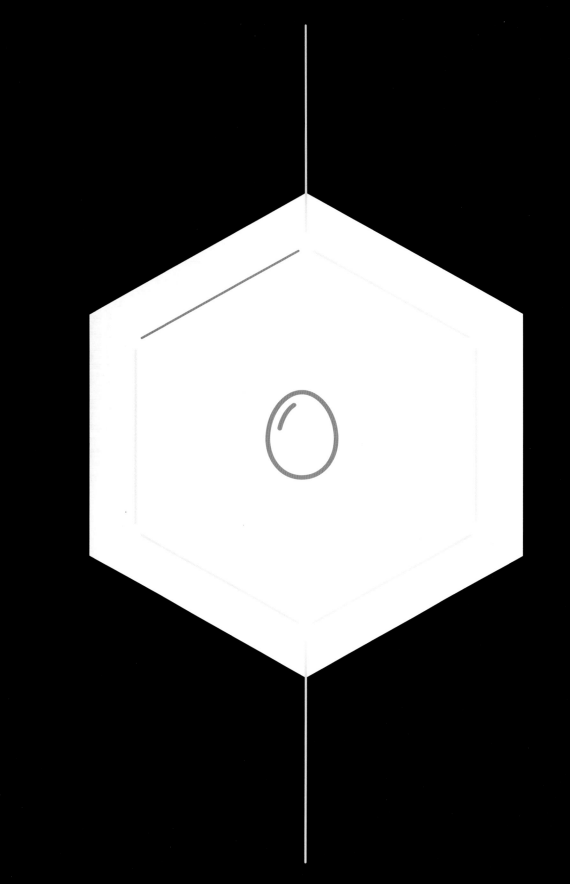

6

弗利普

经典配方

　　弗利普的起源可以追溯到 17 世纪的英格兰，那个年代的人们会把啤酒、朗姆酒和糖倒在一起加热，做成暖身冬日酒。当时这款酒还不叫弗利普，流传到殖民地时期的美国之后就流行开来。几个世纪之后，美国人发明了一种新方法来制作这款酒：将烧红的铁拨火棍放进酒里，酒会迅速涌起大量泡沫，这一现象叫作"弗利普"，鸡尾酒的名字正来源于此。随着时间推移，铁拨火棍渐渐失宠了（谢天谢地！），啤酒也是。而且，它从热饮变成了冷饮。出于某种不明原因，蛋被加了进来。就这样，我们今天所知的弗利普——烈酒、糖和一整只鸡蛋组成的鸡尾酒诞生了，入口冰凉。

弗利普

2 盎司烈酒或加强型葡萄酒
2 茶匙德梅拉拉蔗糖
1 整只鸡蛋
装饰：肉豆蔻

　　先将所有原料干摇一遍，然后加冰摇匀。双重滤入冰过的碟形杯。在酒的上方磨几下肉豆蔻，作为装饰。

我们的基础配方

　　雪莉酒是我们的基础弗利普配方中的核心烈酒。至于原因，我们可以说雪莉酒是 19 世纪鸡尾酒黄金时代的重要原料，同时也是早期弗利普的常见原料之一，这的确是事实。不过，我们也必须承认，用加强型葡萄酒做的弗利普是我们的最爱，尤其是用欧洛罗索雪莉酒做的那种。在这个基础配方中，我们选择了一款极具复杂度的欧洛罗索雪莉酒，并且用浓郁的德梅拉拉糖浆来搭配。最后做出来的弗利普既令人满足，又出乎意料地清新、泡沫丰富。

我们的理想弗利普

我们的基础配方

2 盎司冈萨雷斯·比亚斯玛土撒拉
欧洛罗索雪莉酒
½ 盎司德梅拉拉树胶糖浆
1 整只鸡蛋
装饰：肉豆蔻

　　先将所有原料干摇一遍，然后加冰摇匀。双重滤入小号葡萄酒杯。在酒的上方磨几下肉豆蔻，作为装饰。

在鸡尾酒世界里，没有哪款酒比弗利普及其大家庭成员更能代表纯粹的享受。很多鸡尾酒都有着浓郁口感，但弗利普在这方面是独一无二的，因为它毫不理会营养均衡这个原则。它是杯中的甜点，通常以含有奶油的原料调制，用到的是高端鸡尾酒吧长期以来都不屑一顾的巧克力、薄荷或咖啡等味道的甜利口酒。泥石流、白俄罗斯、绿蚱蜢和白兰地亚历山大等鸡尾酒都从基础的弗利普演变而来。但我们认为，这些鸡尾酒和最好的手工鸡尾酒一样值得我们去研究。事实上，这些浓郁鸡尾酒有着非常悠久的历史。

尽管一杯弗利普鸡尾酒可能看上去很华丽，但配方本身却毫不复杂。它只需要一点雪莉酒（或其他烈酒）、少许甜味剂和一整只蛋。摇匀，再撒上一点肉豆蔻粉就大功告成了。带有葡萄干特质的雪莉酒赋予其厚重的水果和木头风味，德梅拉拉蔗糖带来浓郁的甜味，而摇匀后乳化的蛋则让整杯酒具有了脂肪般的、泡沫丰富的质感。这3种平常原料的结合有如炼金术般神奇，产生了十分独特的效果。这也为创作新配方提供了很好的基础。举个例子，在弗利普里加入重奶油，它就变成了蛋奶酒。

很多人都觉得弗利普是一种粗糙的鸡尾酒，因为它的浓郁口感和甜味会掩盖烈酒本身的风味。尽管它一般同时具有浓郁和甜这两个特点，但一杯平衡的弗利普是美妙的：烈酒的核心风味是整杯酒的主角，蛋和糖（有时还有奶油）是衬托它的配角。如果说老式鸡尾酒和马天尼是适合沉思者的酒饮，大吉利、边车和高球让你充满活力，那么弗利普的关键词则是慰藉，它让你感到舒适和惬意。

弗利普守则

这一章中所有鸡尾酒的决定性特点：
弗利普的标志性风味来自一款核心烈酒或加强型葡萄酒和一款浓郁原料的结合。

弗利普以浓郁原料来平衡，比如蛋、奶制品、椰奶或厚重的利口酒和糖浆。

弗利普以撒在酒表面的芳香香料来调味，但也可以用风味强烈的利口酒来代替，比如阿玛罗。

在对弗利普进行改编时，我们会把核心风味作为出发点，不管它是加强型葡萄酒还是烈酒。我们会先考量它的烈度和甜度，然后再去思考要怎样用适量的糖、蛋、奶油或其他原料进行平衡。在1862年问世的首版《调酒师指南：如何制作鸡尾酒》（*The Bar-Tenders' Guide: How to Mix Drinks*）中，现代调酒学之父杰瑞·托马斯（Jerry Thomas）向读者展示了大量弗利普及其改编版配方。他将冰饮的白兰地弗利普设为标准配方，随后介绍了各种改编：有热饮，也有冰饮，基酒包括朗姆酒、金酒、威士忌、波特酒、雪莉酒和艾尔啤酒。事实上，这些改编配方所代表的早期探索遵循着和本书相同的理念：用不同原料对配方进行改动，创作出平衡的新鸡尾酒。其实，许多弗利普改编版都基于烈酒或加强型葡萄酒和利口酒之间的互动，以及它们和浓郁原料的融合。

理解配方

弗利普经典配方体现了核心烈酒的个性、糖的甜味和蛋的丰富泡沫之间的巧妙平衡。蛋对整杯酒的影响相对固定，而不管你用的是哪种甜味剂，用量通常可以根据个人口味进行调整。因此，不管是烈酒还是加强型葡萄酒，基础原料成为我们考量的主要因素。

如果基酒是清淡的未陈年烈酒（比如伏特加、金酒或未陈年朗姆酒），做出来的弗利普会非常烈而且不平衡，因为整杯酒中最明显的是酒精的烈度，而不是它的清淡风味。更具特色的未陈年烈酒（比如梅斯卡尔、特其拉或生命之水）或许有着足够的酒体和个性去搭配原料中的蛋，但即使是这样，它们也可能需要浓郁加强型葡萄酒（比如甜型雪莉酒或波特酒）的帮助，才能让整杯酒拥有理想的饱满酒体。通常而言，陈年烈酒更适合调制弗利普。陈年白兰地或威士忌的香草和香料特质正好能让弗利普的口感变得圆润饱满。

至于利口酒的用量，我们觉得用整整 2 盎司强劲烈酒（鸡尾酒的常见用量）加上少许糖和一整只蛋做出来的弗利普仍然酒精味明显，即使用的

是陈年烈酒。因此，我们在调制弗利普风格的鸡尾酒时通常会把酒精度稍微降低一些，要么减少高烈度基酒的用量（只用 1½ 盎司），要么选用低烈度基酒。

用加强型葡萄酒调酒的美妙之处在于它们的风味非常丰富，而且既有着足够的酒精度来凸显自身特色，又不会强劲到把其他原料的味道都掩盖。这正是它们非常适合用来调制弗利普的原因。对弗利普而言，选择加强型葡萄酒遵循着和烈酒同样的原则，即有着丰富酒体的产品（不管是来自长时间木桶陈酿还是人工添加的糖分）是最好的。风格清淡的加强型葡萄酒（比如菲诺雪莉酒）不够强劲，无法提供主导性风味。带有坚果和水果风味的雪莉酒是调制弗利普的完美之选，比如阿蒙提亚多、帕罗科塔多和欧洛罗索。尽管这些雪莉酒本身非常干，但加上蛋的脂肪和额外分量的甜味剂之后，它们的风味会变得十分浓郁，令人愉悦。最后在鸡尾酒表层添加的现磨肉豆蔻粉能够衬托出雪莉酒的坚果和香料风味。

核心：加强型葡萄酒

在第二章中，我们带你探索了味美思的广阔世界，它们是一种用草本植物调味的加强型葡萄酒。在这一章中，我们要专门介绍未经调味的加强型葡萄酒，包括雪莉酒、波特酒和马德拉等。这些葡萄酒对我们的鸡尾酒调制方法

有着至关重要的影响。它们可以充当鸡尾酒的核心烈酒以营造基本的风味特质，也可以作为修饰剂在任何情况下替代味美思。只需要用一点点未经调味的加强型葡萄酒，就能给任何鸡尾酒增添微妙的复杂度，无论是菲诺雪莉酒的矿物咸味，还是红宝石波特的煮水果味。

雪莉酒

长久以来，鸡尾酒和雪莉酒就密不可分。从 19 世纪晚期开始，雪莉酒就被广泛用于调酒，和其他烈酒一样，它也是鸡尾酒的常见基础原料。除了以雪莉酒为基酒的弗利普，像雪莉寇伯乐这样的酒款也是那个鸡尾酒大繁荣年代的明星。20 世纪初，葡萄根瘤蚜（一种吸食根茎的蚜虫）灾害摧毁了欧洲葡萄园，雪莉酒（和其他欧洲葡萄酒）渐渐风光不再。再加上两次世界大战和美国禁酒令期间产量下降，雪莉酒从美国消失了。

但是，随着优质雪莉酒的成功回归，它再次成为了鸡尾酒的有用原料。我们发现，不同风格的雪莉酒能够赋予鸡尾酒各种不同有趣的特质：菲诺带来干的口感和咸味；阿蒙提亚多带来香气和具有欺骗性的偏干口感；欧洛罗索带来厚重感和葡萄干风味；佩德罗—希梅内斯带来多汁的甜味。雪莉酒的口感从极干到极甜都有，这是两种不同的陈酿方式造成的：生物陈酿和氧化陈酿。

所有雪莉酒都用橡木桶陈酿，但和其他葡萄酒有个显著不同：其他葡萄酒的木桶都是装到最满，以减少氧气的影响，而雪莉酒木桶只装到 4/5 满。这能够让木桶内的年轻葡萄酒生成一层酵母——酒花，它就像酒液表面的一道防线，保护葡萄酒不被氧化。同时，酒花在陈酿过程中会以雪莉酒为食，从而消耗掉酒的一部分特质，而又为它带来新的特质，而雪莉酒的独特风味和质感正是这样产生的。这一过程被称为生物陈酿，它能酿造出风格最干的雪莉酒——菲诺和曼赞尼亚。它也是酿造阿蒙提亚多和帕罗科塔多的第一步，这两种雪莉酒还要在有氧气的条件下陈酿，也就是说，它们随后要进行氧化陈酿。

其他雪莉酒则完全不会产生酒花，它们会在木桶中特意留出足够的空间而让氧气和雪莉酒进行互动。随着时间流逝，雪莉酒开始氧化，形成坚果般的风味。而且，当蒸汽从木桶中挥发时，雪莉酒会变得更浓缩。风格浓郁的雪莉酒正是这样酿造出来的，比如欧洛罗索和佩德罗—希梅内斯。

除了生物陈酿和氧化陈酿，雪莉酒和其他一些葡萄酒（如波特酒）还会用到一种不同于大多数葡萄酒及烈酒的陈酿方式——索雷拉陈酿。大多数葡萄酒、啤酒和烈酒都是在蒸馏后进行木桶陈酿，然后装瓶或调和（有时甚至还会在不同的木桶中存放），而在索雷拉系统中，葡萄酒（偶尔也会有其他烈酒，比如朗姆酒或白兰地）是通过在木桶中混合不同年份的酒来陈酿的，这一过程被称为部分陈酿。传统索雷拉系统由几层上下叠放的木桶组成，年轻的葡萄酒被存入最上层的木桶，而越往下的木桶里装的葡萄酒年份越高。每一年，酒庄都会从年份最高的木桶里（这些木桶被叫作索雷拉，索雷拉系统正得名于此）多次用雪莉酒装瓶，然后再用上一层木桶里的酒进行补充，依此类推。最后加入最上层木桶里的就是新酒，在西班牙语中称为 sobretabla。所有木桶都不会被完全抽光，因此，以索雷拉系统陈酿的雪莉酒都含有少量年份极高的酒，有些甚至高达几百年。这不但非常酷，还能让每一年酿造的酒都品质稳定，这在葡萄酒行业是很难得的。

如何用雪莉酒调酒

我们通常会按 4 种方式来用雪莉酒调酒：

作为相似原料的简单代替品，比如用菲诺雪莉酒代替干味美思，或者用欧洛罗索雪莉酒代替甜味美思。

用作鸡尾酒的唯一基酒，根据某一风格或某一瓶雪莉酒的特质来打造配方。

用作鸡尾酒的基酒之一，通常是用雪莉酒搭配用量少一些的烈酒（1 或 1½ 盎司雪莉酒加 1 盎司烈酒），这样的组合既适合柑橘味鸡尾酒，也适合强劲鸡尾酒，比如公平竞赛、瓦伦西亚和富士传说。

用作调味剂，但用量极少、几乎察觉不到。这种方式尤其适合带咸味的菲诺和阿蒙提亚多。

菲诺和曼赞尼亚

在所有雪莉酒中，口感最干的是菲诺雪莉酒，它以第一道榨取的帕拉米诺葡萄汁为原料，并且用葡萄烈酒将酒精度提高至 15%。产地对雪莉酒的风味有着深远影响，比如在海滨小镇桑卢卡尔—德巴拉梅达酿造的菲诺被称为曼赞尼亚，它有着明显的海洋气息和源自当地葡萄酒的风味。

在调酒时，菲诺和曼赞尼亚的微妙特质可能会被更强劲的原料破坏，比如烈酒，所以我们通常会把它们用作低酒精度鸡尾酒的基酒（如汽酒或高球），或是用来衬托味道不那么鲜明的烈酒（比如伏特加或银特其拉）。事实上，我们经常会少量使用这些雪莉酒，只在鸡尾酒里加上 1 茶匙或 ½ 盎司，带来咸味或顺滑酵母味，这样能够让风味更好地融合，并增强香气，比如欢庆）。

和味美思一样，菲诺和曼赞尼亚也非常容易变质，一旦开瓶，它们就会迅速氧化，所以应该塞上瓶塞，放入冰箱储存，而且必须在 1 周左右的时间里用完。另外，它们在装瓶之后就应该迅速饮用，所以要注意酒标上的装瓶日期，如果是几年前装瓶的就不要再饮用了。一瓶新鲜雪莉酒的口感是活泼清新的，而已经变陈了的雪莉酒喝起来会寡淡单调。如果你在某家酒吧里看到后吧台上放着一瓶打开的菲诺雪莉酒，最好赶紧走人。

冈萨雷斯·比亚斯缇欧佩佩菲诺： 缇欧佩佩是一个历史悠久的经典品牌，堪称菲诺雪莉酒的标杆。打开一瓶冰过的新鲜缇欧佩佩，你会注意到它的淡稻草金色泽和新鲜面包香气，口感极干，带有一丝坚果味。这种简单明了的特质让缇欧佩佩能够在调酒时大显身手。

屹达庄吉塔娜曼赞尼亚： 在海边酿造的吉塔娜是我们的首选曼赞尼亚雪莉酒。它干、咸、带少许酵母特质、风味有如面包，既适合作为鸡尾酒的基酒，又适合用作修饰剂。

卢士涛加拉娜菲诺： 卢士涛酒庄大量酿造各种风格的雪莉酒，而且所有产品都品质稳定、容易买到，这让我们成为它的粉丝。加拉娜是一款教科书级的菲诺，它口感干、带酵母特质和微妙的杏仁味。卢士涛旗下还有一款拉艾娜菲诺，酒体比加拉娜更饱满一些。

纯生雪莉酒

雪莉酒庄正在越来越多地出口纯生雪莉酒，它们曾经是本地人的专享。为了保证出口到国外的雪莉酒的新鲜度，酒庄一般会对它们进行过滤，以彻底去除沉淀物，但纯生菲诺雪莉酒几乎不过滤就装瓶，从而拥有了更浓郁的酵母特质和更丝滑的质感。因为过滤程度不高，纯生雪莉酒即使不开瓶，风味也会很快变差，所以一定要买日期最近的。我们在赫雷斯尝过直接从酒桶里打出来的雪莉酒，也在美国尝了装瓶后的版本，结果发现它的风味在短短几个月里就发生了很大变化。不幸的是，优质瓶装纯生菲诺和曼赞尼亚雪莉酒在西班牙境外很难买到。我们认为，为了在原产地喝到纯生雪莉酒而专门去西班牙一趟是值得的。那里见！

阿蒙提亚多

阿蒙提亚多雪莉酒要先后进行生物和氧化陈酿，所以同时吸收了酒花（干、酵母味）和氧化（浓郁香气和风味）的优点，这让它具有了明显的坚果特质。它们是纯饮口感最令人愉悦的葡萄酒之一（告诉你一个小秘密：本书的大部分内容都是我们边喝阿蒙提亚多，边写出来的），也是非常实用的调酒原料，因为它们口感干且香气浓郁。阿蒙提亚多和陈年烈酒非常搭配，尤其是波本威士忌和干邑的坚果风味能够增强木桶陈年的特质（香草、烘焙香料）。

推荐单品

巴尔巴蒂罗王子阿蒙提亚多： 这款单品有着阿蒙提亚多标志性的干果香气，但咸味从始至终也很明显，所以它在鸡尾酒中的表现与赫雷斯阿蒙提亚多（如卢士涛路爱可）有所不同，能够起到额外的调味作用，使鸡尾酒的风味更丰富。咸味能够让柑橘味变得更明亮，而且能够抑制苦味，所以这款雪莉酒还能在调酒时用来调整这些风味。

卢士涛路爱可阿蒙提亚多：大约10年前，能够普遍在美国买到的雪莉酒只有寥寥几种，这主要是因为美国调酒师不知道该怎么运用它们。后来，几位酒吧业内人士开始让调酒师了解到优质雪莉酒，这极大地改变了我们对调酒的理解。这款单品是我们最早关注的雪莉酒之一，直到今天仍然是我们的最爱。它的香气丰富，口感却出人意料地干，风味在鸡尾酒中能够得到足够明显的体现，却又不会让整杯酒变得太甜。

帕罗科塔多

帕罗科塔多雪莉酒自带一层神秘光环，而这一点往往会在营销时得到大力渲染。在过去，有些菲诺酒桶里的酒花会突然消失，这时它们又尚未到达能够酿造阿蒙提亚多的程度。如果这些雪莉酒的品质过关，可以在有氧气的条件下继续陈酿，可变成帕罗科塔多。如今，许多酒庄会对菲诺进行特别的处理，专门用于酿造帕罗科塔多。

帕罗科塔多和阿蒙提亚多有颇多相似之处，但它散发着更浓郁的咖啡香气，并带有少许糖蜜特质。它们在酒花下陈酿的时间更短，所以有着类似于欧洛罗索的葡萄干香气和风味，

但余味更干。帕罗科塔多的特点可以用一句话来形容：香气像欧洛罗索，味道像阿蒙提亚多，这能够帮助你更好地运用它。很重要的一点是，帕罗科塔多的主要特质很容易在口感复杂的鸡尾酒中丧失，所以我们通常会把它用作核心，防止风味强烈的其他原料掩盖它的味道。

推荐单品

卢士涛半岛帕罗科塔多：帕罗科塔多比阿蒙提亚多更少见，因此价格也更贵。许多我们最爱的酒庄都出产无可挑剔的帕罗科塔多，但这款来自卢士涛的单品不但非常好喝，而且价格合理。它的口感介于阿蒙提亚多的干和欧洛罗索的浓郁之间，具有饱满的干果香气和深沉的坚果风味。

欧洛罗索

欧洛罗索是干型雪莉酒中口感最浓郁的。在酿造过程中，葡萄酒——通常来自第二道榨取的帕拉米诺葡萄汁（第一道榨取的葡萄汁被用于酿造菲诺）——被灌入木桶至几乎全满，然后加入烈酒，使酒精度稍微提高一点至17%，防止生成酒花。随后，它们要在索雷拉系统中成为陈年酒。与氧气的广泛接触使酒浓缩，形成无花果和葡萄干般的甜美香气，但基本口感却出人意料地干。

欧洛罗索的深沉特质让它和甜味美思非常相似，但它不像味美思那样

精心添加了各种香料、植物、苦味剂和甜味剂。如果你想用欧洛罗索代替甜味美思而对曼哈顿进行改编，那么就需要想办法把这些特质重新添加到鸡尾酒中去。欧洛罗索有着足够饱满的酒体，能够充当鸡尾酒的核心，而且它们的香气和风味通常都很强烈，足以抗衡浓郁鸡尾酒中的厚重奶油——比如这一章的主角：弗利普。

推荐单品

卢士涛窖主加利纳帕塔欧洛罗索： 卢士涛的入门级欧洛罗索（唐罗诺）品质非常不错，但只要再加点钱（25美元左右），你就能买到他们的窖主加利纳帕塔。窖主的意思是"酒窖守护者"，从家族拥有的小型索雷拉系统采购、通过大型酒庄（如卢士涛）销售的雪莉酒被称为窖主雪莉酒。这款单品令人惊艳，它将极干的余味和丰富酒体完美融合在一起，带有巧克力和香料特质，但却一点也不甜。

甜型雪莉酒

甜型雪莉酒是非常浓郁的甜点葡萄酒，以佩德罗—希梅内斯和莫斯卡托葡萄为原料。佩德罗—希梅内斯雪莉酒是甜度最高的，它以日晒风干的葡萄——几乎像是葡萄干——为原料。随着水分蒸发，葡萄内的糖分变得越来越浓缩。最后酿出来的是非常黏稠的天然甜酒。加入烈酒之后，雪莉酒停止了进一步发酵，进入索雷拉系统

成为陈年酒。这样酿造出来的雪莉酒带有成熟无花果和红枣风味，是世界上最甜的葡萄酒之一。在调酒时，它们的用法应该与利口酒或甜味剂一样。我们经常会开玩笑地说，佩德罗—希梅内斯是大自然馈赠给我们的最佳单糖浆，而一瓶高年份佩德罗—希梅内斯的确与我们调酒用的任何糖浆一样厚重和浓郁。不过和糖浆不一样的是，它还会增加鸡尾酒的烈度，所以在用它代替糖浆时必须注意鸡尾酒的平衡。

莫斯卡托雪莉酒同样很甜，但由于用来酿造它的亚历山大麝香葡萄香气非常浓郁，所以它不但口感厚重，还有着强烈的花香和香水般的香气。因此，这些雪莉酒最好只是少量使用，否则鸡尾酒的味道会像花香利口酒。

推荐单品

冈萨雷斯·比亚斯尼欧佩德罗—希梅内斯： 这款佩德罗—希梅内斯的平均年份高达30年，口感极其浓郁。陈酿后的酒液浓缩了许多，所以有明显的黏稠感，另外还有浓烈的葡萄干、无花果、肉桂和茴香风味。不管用量是多少，把它用来调酒一般都太贵了，不过因为它的风味强烈而深沉，所以只用一茶匙就能起到很明显的效果。你可以尝试把它用作朗姆酒版老式鸡尾酒里的甜味剂，结果绝对不会让你失望。

卢士涛圣艾米利佩德罗—希梅内斯： 这款来自卢士涛的单品有着佩德罗—希梅内斯的典型特质——浓郁、

甜美、酒体饱满。它有着葡萄干、无花果、坚果、糖蜜和烘培香料的香气和风味。甜味和活泼酸度之间保持着很好的平衡，无论纯饮还是调酒，表现都非常出色。在调酒时，它的作用几乎像是水果利口酒，带来集中的水果特质、甜味和酸度。它很适合搭配柠檬汁，不过我们通常只会少量使用它（½盎司左右），这让它和糖浆的用法有所不同。

卢士涛艾米利莫斯卡托：卢士涛是少数几家出品瓶装莫斯卡托雪莉酒的酒庄之一，而这款单品既让人负担得起，又容易买到。陈酿8年，口感甜美浓郁，带有标志性的干果香气（尤其是西梅）和橙子风味。

奶油雪莉酒

除了上面提到的雪莉酒风格，西班牙还有着悠久的调配雪莉酒传统。这些以不同风格的原酒调配而成的雪莉酒被统称为奶油雪莉酒，分为干型、甜型和介于两者之间的半干型。尽管人们通常把奶油雪莉酒看作是用于烹饪的劣质商业化产品，但有些单品的口感活力十足，品质出色，很适合用来调酒。

推荐单品

冈萨雷斯·比亚斯玛土撒拉欧洛罗索：这可能是我们推荐的雪莉酒中最贵的一款，但是它绝对物有所值。它在索雷拉系统中的平均陈酿时间高达30年（这意味着它含有年份远远超过30年的原酒），原料主要是帕拉米诺葡萄，再加少量佩德罗—希梅内斯葡萄。严格而言，这使得它成为了一款奶油雪莉酒，而非纯正的欧洛罗索。它的甜度颇高，但又极其复杂，带有干果、咖啡和可可特质，酸度柔和。

卢士涛东印度索雷拉：这款雪莉酒以欧洛罗索和少量佩德罗—希梅内斯调配而成，陈酿3年，而且陈酿地点特意选在了酒庄内更温暖一些的区域，以模仿历史上漫长运输过程造成的效果。经过长达数月的海上颠簸和高温，雪莉酒形成了不同的风味。卢士涛的这种现代高温陈酿法赋予雪莉酒木头辛香，从而增加了层次感，非常适合调酒。这款雪莉酒是很好的甜味美思替代品，尤其是像阿佩罗和金巴利这样的餐前利口酒。

威廉&汉拔半干型雪莉酒：威廉&汉拔是规模最大的雪莉酒庄之一，而这款半干型雪莉酒是酒庄的旗舰产品，几乎在世界上每个角落都能找到。它以阿蒙提亚多、欧洛罗索和佩德罗—希梅内斯调配而成，香气、风味都和阿蒙提亚多很相似，但次要风味更丰富一些。在我们临时找不到阿蒙提亚多的情况下，这款半干型雪莉酒是很好的替代品。

波特酒

波特酒是一种产自葡萄牙杜罗河谷的加强型葡萄酒，它的一个独特之处在于原料包括不同品种的葡萄牙本土葡萄。它通常是红葡萄酒，分为3个不同的种类——茶色波特酒、红宝石波特酒和年份波特酒装瓶销售。（不过，市场上也能买到白色波特酒和桃红波特酒，我们偶尔会用它们来调酒。）在酿造过程中，不同的葡萄通常被放在一起采摘榨汁，而且在榨汁过程中会萃取出大量颜色和风味。当大约一半的可发酵糖分被酵母所消耗，加强过程就开始了。未陈年葡萄白兰地被加入葡萄酒中，将酒精度提高到至少17.5%，并且保存了葡萄的一部分甜味。

加强后的葡萄酒通常会在以中性材料制造的罐中静置一段时间，然后接受品质评估。葡萄酒的特质将决定它们陈酿多久，以及最后被分为哪一类波特酒。酒标上常见的红色波特酒风格有以下几种：

· 红宝石波特酒：一种未陈年波特酒，在木桶中陈酿至少2年。

· 年份波特酒：在木桶中陈酿至少2年，然后在瓶中继续陈酿多年。瓶中陈酿能够让年轻波特酒的粗糙单宁变得柔和，有助于波特酒形成果味和增加复杂度。

· 晚装瓶年份波特酒：这一类波特酒比年份波特酒的木桶陈年时间更长（4～6年），然后再装瓶，而且一般要比年份波特酒更快地开瓶饮用。不同的酒庄对晚装瓶年份波特酒有着不同的定义：有些指果味浓郁的年份少的波特酒，有些指在木桶中陈酿多年

后有木头特质的波特酒。

· 茶色波特酒：以多种年份波特酒调配而成，不需要在瓶中陈酿。

· 单一年份波特酒：以单一年份葡萄酒调配而成，经过长时间木桶陈酿，但不需要在瓶中陈酿。

波特酒通常都是单宁含量高、额外添加了酒精的浓郁葡萄酒，因此很适合用来代替甜味美思调制曼哈顿风格的鸡尾酒。波特酒也有着足够强烈的特质来充当任何鸡尾酒的核心。不过，因为它的甜度相对较高，你可以对其他原料的用量进行相应调整。

一款年轻的茶色波特酒能够为鸡尾酒增添明显的深度，但同时又能保持口感的新鲜多汁，因为它是以多种年份波特酒调配而成。年份更高的波特酒则能为鸡尾酒增添结构感，而且能够搭配风味强劲的原料，比如单一麦芽苏格兰威士忌，如大臣。我们发现，用茶色波特酒搭配甜味美思能够使后者隐藏的果味得以凸显。在用红宝石波特酒调酒时，要根据你选择的风格来具体运用。年轻的红宝石波特酒口感清新，充满莓果风味，很适合搭配柑橘类水果，但它可能缺乏结构感，不足以在强劲鸡尾酒中彰显自己的特质。在后一种情况下，你应该转而选择年份或晚装瓶年份波特酒。

推荐单品

格兰姆六葡萄红宝石波特酒：在品鉴这款波特酒时，你最先尝到的是梅子、覆盆子和黑莓味，但细品之后，

你会发现其结构感极佳，并带有椰子特质。如果你只能常备一款红宝石波特酒，它是你的最佳选择。

山地文红宝石波特酒：山地文出品的波特酒不但品质极其稳定，价格也十分合理，而这款市场上常见的红宝石葡萄酒亦不例外。它比上一款格兰姆甜一些，带有更明显的树莓（覆盆子、黑莓）果酱味道。

奥提玛 10 年茶色波特酒：这款波特酒有着非常柔和的特质。它的陈酿时间足够长，因此具有了木桶带来的结构感，但同时又保留了清新活泼的莓果风味。年份更高或者更厚重的波特酒可能会让鸡尾酒的味道变得寡淡，但这款年轻的奥提玛能够给鸡尾酒增添复杂风味。我们特别喜欢用它搭配法国白兰地（比如干邑或卡尔瓦多斯），来调制曼哈顿风格的鸡尾酒。

马德拉酒

根据马德拉酒年份分类：年份最低的是雨水马德拉酒（木桶陈酿至少3年），然后年份依次往上增加。在调酒时，我们倾向于选用较清淡的风格，尤其是雨水马德拉酒。它的甜度介于最干和第二干的马德拉酒之间，含有少许残留糖分，能够增强其他原料的风味，并带来一丝果味。雨水马德拉酒有个很明显的功能：它能让鸡尾酒的口感变得清淡，同时又不会让它们显得被稀释了。

博班特雨水半干型马德拉酒：博班特雨水半干型马德拉酒比下面那款山地文更复杂。它的香气更集中，具有无花果干和坚果特质，但又不失标志性的清淡。它呈深黄铜色，带少许可明显感知到的甜味和柑橘般的明亮酸味。它的某些特质让我们想到了茶色波特酒——橡木桶的影响、集中的风味、口感相对干，但你也能品出它的葡萄原料的独特风味。

山地文雨水马德拉酒：轻盈的酒体、纯净的坚果香气和爽脆复杂的味道，这是一款出色的入门级马德拉酒。因为特质清淡，它能够很好地冲淡厚重风味，如金色男孩，它其实是一款用葡萄干威士忌调制的老式鸡尾酒，马德拉酒的加入让它的口感变得不那么强劲。

改变核心

在弗利普的 3 个组成部分——烈酒、糖、蛋中，作为核心的烈酒是最适合做出改变的。事实上，经典鸡尾酒书中的配方表明，弗利普几乎可以用任何一种加强型葡萄酒或烈酒来制作。尽管理论上而言这是正确的，但在实际操作中会带来一些挑战。

白兰地弗利普

经典配方

我们最爱用雪莉酒调制的弗利普，因为雪莉酒有着坚果香气和葡萄干余味。另一个流行版本是经典白兰地弗利普。要做出我们理想中的白兰地弗利普，必须先对核心进行微调。我们会选用干邑，因为它的多汁木头特质和蛋的脂肪很搭配。接着是用量，虽然有些配方用了整整 2 盎司干邑，但我们认为干邑的酒精度偏高，所以用量要稍微减少一些。酒精度过高的弗利普喝起来就像是加了奶油的劣质私酿酒。最后，我们稍微增加了甜味剂的用量，以弥补本来有的欧洛罗索雪莉酒的甜味。

1½ 盎司干邑
¾ 盎司德梅拉拉树胶糖浆
1 整只蛋
装饰：肉豆蔻粉

先将所有原料干摇一遍，然后加冰摇匀。双重滤入冰过的碟形杯。在酒的上方磨几下肉豆蔻，作为装饰。

咖啡鸡尾酒

经典配方

根据杰瑞·托马斯在 1887 年出版的《调酒师指南》，这款鸡尾酒的名字与味道无关（看看配方，咖啡在哪呢？），而是指外观，它看上去就像一杯咖啡。好在鸡尾酒命名的艺术在过去 150 年里有了长足的发展。无论如何，这款酒很好地说明了弗利普的核心可以由一款加强型葡萄酒和一款烈酒组成，相当于把基础的雪莉酒弗利普和上面的白兰地弗利普结合在了一起。茶色波特酒带来了大量风味和甜味，所以要减少糖浆的用量，而干邑的复杂木头风味起到了衬托作用。

1½ 盎司茶色波特酒
1 盎司皮埃尔·费朗琥珀干邑
¼ 盎司单糖浆
1 整只蛋
装饰：肉豆蔻

先将所有原料干摇一遍，然后加冰摇匀。双重滤入冰过的碟形杯。在酒的上方磨几下肉豆蔻，作为装饰。

平衡：蛋和奶制品

蛋和奶制品能够给鸡尾酒增添独特风味及质感，并且影响它的甜度。蛋能带来脂肪特质（在使用整只蛋或蛋黄的情况下），蛋清还能产生丰富泡沫。奶制品的风味十分丰富，而且能够带来甜味和丰富泡沫（在使用高脂奶油的情况下）。但这些原料也很脆弱，处理时要非常小心，还要避免变质或凝结（见"探索技法"的部分）。

蛋

如果没有蛋，弗利普只是一杯加冰后摇匀了的增甜烈酒。蛋赋予其酒体和质感，对烈酒进行平衡，营造出令人愉悦的顺滑口感。除了弗利普及其改编版，蛋还能以各种方式运用到鸡尾酒中，改变酒的风味和质感，从增添一层清淡泡沫到让整杯酒变得极其浓郁。

人们对蛋的安全问题有许多误解。最大的风险是生鸡蛋感染沙门菌而引起的食物中毒，这种细菌可以通过两种方式进入鸡蛋中。如果母鸡本身携带沙门菌，细菌会进入未受损的鸡蛋中，因为在蛋壳形成之前，蛋的内部已经被感染。但在这种情况下，沙门菌的数量会非常少，因此感染的风险极低。第二种方式是通过碎裂或受损的蛋壳进入鸡蛋中。

很多人认为鸡尾酒里的酒精可以杀死细菌，但事实并非如此，因为鸡尾酒的酒精含量不够高。此外，也没有证据表明柑橘类水果的酸度能够杀死细菌。我们建议只选用你能买到的最新鲜的鸡蛋，确保它们是清洁的且没有裂痕，然后冷藏保存，随用随取。要尽快把它们用完。新鲜鸡蛋的蛋清会形成非常坚挺的泡沫，不会迅速消散，而蛋黄则会带来深沉风味，不会出现浓郁度不够的情况。我们会尽可能选用从本地农场采购的有机鸡蛋。

某些鸡尾酒加蛋清是为了营造丝滑质感，其中最著名的莫过于菲兹和酸酒，如拉莫斯·金·菲兹和皮斯科酸酒。蛋清的丰富泡沫还会增加鸡尾酒的体积，让它的风味变淡。这能够很好地冲淡苦味（如金巴利）或稀释以茶浸渍的烈酒中的单宁。但蛋清鸡尾酒有时会散发的气味取决于蛋清和空气接触后的氧化速度。调酒师之所以会在含鸡蛋的鸡尾酒（如皮斯科酸酒）表面洒几滴苦精，或用现磨肉豆蔻粉或肉桂粉增添宜人香气，很大程度上是出于这个原因。

很少有鸡尾酒会单独用蛋黄。蛋黄含有的水分比蛋清少得多，但蛋白质、脂肪和维生素含量却高得多，因此能够给鸡尾酒增添浓郁的鸡蛋风味。蛋黄还含有卵磷脂，它是一种有效的乳化剂，可以把截然不同的原料（如烈酒和奶油）融合在一起，形成一种顺滑、厚重、统一的质感，如纽约弗利普。不过，如果鸡尾酒需要用到蛋黄的脂肪特质，配方一般会建议使用一整只蛋。

事实上,这也是最常见的鸡蛋用法,经典弗利普配方正是如此,使用一整只蛋能够同时利用蛋清和蛋黄的优点。这样做出来的酒既泡沫丰富,又风味浓郁。许多经典的酸酒风格鸡尾酒都会用到一整只蛋,比如传统的皇家菲兹、弗利普、蛋酒以及它们的改编版。

你还可以用非传统的方式来使用一整只蛋,比如在蛋壳还处于半渗透状态时用风味原料浸渍。把完整的鸡蛋和某种芳香原料(如薰衣草)一起放入密封容器,蛋清会迅速吸收香气。

关于蛋的使用,我们还有最后一条建议:含有蛋的鸡尾酒通常需要更长时间来摇匀,而且必须双重过滤。

奶制品

在酒里加入奶制品是一种让酒变得更好喝的古老做法,因为奶制品风味浓郁,而且带有乳酸味。当弗利普中加入了奶油,它们就变成了蛋酒——另一种顺滑、浓郁的鸡尾酒。

"奶制品"一词可以指任何哺乳动物的奶,但在调酒时,我们只会使用不同形式的牛奶,尤其是高脂肪含量的,比如重奶油。我们偶尔也会使用黄油。相比半对半奶油或全脂奶,我们更喜欢重奶油,不仅因为它口感浓郁(脂肪含量通常在 35% ~ 45% 之间)、带有甜味,还因为高脂肪含量使得它遇到酸时不会那么容易凝结。它还能够在口中更有效地传递风味。没错,重奶油的热量更高,但这正是因为它的脂肪含量更高,从而形成了上述适合调酒的特质。

半对半奶油以等量奶油和牛奶混合而成,脂肪含量通常在 10% ~ 15% 之间,而全脂奶的脂肪含量是 3.5%。这使得半对半奶油非常适合调制某些鸡尾酒,尤其是需要用到大量奶制品的酒如白俄罗斯。在此类鸡尾酒中,半对半奶油不会像奶油那样掩盖其他风味,或让整杯酒变得过于厚重。

在用奶制品调酒时,一个关键的考量因素是鸡尾酒的温度,无论是热饮还是冰饮,最后做出来的鸡尾酒应该处于最佳饮用温度,装在冰过或加热过的酒杯里。而且,它的分量应该偏小,能够在温度发生很大改变前就喝完。这意味着冰鸡尾酒的酒杯外壁应该结霜,而热鸡尾酒应该冒着热气,如果含有奶制品的鸡尾酒的温度介于这两者之间,它的味道不会好。

和蛋一样,奶制品的新鲜程度和品质对鸡尾酒而言很关键。奶牛应该得到很好的照料和喂养,这样才能产出更有营养、更好喝的牛奶。因此,我们推荐使用有机奶制品,而且要尽量选择那些对品质精益求精的本地奶牛场。

在技法方面,含有奶制品的鸡尾酒需要花比平常多一点的时间来摇匀,这能形成泡沫丰富的顺滑质感。我们还建议对此类鸡尾酒进行双重过滤,以确保它们的口感顺滑、统一,不会有冰屑残留。

奶制品的替代品

　　许多人不能或不想食用奶制品，原因可能是乳糖不耐受或过敏、潜在健康影响、对动物受到的待遇或生产奶制品的环境有所担忧。幸运的是，我们可以用奶制品的替代品来达到类似效果。我们最喜欢的是坚果奶，因为它的油脂含量高于许多用来生产非乳制奶的原料。因此，坚果奶的质感最像重奶油，而且它也能有效地在口中传递风味。

　　尽管坚果奶可以在某些鸡尾酒中代替奶制品，但它们通常口感单薄，所以用量要大于牛奶。我们还会稍微提高甜味剂的用量，以弥补坚果奶不够饱满的缺陷。另外，还有很重要的一点：坚果奶带有坚果原料的味道，所以不同的产品会给鸡尾酒带来非常不同的影响。我们最常用的是杏仁奶，它风味柔和，与许多烈酒和利口酒都很搭配。你可以在超市里找到各种不同的坚果奶，但在家里自制其实也很容易。

杏仁奶

600 克脱皮杏仁片

7½ 杯过滤水

　　将杏仁片和水倒入搅拌机。搅打至质地非常顺滑，然后用包了几层粗棉布的细孔滤网过滤。过滤过程需要 1 ~ 2 小时。过滤结束后再按压滤网里的浆状物，这时它们基本上已经干了。如果太早按压，沉在粗棉布底部的杏仁泥会被过滤到杏仁奶中。

改变平衡

你可以通过两种不同的方式去改变平衡，从而创造出两类不同的弗利普改编版：一类不含奶制品，另一类含有奶制品。第二类可以被细分为更多种类：有些含有鸡蛋，有些不含。

蛋奶酒

经典配方

奶制品和风味浓郁的鸡蛋是一对天生好搭档。分开使用时，它们都能为鸡尾酒增添明显的质感，但放在一起使用时，这种效果会成倍放大。当然，蛋奶酒就是个经典的例子，但它通常需要花费很大工夫进行批量制作，先要制作蛋奶糊，然后再加酒（汤姆和杰瑞的制作方法也是如此），并不总是非常方便，所以我们创作了下面这个单人份配方，它做起来很快，而且不需要很多事前准备。

¾ 盎司蔗园巴巴多斯 5 年朗姆酒

¾ 盎司皮埃尔·费朗琥珀干邑

1 茶匙吉发得马达加斯加香草利口酒

¾ 盎司蔗糖浆

1 盎司重奶油

1 整只蛋

装饰：肉桂和肉豆蔻

先将所有原料干摇一遍，然后加冰摇匀。双重滤入冰过的老式杯。在酒的上方磨几下肉桂和肉豆蔻，作为装饰。

白兰地亚历山大

经典配方

对弗利普风格的鸡尾酒而言，改变核心的方法之一是不用鸡蛋，只依靠奶油的浓郁特质。事实上，这一类鸡尾酒比含有鸡蛋的鸡尾酒更常见，风格也更多样，其中最著名的可能是亚历山大，它可以用不同的基酒来调制，因此产生了各种不同版本。我们的最爱是经典的白兰地亚历山大——白兰地、可可利口酒和重奶油的组合，其中浓郁的可可利口酒起到了甜味剂的作用。和我们的白兰地弗利普配方一样，我们为白兰地亚历山大选择了一款风味浓郁的干邑。注意，这款

酒的酒精度偏高，所以摇酒的时间要长一点才能达到足够的稀释度，将整只碟形杯装满。

1½ 盎司皮埃尔·费朗琥珀干邑

1 盎司吉发得白可可利口酒

1 盎司重奶油

装饰：肉豆蔻

将所有原料加冰摇匀。双重滤入冰过的碟形杯。在酒的上方磨几下肉豆蔻，作为装饰。

纽约弗利普

经典配方

蛋奶酒和其他奶酒催生了一大批含有蛋和奶油的鸡尾酒，其中有些酒被称为弗利普，包括这款经典的纽约弗利普。它的灵感来自另一款经典——纽约酸酒，它是以波本威士忌、柠檬汁和单糖浆调制而成的酸酒风格鸡尾酒，摇匀后倒入碟形杯，再加一层多汁的红酒漂浮。纽约弗利普用重奶油和蛋黄代替了柠檬汁，口感更加令人着迷：一款秉承纽约酸酒精神的弗利普，原料中的波本威士忌和波特酒起到了连接两者的作用。

1 盎司爱利加小批量波本威士忌

¾ 盎司茶色波特酒

¼ 盎司单糖浆

¾ 盎司重奶油

1 只蛋黄

装饰：肉豆蔻

先将所有原料干摇一遍，然后加冰摇匀。双重滤入冰过的碟形杯。在酒的上方磨几下肉豆蔻，作为装饰。

杏园

杏园

德文·塔比，2015

对那些不食用奶制品或蛋的人而言，坚果奶能够营造出类似的丝滑质感，同时还会带来独特的风味。杏园的原料包括以茶叶浸渍的未陈年苹果白兰地和杏仁奶，再加入少许乳酸，增强了丝滑口感，是一款能够助你舒缓精神的鸡尾酒。

4¼ 盎司杏仁奶

1½ 盎司以因斯布鲁克田野茶浸渍的苹果白兰地

¼ 茶匙马拉斯加樱桃利口酒

¾ 盎司德梅拉拉树胶糖浆

2 滴乳酸溶液

1 滴盐溶液

将所有原料倒入小号平底锅，中低火加热，期间不时搅拌，直到混合好的原料开始冒热气（但不要沸腾冒泡）。倒入咖啡马克杯、小木碗或大清酒杯。无须装饰。

调味：阿玛罗

经典弗利普及其部分改编版的配方中并没有阿玛罗，但在对弗利普进行改编时，它是一种非常有用的原料。这在很大程度上是因为经典弗利普最后撒上去的香料装饰，现磨肉豆蔻粉的香气不但会给酒增香，还让每一口酒的味道都更丰富。充满香料味和苦味的阿玛罗也能在鸡尾酒中起到同样的作用。因此，尽管阿玛罗并未出现在本章开头的经典或基础配方中，我们还是希望能够通过下面的内容，帮助你从全新角度去理解弗利普的改编。

大多数酒类都很容易分类，从烈酒到利口酒再到葡萄酒。在任何一个种类中，成员都存在着某种共性：类似的原料、产区风格和酿造方式。但有一种酒却很难分类，那就是阿玛罗。

阿玛罗是意大利语，意为"苦的"。这表示它们都带有苦味，但它们之间的相同之处通常也就止于此了。大多数阿玛罗的酿造方法是把药草、树皮、根茎、花、柑橘类水果和其他植物原料放入基酒中浸渍（基酒的烈度和特质各不相同，尽管通常为中性谷物烈酒），以萃取风味。浸渍结束后要增甜，有时还会进行陈酿。这样酿出来的酒风格多样，很难归类。它们都是苦的吗？大多数是。它们都是甜的吗？呃，其实不是的。它们都很独特吗？毫无疑问。如果不得不对它们进行定义，我们可能会简单地说阿玛罗是一种甜中带苦的利口酒。

餐前酒

餐前酒是阿玛罗中风格最清淡的。在意大利，"餐前酒"一词代表着正餐开始前的轻松小酌，即用微苦、偏干的低酒精度鸡尾酒来刺激食欲。很多这样的鸡尾酒都以餐前酒为主要原料，通常搭配赛尔兹气泡水或普洛塞克，做成高球或汽酒。

推荐单品

阿佩罗： 酒精度 11% 的阿佩罗是所有餐前酒中最清淡的。它散发着新鲜橙子和大黄香气，风味清淡，带有少许柔和的苦味。我们很爱阿佩罗的百搭性，它可以微量使用，增加西柚汁或西柚苦精的苦味，也可以作为基酒之一，甚至还可以作为主要原料，营造清新口感。尽管阿佩罗在强劲鸡尾酒中的表现也很不错（尤其是马天尼改编版），但我们还是最常用它来调制柑橘果味鸡尾酒，比如经典的阿佩罗汽酒或其他汽酒。它还可以作为酸酒的调味剂，比如击掌。

金巴利： 噢，金巴利，你让每一位调酒师都如虎添翼！没有你就没有内格罗尼，而一个没有内格罗尼的世界不值得我们继续生活下去。金巴利的酒精度为 24%，在餐前酒推荐单品中处于居中风格，其烈度、甜味和苦味都适度。这使得它在调酒时可以大派用场，它既足够清淡，可以大量使用，又足够强劲，在少量使用时效果也明显。

金巴利呈深红宝石色，带有明亮的花香和橙味，搭配赛尔兹气泡水就能做出既好喝又美妙的高球。它还非常适合调制柑橘果味和强劲鸡尾酒。

苏姿： 法国人拥有悠久的苦味利口酒酿造历史。我们经常会把苏姿看作是法国的金巴利，尽管这个类比有些过于简单化，但它们的用法往往是类似的。苏姿带有泥土味、甜味和柑橘味，酒体清淡，呈明亮的黄色。它的酒精度为20%，足够清淡，可以用来调制低酒精度的柑橘果味鸡尾酒，但同时个性又足够强烈，在强劲鸡尾酒中的表现亦不逊色，尤其是像白色内格罗尼这样的马天尼改编版，这要归功于原料中的龙胆根，许多阿玛罗都是用它来营造苦味的。

清淡型阿玛罗

如前所述，根据烈度、风味浓郁度和苦味程度，我们把阿玛罗分为清淡型、适中型和厚重型。下面推荐的清淡型阿玛罗拥有淡淡的甜味和令人愉悦的苦味，口感平衡，是用途非常广泛的鸡尾酒原料。清淡特质让它可以充当柑橘果味或强劲鸡尾酒的基酒之一，而足够明显的风味让它们可以少量使用，对核心烈酒起到烘托作用，就像水果或药草利口酒的作用那样。

推荐单品

梅乐蒂： 酒精度为32%的梅乐蒂散发着浓烈的肉桂、橙皮和柠檬皮香气，以及少许清爽的薄荷气息。这种薄荷特质在口中得到了延续，还能品出烧焦的焦糖和悠长的柑橘风味。因为酒体清淡，梅乐蒂用来调制柑橘果味和强劲鸡尾酒都很合适，能衬托出基酒的特质。它还可以搭配味美思，共同充当马天尼或曼哈顿风格鸡尾酒的基酒。

蒙特内罗： 长期以来，蒙特内罗都是我们最爱的调酒原料之一。它有着明显的玫瑰、可乐和焦橙子香气。入口后，这些浓郁风味变成了柔和、悠长的苦味，几乎像是不那么甜的可乐。它酒精度为23%，酒体轻盈，和柑橘类水果搭配的效果非常美妙，而我们也常常这么做，如露脐背心。

诺妮酒庄美丽花语： 在本书里，我们对好几款产品不吝溢美之词，但这款诺妮酒庄美丽花语绝对属于我们用来调酒的顶级产品。它的酒体颇为轻盈，但它是以格拉帕为基酒酿造的，这一风味丰富的基底让它拥有了比其他阿玛罗更深沉的基础口感。它散发着活泼的新鲜橙油、药草和桦木香气。风味复杂微苦，橙味特质更像是橙子糖果。诺妮酒庄美丽花语纯饮就很好喝了，但调酒的效果更是非凡。我们特别喜欢用它来充当曼哈顿风格鸡尾酒的基酒之一，如葡萄园。而且，因为它的酒精度偏高（35%）又不是太甜，我们还会把它当作基酒，用来改编曼哈顿，如撤出策略。

适中型阿玛罗

按照我们的分类定义，适中型阿玛罗比清淡阿玛罗更厚重，但又不会厚重到掩盖其他风味。它们通常呈深红色或琥珀色，带有明显的甜味和烧焦的焦糖味，余味更苦。在调酒时，我们通常会少量使用适中型阿玛罗，起到调味的作用。这在马天尼或曼哈顿改编版中的效果可能会很好，因为阿玛罗代替了一部分味美思。在这种情况下，我们会省去芳香苦精。

推荐单品

雅凡娜： 直到不久之前，我们能一直买到的阿玛罗只有寥寥数款，而雅凡娜正是其中之一。它在意大利非常流行，而且在世界各地都能买到。它比大多数阿玛罗都更甜，但这正好能平衡其强烈的茴香、柠檬、杜松子和鼠尾草风味。对一般人而言，雅凡娜会是一款完美的入门级阿玛罗，因为它明显的甜味能够抑制苦味。

奇奥奇阿罗： 可乐和橙子香气、焦橙子风味、适中的甜度和酒精度（30%），使得奇奥奇阿罗的特质可谓恰到好处，既不会过于霸道，又不会隐没在复杂的鸡尾酒中。对任何人的酒柜来说，它都是一款用途广泛的单品。另外，在调制布鲁克林（见第 87 页）这样的经典鸡尾酒时，如果你一时找不到比格蕾吉娜来代替亚玛匹康，用雅凡娜的效果也非常好。

比格蕾吉娜： 这款法国利口酒的风格介于阿玛罗和橙皮利口酒之间，具有平衡的柑橘类水果及香料风味和令人愉悦的悠长苦味。甜度适中，使橘子特质更明显。我们喜欢少量使用（1茶匙至¼盎司），为鸡尾酒增添结构感，同时它的明亮橙味还能提升厚重烈酒的口感，比如干邑。

西娜尔： 尽管西娜尔因为味道极苦而出名，但它的风格其实介于相对清淡的奇奥奇阿罗和下面要介绍的厚重型阿玛罗之间。它散发着明显的植物和药草香气。正如它的名字所表明的，西娜尔含有朝鲜蓟（朝鲜蓟为菜蓟属，英文是Cynara），但这个名字其实有一定的误导性，朝鲜蓟只是它的众多调味原料之一，不过它的泥土气息的确很明显。它还具有桉树风味和悠长而苦的余味，能够让鸡尾酒的风味变得更悠长。

阿玛卓： 苦味浓郁的阿玛卓散发着桦木、煮柑橘类水果和药草的明显香气。入口甜且带泥土味，但又有着出人意料的偏干口感（这要归功于配方里的苦味原料），酒精度为 30%。阿玛卓的复杂风味和苦味让它很适合调制曼哈顿风格鸡尾酒，比如在贝丝进城中，它代替了安高天娜苦精和一部分味美思。它也可以用来调制老式鸡尾酒，替代大部分甜味剂，并补充苦味，比如突击测试。

厚重型阿玛罗

和前两个类别相比，厚重型阿玛

罗可以更甜、更苦或两者兼具。因此，它们的特质会在鸡尾酒中得到清晰的体现。我们欢迎这一点，经常会把它们用作鸡尾酒的主要成分。偶尔我们也会少量使用，让它们的强烈特质在核心风味中恰到好处地表现出来，比如黑森林。

推荐单品

菲奈特·布兰卡：菲奈特·布兰卡是一款需要较长时间才能爱上的酒。刚开始喝的时候，你可能会觉得它太苦了，但慢慢地你会发现它的各种微妙特质：一开始让你觉得可怕的气味变成了焦糖、咖啡和茴香味道，浓烈的味道变成了丰富的焦橙味和薄荷余味。如果你要花很长时间才能领略到菲奈特·布兰卡的妙处，请别灰心。其实，很多烈酒专业人士仍然觉得它喝起来和药没什么差别，尽管他们多年来在深夜和同事一起干掉了无数个菲奈特·布兰卡一口饮。（至少我们会按时服药，对吗？）在用菲奈特·布兰卡调酒时，要像对待其他厚重型阿玛罗一样小心，把它作为调味剂，从很少的量开始，如果你觉得有必要再一点点增加用量。

路萨朵阿巴诺：路萨朵阿巴诺以小豆蔻、肉桂、苦橙皮、金鸡纳树皮和其他严格保密的原料酿造而成，有着十分独特的风味特质。有时我们会

---

① 1 英里 ≈ 1.6 千米。——译者注

从一英里①之外就能闻出它的味道。它散发着柑橘和烘焙香料香气，入口后是活泼的肉桂味，余味会在口中持续数分钟之久。如果用它来调酒，这种风味会在鸡尾酒中占据主导地位，所以我们建议仅少量使用，否则它会支配整杯酒。

如何用阿玛罗调酒

调味：极苦、风味浓郁的阿玛罗可以像芳香苦精那样少量使用（用量在一滴和一茶匙之间）。它的烈度可以让原本不那么搭配的原料完美融合在一起，或者为鸡尾酒增添一种独特的味道，使其他原料的特质得以凸显。

代替味美思：这种做法并不总是奏效，但在阿玛罗足够清淡的情况下，有时你可以用它来代替鸡尾酒中的甜味美思。

代替一部分味美思和苦精：在改编曼哈顿时，与其简单地用阿玛罗代替味美思，不如去掉芳香苦精和一部分味美思，用少量阿玛罗来代替（用量在¼～½盎司之间）。这样做出来的改编版曼哈顿会更有趣。

用作部分基酒：根据你对苦味的耐受度，任何阿玛罗都可以用来作为基酒的一部分。不过，像菲奈特·布兰卡这样的厚重型阿玛罗味道过于强烈，可能不适合搭配另一种基酒，除非原料足够平衡。

用作基酒：只有烈度够高（最好是30%及以上）的阿玛罗才适合用作基酒，而且口感要足够平衡，才不会对其他原料的影响产生排斥。我们发现适中型阿玛罗作为基酒的效果是最好的。

改变调味

对弗利普及其改编版而言，阿玛罗可以是一种非常有效的调味剂，因为它们足以与蛋和奶制品这样的浓郁原料相抗衡。阿玛罗本身就几乎像是一种完整的鸡尾酒——烈、甜、苦兼具，有时还带酸味。根据阿玛罗的烈度、甜度和苦度，你可以通过几种不同的方法将它们运用到鸡尾酒中。正是因为这些特质，阿玛罗能够与弗利普风格鸡尾酒中的所有原料产生互动，但你需要对它们的用量进行调整。在巴纳比·琼斯中，因为添加了 ½ 盎司西娜尔，所以苏格兰威士忌的用量要降低到 1½ 盎司，而枫糖浆只需要用 ½ 盎司就能达到平衡了，因为西娜尔本身也带有甜味。

巴纳比·琼斯

莫拉·麦奎根，2013

巴纳比·琼斯是一款蛋奶酒的改编，在核心中加入了西娜尔，以增加其复杂度。加入整粒咖啡豆一起摇酒不但带来了微妙的咖啡风味，还有助于奶油的打发，营造丝滑质感。

1½ 盎司威雀苏格兰威士忌

½ 盎司西娜尔

½ 盎司深色浓郁枫糖浆

½ 盎司重奶油

1 整只蛋

12 粒咖啡豆

装饰：肉桂

先将所有原料干摇一遍，然后加冰摇匀。双重滤入冰过的碟形杯。在酒的上方磨几下肉桂，作为装饰。

加入队列

劳伦·科里沃，2015

这是一款对热带鸡尾酒椰林飘香的复杂改编，并且去掉了奶制品。安高天娜阿玛罗对作为核心的阿蒙提亚多雪莉酒起到了调味作用，最终造就出一款极其复杂、适合在泳池边享用的鸡尾酒。

半个橙圈

½ 颗草莓

1½ 盎司卢士涛路爱可阿蒙提亚多雪莉酒

½ 盎司安高天娜阿玛罗

¼ 盎司拉法沃瑞棕色农业朗姆酒

1 茶匙皮埃尔·费朗干型橙皮利口酒

½ 盎司自制椰子奶油

1 滴安高天娜苦精

装饰：1 片菠萝叶、半个橙圈、1 根薄荷嫩枝

在摇酒壶中捣压半个橙圈和草莓。倒入其他所有原料，加冰短暂摇匀，双重滤入柯林斯杯。在杯中加满碎冰。用菠萝叶、半个橙圈和薄荷嫩枝装饰，加一根吸管。

特雷弗·伊斯特（Trevor Easter）

特雷弗·伊斯特曾在2016—2017年担任沃克小馆和诺曼底俱乐部总经理，此前任职于多家优秀酒吧，包括旧金山的波本与溪水（Bourbon & Branch）、波本酒库（Rickhouse）及圣地亚哥的高尚实验（Noble Experiment）。

说真的，我还记得我第1次喝弗利普是坐在哪一张吧椅上。那是在旧金山的一家叫罗莫洛15的酒吧。他们的酒单上有一款酒，我完全是被它的名字——性感美洲豹弗利普——吸引才要的。我不记得里面有什么了，但那是我第1次看到有人在吧台把一整只蛋打开后全部放入了酒里。对调酒师来说，弗利普可能是一杯不讨喜的酒，因为它的制作很麻烦。因此，我们通常不会把弗利普列入酒单，但是如果有客人想点一杯特别浓郁或者像甜点的酒，我就会推荐它。

在改编弗利普时，我会遵循杰瑞·托马斯的老派原则。我喜欢用陈年烈酒做基酒，因为它们的木头特质能提升鸡尾酒的风味。我会经常加入雪莉酒或波特酒，然后尝试不同的甜味剂——可能是枫糖浆或蜂蜜，而不是糖，让整杯酒喝起来更像甜点。

弗利普和其他质感厚重的鸡尾酒名声并不是太好。很多人都以为浓郁的酒肯定也很甜。但一杯平衡的弗利普并不是甜的，尽管它喝起来绝对是种享受。弗利普的妙处正在这里：它介于鸡尾酒和蛋奶糊之间。如果你想在餐后喝一杯，而不是享用甜点，那么它正是你的完美之选。

关于弗利普的制作技巧，我学到的最重要一点是在制作前让鸡蛋稍稍解冻。我会在开始调制酒前把蛋从冰箱里拿出来，这样它就有一分钟左右的解冻时间，确保最后做出来的酒拥有一层饱满、丰富的泡沫——人人都喜欢的这层泡沫。我还喜欢用一种我称之为"大卫和哥利亚摇酒法"（David and Goliath shake）的技巧。在将所有原料干摇一遍之后，我会在调酒听中加入一块大冰条和一块用寇德—德拉夫特制冰机制作的小方冰。在摇酒过程中，大冰条会立刻击碎小方冰。这使得温度迅速降低，而大冰条会像活塞运动那样为酒增添气泡和质感。

每次做完一杯需要用到蛋清的酒，我都喜欢用剩下的蛋黄来做一杯弗利普风格鸡尾酒，然后送给客人，给他们一个惊喜。

我觉得弗利普是大多数调酒师未曾涉足的一个领域。我们花大量时间制作老式鸡尾酒、曼哈顿和大吉利，而且任何一个合格的调酒师都能轻松做出它们的改编版，但如果你让他们做一杯弗利普风格鸡尾酒，他们很可能会不知所措。在我看来，这意味着弗利普大有潜力可挖，为调酒师提供了广阔的试验空间。

提神意式脆饼

1½ 盎司陈年朗姆酒

½ 盎司咖啡利口酒

¼ 盎司法乐蒂意式脆饼利口酒

1 盎司重奶油

1 整只蛋

装饰：肉豆蔻

先将所有原料干摇一遍，然后加冰摇匀。双重滤入小号白葡萄酒杯。在酒的上方磨几下肉豆蔻，作为装饰。

探索技法：用鸡蛋调酒

鸡蛋中的蛋白质会让酒产生泡沫，但如果你想做出泡沫最丰富的鸡尾酒，那就需要掌握几个特殊技巧。不管你在做酒时用的是哪种生鸡蛋，都千万不要把烈酒或柑橘类果汁直接倒在蛋的上面。如果这些原料放在一起太久，酸和酒精会"煮熟"蛋，从而产生一种令人不快的质感和味道。因此，我们建议先把蛋打在更大的那个调酒听里，或是把蛋清分离出来，放入大号调酒听。然后，在小号调酒听里混合其他所有原料，这样它们就不会和蛋混在一起了。（这种分离鸡蛋的做法还有一个好处：鸡蛋是很难处理的，你可能会在打蛋或分离蛋清的过程中出现失误，或者是需要把一小片蛋壳挑出来。）

开始摇酒之前，记住冰会抑制泡沫产生。所以，第一步是不加冰摇酒，这种技法被称为干摇。所以在盖上调酒听之前，不要加入任何冰。然后，一定要确保调酒听盖紧了。随着蛋白质膨胀、泡沫产生，调酒听内的压力会上升，迫使两个听分开。调酒听盖紧之后，用力摇酒5秒钟左右。

打开调酒听，看一下里面的状况。如果你用了一整只蛋或蛋清，酒应该产生了丰富泡沫。将酒倒入小号调酒听，小心地加满冰，然后盖紧调酒听，用力摇匀。如果你觉得摇得足够久了，再继续摇几秒钟。摇酒过程会稀释和冷却酒，同时产生的水和空气会被蛋白质包裹，使泡沫更坚挺持久。

完成摇酒后，打开调酒听，确保所有酒都在大号听中。我们喜欢双重过滤含有鸡蛋的鸡尾酒。这能防止冰屑（和不小心掉进酒里的蛋壳屑）进入鸡尾酒中，从而破坏它的质感。此外，滤网的细孔还能进一步让空气进入酒中，形成更多泡沫。

最后一步，也是很重要的一步是仔细清洗你的工具。对工作中的调酒师而言，只是把它们浸泡在放满了水的清洗槽里是绝对不行的。粘在摇酒壶和滤网上的鸡蛋会对水造成污染，所以千万别这么做！相反，你要单独彻底清洗用过的摇酒壶和其他工具，然后闻一下它们的味道，哪怕只有一丝鸡蛋的气味残留，都要重新清洗。

不得不提的是，有些人会采用另一种相反的方法：先加冰摇匀所有原料和鸡蛋，然后把酒过滤出来，不加冰再摇一遍，待形成泡沫，最后倒入杯中。这种方法被称为反向干摇，做出来的酒有着美妙而丰富的泡沫。反向干摇法的支持者声称它能让鸡尾酒拥有一层更厚、更持久的泡沫，但我们发现两种方法的效果相差不大。你可以两种方法都试一遍，再决定你更喜欢哪一种。我们更爱常规干摇法，因为它的步骤更少，但效果是相近的。

压力摇酒和拉莫斯·金·菲兹的新做法

以提神作用而著称的拉莫斯·金·菲兹口感浓郁、花香扑鼻，缓解宿醉的效果几乎和血腥玛丽一样好。据说它于1888年诞生于新奥尔良，而它的人气既要归功于它的美妙口感，又与它充满仪式感的制作过程和戏剧感十足的呈现方式分不开。它从柯林斯改编而来，原料包括金酒、柠檬汁、青柠汁、糖、奶油、赛尔兹气泡水、蛋清和几滴香气浓烈的橙花水。19世纪，人们相信摇上整整10分钟甚至更长的效果是最好的！长时间的摇酒能够充分打发奶油和鸡蛋，形成细密顺滑的泡沫，使酒的口感美妙轻盈。

花10分钟摇酒是个体力活，而且调酒师不可能花这么多时间在摇酒上。在过去，我们的小花招是把摇酒壶在酒吧里传来传去，让客人参与进来，展示一下他们的摇酒技巧。然后我们无意中发现可以用iSi发泡器来快捷地将微小 N_2O 气泡注入鸡尾酒中。通过这个方法，我们做出了口感最蓬松绵密的拉莫斯·金·菲兹，事实上就是一杯完全发泡的鸡尾酒。因为它的体积更大，所以需要用更大号的酒杯（20~24盎司）。

要说明的是，这种做法并非来自iSi的官方推荐，必须谨慎运用。我们用这个方法做了几百杯拉莫斯·金·菲兹，还没遇到过问题，但我们一直遵循着严格的安全规定：只使用容量为1升的发泡器，而且永远不会装得超过半满（包括冰在内）。

N_2O 拉莫斯·金·菲兹

2盎司普利茅斯金酒

¼盎司新鲜青柠汁

¼盎司新鲜柠檬汁

1盎司单糖浆

1盎司重奶油

1个蛋清

3滴橙花水

冰赛尔兹气泡水

将除了赛尔兹气泡水之外的所有原料倒入iSi发泡器，不要加冰。盖上盖子，摇晃20秒。打开盖子，加入5块1英寸见方的方冰，然后再次把盖子盖紧。装入一枚 N_2O 气弹，然后摇晃10秒。第1次放气时用摇酒壶或其他容器来装，然后把发泡器完全倒立，将酒倒入大号酒杯。静待1分钟左右。小心地沿着吧勺倒入冰赛尔兹气泡水，让它直接沉入酒杯底部，托起泡沫丰富的鸡尾酒，使泡沫超出杯沿。无须装饰。

这个方法适用于任何含有蛋白质的鸡尾酒。通过摇动，蛋白质（如鸡蛋和奶油）会与空气结合，使鸡尾酒产生丰富泡沫。

杯型：个人选择

没有一种杯型适合全部的弗利普及其大家庭成员，原因之一是它们的形式太多了：有的是热饮，有的是冰饮，有的分量偏小，有的泡沫尤其丰富。这给了我们一个很好的机会来探讨如何为不同种类的鸡尾酒挑选理想的酒杯。

对经典弗利普和其他含有鸡蛋或奶制品的鸡尾酒而言，我们用的酒杯要大到能装下额外的泡沫，但又不会太大，以至于酒达不到杯沿的位置。容量为7~8盎司的酒杯应该是最合适的。带杯脚的酒杯是理想之选，因为这样客人的手不会接触到酒杯而让酒变温。最后，杯沿的直径应该够宽，能够让你方便地在酒的表面撒入香料或加入其他装饰，它们往往是弗利普风格鸡尾酒的重要组成部分。

我们通常会用碟形杯或小号葡萄酒杯（比如白葡萄酒杯或桃红葡萄酒杯）来盛放弗利普风格鸡尾酒。肖特圣维莎（Schott Zwiesel）出品的桃红葡萄酒杯是我们的最爱之一：它的杯沿朝外稍稍展开。

冰鸡尾酒需要带杯脚的酒杯，而热鸡尾酒需要带把手的酒杯。在制作含有奶油的热鸡尾酒时，如爱尔兰咖啡或汤姆和杰瑞，我们通常会选用透明的托蒂杯，因为它能让客人欣赏到鸡尾酒的美妙外观。至于其他热鸡尾酒，如杏园，一只富有装饰性的木碗、咖啡杯或茶杯能够让酒更有特色，就像提基杯对热带鸡尾酒的作用一样。

弗利普改编版

对弗利普的改编已经演化出了多种不同的风格。我们在此前的篇幅中已经介绍过，弗利普模板中的基础烈酒和加强型葡萄酒可以替换，蛋和奶制品可以去掉，甜味剂可以产生各种变化。这些改编版和基础配方之间永远存在着一个相同点：浓郁的整体口感和奶油般的顺滑质感。下面，我们要介绍几款著名的改编配方，看看它们对弗利普守则的不同诠释。

白俄罗斯

经典配方

有些弗利普改编版是去掉了鸡蛋的简单鸡尾酒，由几种原料组成，而且只需在酒杯里直接调制。经典的白俄罗斯正是如此。因为这些酒毫不复杂，所以原料的品质就变得至关重要。和本章中的其他许多经典鸡尾酒一样，白俄罗斯常常受到人们的嘲讽，但其实它并不像很多人想的那么甜腻，而是一杯口感平衡的鸡尾酒。它用的是半对半奶油，而非奶油，这使得它足够清淡，适合日常饮用。而且，如果它用的是重奶油，利口酒的咖啡风味就会被掩盖。

1½ 盎司绝对亦乐伏特加
1 盎司洛丽塔咖啡利口酒
1 盎司半对半奶油

将伏特加和咖啡利口酒倒入老式杯。加满冰块，迅速搅拌一下。最后加入一层半对半奶油。无须装饰。

爱尔兰咖啡

绿蚱蜢

经典配方

绿蚱蜢是一款以利口酒为基酒的鸡尾酒，口感浓郁又不失清新。几十年来，绿蚱蜢和其他许多类似鸡尾酒都是平价酒吧的专属，但随着各种优质利口酒——它们是用真正的薄荷和可可酿造的——出现在市场上，而非人工调味料。我们开始重新认识这些经典，把它们加入自己的酒单之中。在这款鸡尾酒中，新鲜薄荷装饰既能增加香气，又从视觉上强化了整杯酒的薄荷特质。

1 盎司光阴似箭白薄荷利口酒

1 盎司吉发得白可可利口酒

1 盎司重奶油

8 片薄荷叶

装饰：1 片薄荷叶

将所有原料加冰摇匀，双重滤入冰过的碟形杯。将薄荷叶放在酒上，作为装饰。

汤姆和杰瑞

经典配方

在中央供暖系统被发明出来之前，人类想出了一个聪明的方法来取暖：把酒和奶制品兑在一起喝，驱走冬天和下雨天的寒意。事实上，弗利普可能就是这么诞生的，因为它最早的配方是蛋、艾尔啤酒和糖。尽管现代弗利普基本上都是冰饮，但大冷天来杯热饮是件很惬意的事，而世界上最暖心的热饮之一正是汤姆和杰瑞，它由朗姆酒、干邑、奶制品和鸡蛋（汤姆和杰瑞蛋糊的成分之一）调制而成，是酒客们在冬日里的最爱。

1 盎司埃尔多拉多 12 年朗姆酒

1 盎司皮埃尔·费朗琥珀干邑

爱尔兰咖啡

经典配方

在这款弗利普改编版中，奶油不是直接和酒混合。相反，奶油是打发好了之后漂浮在酒上。因为下面的酒是热的，奶油的结构会被破坏，并沉到酒里，影响整杯酒的美感。所以，我们建议将奶油打发到有尖角出现的程度，这样它能浮在酒上更长时间。

2 盎司重奶油

1½ 盎司尊美醇爱尔兰威士忌

¾ 盎司德梅拉拉树胶糖浆

3 盎司现煮热咖啡

将重奶油倒入碗中用打蛋器搅打，直到奶油开始形成挺立的尖角。在咖啡杯或托蒂杯中倒入沸水，静置 1 ~ 2 分钟，然后把水倒掉。倒入威士忌和糖浆，然后一边不停搅拌，一边慢慢倒入咖啡。小心地用勺子把打发好的奶油全部铺在酒上。

2 盎司汤姆和杰瑞蛋糊

2 盎司热牛奶

装饰：肉豆蔻

在咖啡杯或茶杯中倒入沸水，静置
1 ～ 2 分钟，然后把水倒掉。倒入朗姆酒和
干邑，加入蛋糊。充分搅拌均匀，然后慢慢
倒入热牛奶。在酒的上方磨几下肉豆蔻，作
为装饰。

金色凯迪拉克

经典配方

经典的金色凯迪拉克从绿蚱蜢演化而
来，但加利安奴的香草和甘草风味让它呈现
出不一样的面貌。最后撒在酒上的现磨黑巧
克力粉能够衬托出利口酒本身令人愉悦的
苦味，使它的特质更鲜明。

1 盎司加利安奴

1 盎司吉发得白可可利口酒

1 盎司重奶油

装饰：黑巧克力

将所有原料加冰摇匀，双重滤入冰过
的碟形杯。在酒的上方磨几下黑巧克力，作
为装饰。

椰林飘香

经典配方

尽管椰林飘香总是与海滩和草棚酒吧
联系在一起，但只要研究一下配方，你就会
发现它本质上是一种弗利普。如果以前有人
告诉我们椰林飘香不是一种酸酒，我们会大
为震惊，但现在我们对它有了新的认识。朗
姆酒带来烈度，椰子奶油增加了脂肪和甜度，
而菠萝汁同时提供了甜度和酸度。

2 盎司卡纳布兰瓦白朗姆酒

½ 盎司克鲁赞黑色糖蜜朗姆酒

1½ 盎司新鲜菠萝汁

1½ 盎司自制椰子奶油

装饰：穿在鸡尾酒伞签上的 1 个菠萝角和
1 颗白兰地樱桃

将所有原料倒入摇酒壶，加几片碎冰
用力摇匀，直至原料完全混合在一起。无须
过滤，直接倒入双重老式杯，加满碎冰。以
菠萝角和樱桃装饰，加一根吸管。

椰林飘香

弗利普大家族

弗利普大家族对基础配方进行了更大胆的改编。基础配方的浓郁特质得到了保留，但表现形式却多种多样。在沉溺中，淡杏仁奶取代了奶油，造就了一款更微妙的弗利普改编版。汉斯·克鲁伯（The Hans Gruber）从经典的白俄罗斯中汲取灵感，在杯中加入了尽可能多的节日风味。这些酒很好地展示了该如何将弗利普模板融入你的鸡尾酒创作之中。

冰冻泥石流

德文·塔比，2016

我们知道你在想什么：泥石流？我们是穿越回了 1985 年吗？当然，你很容易看轻这款酒，因为它其实就是加了酒的奶昔。但是，这又有什么错呢？泥石流之所以形象不佳，很可能是因为它的制作方式——几乎等份的咖啡利口酒、伏特加和百利甜酒混合在一起。尽管这种做法没问题，但我们更喜欢用冰淇淋制作的版本，它能带来浓郁风味，而且不需要加冰摇匀，所以酒的味道不会被迅速冲淡。

1 盎司爱斯勃雷鸭伏特加
1½ 盎司百利甜酒
1 盎司甘露咖啡利口酒
3 勺香草或咖啡冰淇淋

将所有原料倒入搅拌机，搅打至质地顺滑。倒入柯林斯杯，放一根吸管和一把长柄勺。无须装饰。

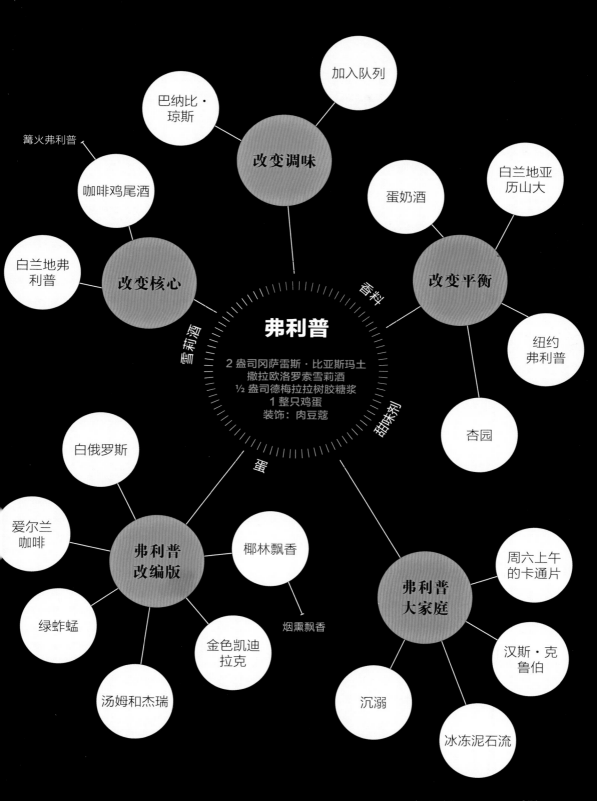

弗利普

2 盎司冈萨雷斯·比亚斯玛土
撒拉欧洛罗索雪莉酒
½ 盎司德梅拉拉树胶糖浆
1 整只鸡蛋
装饰：肉豆蔻

改变调味
加入队列
巴纳比·琼斯

改变核心
篝火弗利普
咖啡鸡尾酒
白兰地弗利普

改变平衡
蛋奶酒
白兰地亚历山大
纽约弗利普
杏园

香料
雪莉酒
甜味剂
蛋

弗利普改编版
白俄罗斯
爱尔兰咖啡
绿蚱蜢
汤姆和杰瑞
金色凯迪拉克
椰林飘香
烟熏飘香

弗利普大家庭
周六上午的卡通片
汉斯·克鲁伯
沉溺
冰冻泥石流

汉斯·克鲁伯

德文·塔比，2015

在所有层次丰富的白俄罗斯改编版中，汉斯·克鲁伯是我们的最爱之一。它是我们在 2015 年为沃克小馆的节日主题酒单创作的。我们对经典白俄罗斯的每一个组成部分都进行了改动，最终创作出一款带有山核桃派和冰淇淋味道的复杂鸡尾酒。尽管它的口感十分浓郁，但山核桃泡朗姆酒的烤坚果风味、棕黄油泡白兰地的丰富特质与佩德罗—希梅内斯雪莉酒的强烈无花果味正好形成平衡。枫糖浆味道的打发奶油是我们最爱的发现之一：只需要一点枫糖浆就能让奶油的味道变得很可口。我们还会用其他原料来给打发奶油调味，包括橙味利口酒和干型雪莉酒。如果你也想试试，要注意在奶油里加酒的分量。如果每杯奶油里加的酒超过了 ½ 盎司，奶油则会变得很难打发。

2 盎司重奶油
¼ 盎司深色浓郁枫糖浆
1 盎司以烤山核桃浸渍的蔗园朗姆酒
¾ 盎司以棕黄油浸渍的苹果白兰地
1 盎司卢士涛圣艾米利佩德罗－希梅内斯雪莉酒
1 茶匙吉发得马达加斯加香草利口酒
¼ 盎司蔗糖浆
3 滴盐溶液
装饰：喷一下克鲁赞黑糖蜜朗姆酒

将重奶油和枫糖浆倒入碗中，用打蛋器搅打，直到奶油开始形成挺立的尖角。将其他所有原料倒入调酒杯搅匀，滤入冰过的碟形杯。小心地用勺子把打发好的奶油全部铺在酒上，然后喷一下黑糖蜜朗姆酒。

沉溺

德文·塔比，2016

这是一款以汤姆和杰瑞为灵感的鸡尾酒，展示了几滴乳酸溶液的酸味和顺滑特质如何让鸡尾酒变得完全不同。它的格外浓郁的口感源自两种关键原料——以棕黄油浸渍的苹果白兰地和醇厚的杏仁奶，杏仁利口酒则带来少许坚果味，最终造就出一款极其顺滑和丰富的鸡尾酒。

4¼ 盎司杏仁奶
¾ 盎司以棕黄油浸渍的苹果白兰地
¾ 盎司卡纳布兰瓦 7 年朗姆酒
1 茶匙拉扎罗尼杏仁利口酒
½ 盎司辣杏仁德梅拉拉树胶糖浆
2 滴乳酸溶液
1 滴盐溶液

将所有原料倒入小号平底锅，中低火加热，不时搅拌一下，直到原料开始冒热气（但没有冒泡）。倒入咖啡杯或小号茶杯中。无须装饰。

周六上午的卡通片

德文·塔比，2015

这款酒是我们对麦片奶的趣味改编：加入了浸渍原料和利口酒之后，不含奶制品的鸡尾酒也能拥有经典弗利普的浓郁甜美口感。在可可酊剂和复杂香草利口酒的衬托下，阿弗阿良木桶卡莎萨的肉桂辛香更突出，而自制杏仁奶为它们提供了大展身手的背景。更有趣的是这款酒不是用来啜饮的（虽然你想这么做也完全没问题），而是倒在麦片上，就像吃早餐一样。

1 盎司阿弗阿良木桶卡莎萨

½ 盎司可可豆酊剂

¼ 盎司吉发得马达加斯加香草利口酒

¾ 盎司德梅拉拉树胶糖浆

4 盎司杏仁奶

麦片

　　将除了麦片之外的所有原料倒入调酒杯，充分搅拌均匀。倒入装有麦片的碗中，配上一把勺子。一滴都别浪费！

进阶技法：烟熏风味

烟雾为什么会让我们感到安心？在我们的动物本能中，烟雾是否象征着安全、温暖和进食，就像我们以狩猎和采食为生的远祖的感受那样？无论如何，烟熏对食物而言都是一种强有力的味道和香气，而且同样可以运用在鸡尾酒中。

从最基本的层面而言，你可以通过添加带烟熏味的原料让鸡尾酒也带有烟熏味，尤其是像匈牙利辣椒粉或孜然这样的烟熏味香料，或是奇波雷辣椒这样经过烟熏处理的原料。它们可以做成糖浆或用于浸渍，或者磨成粉末，用于杯沿边。但这很难说得上是一种进阶技法。所以在这一部分，我们将探讨如何将真正的烟熏风味融入鸡尾酒及其原料之中。

你可能会感到奇怪，我们为什么会在关于弗利普的章节中介绍烟熏技法。尽管烟熏能够为许多不同风格的鸡尾酒增添额外风味，但弗利普吸附烟雾的能力是其他鸡尾酒都比不上的，因为鸡蛋和奶制品中的脂肪是留住各种风味的理想成分。脂肪能够吸收影响烟雾特质的许多不同成分，相比之下，如果你对一款不含脂肪的鸡尾酒（如老式鸡尾酒改编版）进行烟熏处理，酒的味道可能像液体烟。无论如何，关键在于要对每款酒具体分析，然后做出相应的判断：用的烟太多，烟熏味会主导整杯酒；用的烟太少，可能起不到任何效果。此外，不同的人对酒里的烟熏味有着不同的耐受度，所以关键还是在于适度。

对液体原料或一整杯鸡尾酒进行烟熏处理听上去像是不可能的任务，但实际上相当容易。基本方法是对木片进行加热，直到它开始冒烟，然后让烟雾与酒的表面进行接触。只需要几分钟，烟雾对酒的浸渍就完成了。而调酒师的水平正体现在具体的选择之中：哪些鸡尾酒适合加入烟熏风味、哪种木头或可点燃物质和鸡尾酒中的原料最搭配、你用哪种方式加入烟雾等。

硬木是最常见的烟熏食物的材料，因为它产生的烟一般是甜的，而且风味丰富。但你也可以选用其他干燥原料，比如茶或药草。

如前所述，烟熏是一种强有力的香气和风味，很容易主导整杯酒，所以我们通常只用少量烟雾来浸渍原料，并且要搭配特质相辅相成的原料（比如具有丰富香草味的木桶陈年烈酒）或者能够让人们联想到熟悉风味的原料（比如烧烤的甜烟熏味或雪茄的烟草味）。

Breville | PolyScience

篝火弗利普

亚历克斯·戴，2017

篝火弗利普是对经典弗利普的烟熏改编。我们先从一种烟熏原料开始——以山核桃木浸渍的干邑，然后加上雪莉酒和少许香草利口酒。最后做出来的酒口感浓郁，带着复杂的烟熏木头味，与干邑和雪莉酒本身的木桶陈酿风味相得益彰。

1 盎司以山核桃木浸渍的干邑

1 盎司卢士涛路爱可阿蒙提亚多雪莉酒

1 茶匙吉发得马达加斯加香草利口酒

½ 盎司德梅拉拉树胶糖浆

1 整只蛋

装饰：肉桂和肉豆蔻

先将所有原料干摇一遍，然后加冰摇匀。

双重滤入冰过的碟形杯。往酒的上方磨几下肉桂和肉豆蔻，作为装饰。

烟熏飘香

亚历克斯·戴，2017

烟熏风味不一定要通过闷烧烟雾来实现，通过烹饪（如烧烤）让原料具有烟熏风味也能做到这一点。我们最爱的方法之一是把烤菠萝做成糖浆，然后用于调酒，比如这款椰林飘香的烟熏改编版。用自制烤菠萝糖浆代替一部分新鲜菠萝汁能够让这款浓郁的热带鸡尾酒产生少许鲜美特质。

2 盎司卡纳布兰瓦白朗姆酒

½ 盎司克鲁赞黑糖蜜朗姆酒

¾ 盎司新鲜菠萝汁

¾ 盎司烤菠萝糖浆

1 盎司自制椰子奶油

装饰：穿在鸡尾酒伞签上的 1 个菠萝角和 1 颗白兰地樱桃

将所有原料倒入摇酒壶，加几片碎冰用力摇匀，直至原料完全混合在一起。无须过滤，直接倒入双重老式杯，加满碎冰。用穿在鸡尾酒伞签上的菠萝角和樱桃装饰，加一根吸管。

烟熏工具

下面是一部分我们最爱用来给鸡尾酒添加烟熏风味的工具。

烟熏枪：市面上有多种烟熏枪出售，但我们的最爱之一是波利赛斯公司出品的专业烟熏枪。燃烧缸里产生的烟通过小风扇的转动进入导管，而导管可以直接插入液体中或对着酒液

上方或四周喷出烟雾。烟雾是低温的，所以不会让酒升温，而且烟雾的量也可以调整。它的尺寸很小，能够迅速为原料或整杯鸡尾酒增添烟熏风味。

木条或木板：除了用烟雾来给原料调味，你还可以给酒杯或其他容器调味。在这么做时，我们很喜欢用老波本橡木桶的木条，因为闷烧木条产生的烟雾让人联想到美国威士忌。将木条放在一个防热的平面上——原本是橡木桶内壁的那一面朝上——然后用丁烷喷枪点燃木条表面，烧烤至余烬闪烁、烟雾开始飘起。将一个酒杯放在木条上，让它沾染上烟雾的甜美香草和香料香气。这一做法非常适合调制带戏剧效果的萨泽拉克风格鸡尾酒，它的酒杯会散发出悠长的香气，对杯中的鸡尾酒起到衬托或对比作用。

喷枪：使用丁烷的厨用喷枪是一种值得常备的实用工具。它可以用来点燃放入烟熏枪或其他烟熏设备的木片，还可以用来点燃药草，作为烟熏装饰，或是用来烧灼木板或木条（见上文）。

烤架：我们有时会在烧木头的烤架上烧烤水果或蔬菜，让它们形成强烈的烟熏风味，然后用于制作糖浆或混合料，比如烤菠萝糖浆。如果你只有烧天然气的烤架，别担心，只需要把一些木片放在铝箔袋或金属盒里就能在烧烤时生成烟熏风味。

木头烟熏

木头烟熏无疑是最常见的烟熏鸡尾酒方法。我们遵循和烧烤食物同样的原则，只使用硬木条，因为像雪松、松树、冷杉、云杉和铁杉这样的软木产生的烟雾很厚重，大量吸入可能会产生危险，而且烟熏后的风味也不是那么令人愉悦。尽管不同的木头带来的风味的确是不同的，但它们产生的烟雾多少也有着重要影响。下面是一些最常见的用于烟熏的木头，按照烟熏风味从淡到浓排序：

清淡型木头（樱桃木、苹果木、桃木、梨木、桦木）：这些木头产生的烟雾有着甜甜的果味，最适合搭配口感清淡的原料，如用于制作糖浆的新鲜水果。

适中型木头（橡木、山核桃木、枫木、碧根果木、墨西哥菝葜木）：如果你只能选择一种木头用于烟熏，那么就选橡木或山核桃木。它们适合搭配多种不同原料，而且烟熏味明显，同时又不过于霸道。橡木天生是陈年烈酒的好搭档，而山核桃木的甜烟熏味能够很好地衬托出美国威士忌和苹果白兰地的特质。

浓烈型木头（牧豆木、甘椒木、黑核桃木）：这些木头产生的烟雾是最浓的，尤其是甘椒木，所以很容易主导整杯鸡尾酒的风味。我们建议用它们来烟熏酒杯或酒的表面，而不是烟熏原料或整杯酒。

如果你用的是烟熏枪，需要使用小片木头刨花。要在烟熏枪的燃烧缸里把刨花均匀地铺成一层，但不要压得太紧，否则氧气无法通过。打开开关，用喷枪点燃刨花。让最先冒出来的烟雾散去，并静待明火熄灭，尽管这时木头在燃烧，但产生的烟雾并不理想。当木头开始闷烧，余烬出现，这时产生的烟雾才是风味最好的。将鸡尾酒倒入有盖的容器，然后将导管插入液体中或对准酒的上方，烟熏10秒钟。你用的容器必须够大，这样才能在盖好盖子的情况下容纳烟雾。让烟雾缭绕在酒的周围，直至自然散去。

可燃原料烟熏

另一个营造烟熏风味的方法是点燃某些原料。我们主要将这一方法用于茶叶、药草和香料。

茶叶： 干茶叶非常适合用烟熏枪来处理。某些茶本身就具有烟熏风味，特别是正山小种或带有木头或水果味的拼配茶，比如八月奇异茶公司（August Uncommon Tea）的因斯布鲁克田野茶（详见资源推荐部分）。你可以用不同的茶进行试验，有些茶的效果会很像软木，带来一种甜甜的烟熏味。

药草和香料： 点燃药草，把它们的香气喷在鸡尾酒的上方或周围，这是一种非常有效的烟熏方法。点燃的迷迭香是我们的最爱之一。取一枝长长的迷迭香，然后用喷枪点燃它的叶片。当叶片变焦，它们会散发出强烈的木头香气。然后，你可以把迷迭香放在酒上作装饰（小心还在燃烧的余烬！），或简单地放在酒旁边也可以，它的香气足以传遍整个房间。你还可以用同样的方法来处理肉桂。

烟熏冰： 尽管一大块冰看上去似乎十分坚硬，但它会吸收周围的味道和香气。这正是我们酒吧为冰留出了专属冰柜的原因之一。（是的，你家里的冰箱冷冻室只能用来放冰，请替我们向你的室友或配偶道歉。）在烟熏冰时，你要先把冰放入一个带盖的塑料容器。盖上盖子，只留出供烟熏枪导管通过的空间。注入烟雾，要浓到你看不见容器里的冰，然后把盖子盖紧，冰冻几小时，使烟雾和冰完全融合。这样做出来的冰会具有微妙的烟熏风味，使你调制的老式风格鸡尾酒别具一格。

附 录

鸡尾酒

爱司与八

杰拉德·维冈，2016

2 盎司特索罗微酿特其拉

½ 盎司梅乐蒂阿玛罗

1 茶匙加利安奴咖啡利口酒

1 茶匙香草乳酸糖浆

1 滴比特曼巧克力香料苦精

装饰：1 个橙皮卷

将所有原料加冰搅匀，滤入装有 1 块大方冰的双重老式杯。在酒的上方挤一下橙皮卷，然后用它轻轻抹一下整个杯口并放入酒杯。

亲密关系

经典配方

2 盎司康沛勃克司橡木十字苏格兰威士忌

½ 盎司卡帕诺·安提卡配方味美思

½ 盎司杜凌干味美思

2 滴安高天娜苦精

装饰：1 个柠檬片卷

将所有原料加冰搅匀，滤入尼克和诺拉杯。在酒的上方挤一下柠檬皮卷，然后把它放在杯沿上。

飞行

经典配方

2 盎司普利茅斯金酒

¼ 盎司紫罗兰利口酒

1 茶匙樱桃利口酒

¾ 盎司新鲜柠檬汁

½ 盎司单糖浆

装饰：1 颗白兰地樱桃

将所有原料加冰搅匀，滤入冰过的碟形杯。用樱桃装饰。

匪徒

德文·塔比，2016

3 颗黑莓

2 盎司水牛足迹波本威士忌

¾ 盎司新鲜柠檬汁

½ 盎司蜂蜜糖浆

1 茶匙意大利黑醋浓缩汁

2 盎司赛尔兹气泡水

装饰：1 颗穿在酒签上的黑莓和 1 根薄荷嫩枝

在摇酒壶中轻轻捣压黑莓。倒入波本威士忌、柠檬汁、糖浆和意大利黑醋浓缩汁，加冰摇匀后双重滤入柯林斯杯。倒入赛尔兹气泡水，加冰，用黑莓和薄荷嫩枝装饰。

摘草莓

德文·塔比，2015

2 盎司以草莓浸渍的干邑和梅斯卡尔

1 盎司卢士涛路爱可阿蒙提亚多雪莉酒

¾ 盎司新鲜柠檬汁

¾ 盎司肉桂糖浆

¼ 茶匙金巴利

装饰：一整颗草莓，顶端切开，茎部保持完整

将所有原料加冰摇匀，双重滤入冰过的双重老式杯。把草莓放在杯口上。

黑森林

布莱恩·布鲁斯和德文·塔比，2016

¾ 盎司威雀苏格兰威士忌

¾ 盎司以棕黄油浸渍的苹果白兰地

¼ 盎司克利尔溪道格拉斯冷杉白兰地

¼ 盎司可可豆酊剂

1 茶匙路萨多阿巴诺

1 茶匙单糖浆

1 滴盐溶液

装饰：喷一下雪松酊剂

将所有原料加冰搅匀，滤入装有 1 块大方冰的双重老式杯。在酒的表面喷一下酊剂。

波比彭斯

经典配方

2 盎司康沛勃克司亚塞拉苏格兰威士忌

¾ 盎司卡帕诺·安提卡配方味美思

¼ 盎司法国廊酒

装饰：1 个柠檬片卷

将所有原料加冰搅匀，滤入尼克和诺

拉杯。在酒的上方挤一下柠檬皮卷，然后把它放在杯沿上。

露营篝火

德文·塔比，2017

1¾ 盎司以全麦饼干浸渍的爱利加单桶波本威士忌

½ 盎司可可豆酊剂

1 茶匙吉发得可可利口酒

1 小撮樱桃木刨花（足够装满烟熏枪的量）

将所有原料加冰搅匀，滤入装有 1 块大方冰的双重老式杯。把樱桃木刨花装进波利赛斯烟熏枪，对酒的表面进行烟熏处理。无须装饰。

芹与丝

亚历克斯·戴，2014

1½ 盎司必富达金酒

½ 盎司利尼阿夸维特

1 盎司以芹菜根浸渍的杜凌白味美思

2 滴奇迹里芹菜苦精

将所有原料加冰搅匀，滤入装有 1 块大方冰的双重老式杯。无须装饰。

超级大腕

娜塔沙·大卫，2015

1 盎司皮埃尔·费朗夏朗德皮诺酒

½ 盎司辛加尼 63

½ 盎司圣乔治加香梨子利口酒

¾ 盎司新鲜菠萝汁

½ 盎司新鲜柠檬汁

½ 盎司单糖浆

装饰：1 个菠萝角

将所有原料加冰摇匀，滤入冰过的碟形杯。用菠萝角装饰。

椰子冰

玛丽·巴特勒特，2014

1 盎司埃尔多拉多 12 年朗姆酒

½ 盎司奥美加金特其拉

½ 盎司吉发得巴西香蕉利口酒

¼ 盎司洛丽塔咖啡利口酒

1½ 盎司无糖椰奶

装饰：1 片香蕉干

将所有原料加冰摇匀，滤入装有 1 块大方冰的双重老式杯。用香蕉干装饰。

黛西枪

亚历克斯·戴，2013

2 盎司赛尔兹气泡水

1½ 盎司坎波德恩坎托特选皮斯科

1 盎司威廉 & 汉拔半干型雪莉酒

¾ 盎司新鲜柠檬汁

¾ 盎司澄清草莓糖浆

¼ 盎司肉桂糖浆

装饰：1 个柠檬角和肉豆蔻

将赛尔兹气泡水倒入柯林斯杯。将其他所有原料加冰摇 5 秒钟左右，然后滤入酒杯。加满冰块，用柠檬角装饰，最后在酒的上方磨几下肉豆蔻。

黑马

杰瑞米·厄特尔，2017

1½ 盎司阿普尔顿庄园 21 年朗姆酒

½ 盎司波德莱卡尔瓦多斯

½ 盎司纳迪尼阿玛罗

½ 盎司柑曼怡

装饰：1 个柠檬片卷

将所有原料加冰搅匀，滤入冰过的尼克和诺拉杯。在酒的上方挤一下柠檬皮卷，然后把它放在杯沿上。

漫长夏日

德文·塔比，2016

1 盎司西玛隆银特其拉

1 盎司杜凌白味美思

¼ 盎司吉发得西柚利口酒

¼ 盎司吉发得蓝橙皮利口酒

¾ 盎司新鲜菠萝汁

¾ 盎司新鲜青柠汁

¼ 盎司单糖浆

装饰：1 个西柚角

将所有原料加冰摇匀，滤入装有冰块的柯林斯杯。用西柚角装饰。

公平竞赛

亚历克斯·戴，2012

1½ 盎司威廉 & 汉拔半干型雪莉酒

1 盎司阿普尔顿庄园珍藏调和型朗姆酒

¾ 盎司新鲜青柠汁

½ 盎司单糖浆

1 茶匙橙子酱

装饰：1 根薄荷嫩枝

将所有原料倒入摇酒壶，加几片碎冰，摇匀即停。无须过滤，直接倒入柯林斯杯，加入碎冰至 4/5 满。用斯维泽搅棒搅拌几秒钟，然后在杯中加入更多碎冰，让它们高高地超出杯沿。用薄荷嫩枝装饰，加一根吸管。

富士传说

亚历克斯·戴和德文·塔比，2013

- 2 盎司赛尔兹气泡水
- 1 盎司以洋甘菊浸渍的银特其拉
- 1 盎司曼赞尼亚雪莉酒
- 1 盎司新鲜富士苹果汁
- ½ 盎司新鲜柠檬汁
- ½ 盎司自制生姜糖浆
- 1 茶匙深色浓郁枫糖浆
- 装饰：穿在酒签上的 3 薄片苹果

将赛尔兹气泡水倒入柯林斯杯。将其他所有原料加冰摇 5 秒钟左右，然后滤入酒杯。加满冰块，用苹果片装饰。

加尼米德

布莱克·沃克，2016

- 2 盎司鸣门鲷吟酿生原酒
- ¼ 盎司卢士涛路爱可阿蒙提亚多雪莉酒
- 1 茶匙希零樱桃利口酒
- ½ 茶匙普利茅斯黑刺李金酒
- ¼ 盎司新鲜柠檬汁
- ¼ 盎司甘蔗糖浆
- 装饰：1 颗白兰地樱桃

将所有原料加冰搅匀，滤入冰过的尼克和诺拉杯。用樱桃装饰。

生姜罗杰斯

布莱恩·米勒，2011

- 1 盎司高斯林黑海豹朗姆酒
- 1 盎司御鹿干邑

- ¾ 盎司新鲜柠檬汁
- ¾ 盎司自制生姜糖浆
- ½ 盎司单糖浆
- 1 滴 北秀德苦精

将所有原料加冰摇匀，滤入冰过的碟形杯。无须装饰。

最强舞者

尼克·塞特尔，2016

- 1½ 盎司以金银花浸渍的卡帕皮斯科
- ½ 盎司蔗园 3 星朗姆酒
- ½ 茶匙查若芦荟利口酒
- ½ 茶匙吉发得白薄荷利口酒
- ¾ 盎司新鲜青柠汁
- ½ 盎司甘蔗糖浆
- 6 滴 盐溶液

将所有原料加冰摇匀，滤入冰过的碟形杯。无须装饰。

喷气机一族

亚历克斯·戴

- 1 盎司克利尔溪梨子白兰地
- ½ 盎司克利尔溪 2 年苹果白兰地
- 1 茶匙吉发得白薄荷利口酒
- 1 滴苦艾酒
- ¾ 盎司新鲜青柠汁
- ¾ 盎司单糖浆
- 装饰：1 根薄荷嫩枝

将所有原料加冰摇匀，滤入装有 1 块大方冰的双重老式杯。用薄荷嫩枝装饰。

葡萄园

亚历克斯·戴，2009

1 盎司罗素珍藏黑麦威士忌

1 盎司诺妮酒庄美丽花语阿玛罗

1 盎司卢士涛东印度索雷拉雪莉酒

1 滴自制橙味苦精

将所有原料加冰搅匀，滤入冰过的尼克和诺拉杯。无须装饰。

小胜利

亚历克斯·戴，2013

1½ 盎司必富达金酒

½ 盎司绝对亦乐伏特加

1 盎司以根汁汽水浸渍的好奇美国佬

1 茶匙橙子酱

装饰：1 个橙子角

将所有原料加冰搅匀，双重滤入装有 1 块大方冰的双重老式杯。用橙子角装饰。

异地恋人

劳伦·科里沃，2016

半个橙圈

1 个柠檬角

1 个菠萝角

¾ 盎司自制杏仁糖浆

1½ 盎司卢士涛阿蒙提亚多雪莉酒

¾ 盎司圣乔治加香梨子利口酒

½ 盎司卢士涛艾米丽莫斯卡托雪莉酒

¼ 盎司铜与国王未陈年苹果白兰地

½ 茶匙葛缕子利口酒

½ 茶匙安高天娜阿玛罗

装饰：2 片菠萝叶、半个橙圈、1 个柠檬圈和 1 根肉桂棒

在摇酒壶中轻轻捣压橙圈、柠檬角、菠萝角和杏仁糖浆。倒入其他所有原料，加冰摇匀后滤入装满碎冰的提基高杯。用菠萝叶、橙圈、柠檬圈和肉桂棒装饰，插入一根吸管。饮用前点燃肉桂棒，让它开始冒烟即可。

马里布

德文·塔比，2015

1 盎司卡贝萨银特其拉

½ 盎司坎波德恩坎托特选皮斯科

½ 盎司利莱白利口酒

½ 盎司吉发得西柚利口酒

1 茶匙金巴利

¾ 盎司新鲜青柠汁

½ 盎司新鲜西柚汁

½ 盎司西柚糖浆

3 滴盐溶液

装饰：10 片烤椰子片

将所有原料加冰摇匀，滤入冰过的碟形杯。烤椰子片装盘后和酒一起享用。

夜光

亚历克斯·戴，2014

1½ 盎司坎波德恩坎托特选皮斯科

½ 盎司杜凌白味美思

¼ 盎司圣哲曼

¾ 盎司聚变纳帕谷酸白葡萄汁

装饰：半个西柚圈

将所有原料加冰搅匀，滤入装有 1 块大方冰的双重老式杯。用半个西柚圈装饰。

诺曼底俱乐部马天尼 2 号

德文·塔比和特雷弗·伊斯特，2016

- 1¾ 盎司绝对亦乐伏特加
- ¼ 盎司利尼阿夸维特
- 1 盎司卢士涛加拉娜菲诺雪莉酒
- 1 茶匙吉发得鲁西荣杏子利口酒
- 1 茶匙白蜂蜜糖浆
- 装饰：喷 2～3 次迷迭香盐溶液

将所有原料加冰搅匀，滤入冰过的尼克和诺拉杯。在酒的上方喷洒盐溶液，作为装饰。

海泽尔护士

亚历克斯·戴，2015

- 2 盎司以乌龙茶浸渍的伏特加
- ¾ 盎司卢士涛加拉娜菲诺雪莉酒
- ½ 盎司园林皇家白味美思
- ¼ 盎司君度
- 1 滴 自制橙味苦精

将所有原料加冰搅匀，滤入冰过的尼克和诺拉杯。无须装饰。

蜜桃男孩

娜塔沙·大卫，2014

- 1½ 盎司克罗格斯塔德阿夸维特
- ¾ 盎司玛蒂尔德桃子利口酒
- ¾ 盎司新鲜柠檬汁
- ½ 盎司自制杏仁糖浆
- 装饰：1 束薄荷叶

将所有原料加冰摇 5 秒钟左右，滤入双重老式杯。加满碎冰。用薄荷叶装饰，插入一根吸管。

盘尼西林

山姆·罗斯，2005

- 2 盎司威雀苏格兰威士忌
- ¾ 盎司新鲜柠檬汁
- ⅓ 盎司蜂蜜糖浆
- ⅓ 盎司自制生姜糖浆
- 装饰：喷 3 下艾雷岛苏格兰威士忌和穿在酒签上的 1 片糖渍姜

将所有原料加冰摇匀，滤入装有 1 块大方冰的双重老式杯。在酒的上方喷洒苏格兰威士忌，然后用糖渍姜装饰。

欣克尔教授

德文·塔比和亚历克斯·戴，2015

- 1 盎司内森农业白朗姆酒
- ½ 盎司克利尔溪覆盆子白兰地
- ½ 盎司杜凌白味美思
- ¼ 盎司阿佩罗
- ¾ 盎司新鲜西柚汁
- ½ 盎司新鲜柠檬汁
- ½ 盎司自制杏仁糖浆

将所有原料加冰摇匀，双重滤入茶杯或冰过的碟形杯中。无须装饰。

金奈之约

罗伯特·沙赫斯和布莱克·沃克，2017

- 1½ 盎司以马德拉斯咖喱浸渍的金酒
- ¾ 盎司自制椰子奶油
- ¼ 盎司布鲁姆·马里伦杏子生命之水
- ¼ 盎司罗斯曼和温特杏子利口酒
- 1 茶匙吉发得桃子利口酒
- ¾ 盎司新鲜青柠汁

1 茶匙自制生姜糖浆

装饰：1 个橙皮卷

将所有原料加冰搅匀，滤入装有 1 块大方冰的双重老式杯。在酒的上方挤一下橙皮卷，然后用它轻轻抹一下整个杯沿并放入酒杯。

根汁啤酒漂浮

德文·塔比，2015

2½ 盎司水

1½ 盎司奶洗朗姆酒

½ 盎司吉发得马达加斯加香草利口酒

½ 盎司单糖浆

⅛ 茶匙磷酸溶液

2 滴泰拉香料根汁啤酒提取液

将所有原料冷却至冰凉。将它们倒入充气瓶，充入二氧化碳，轻轻摇晃，令二氧化碳溶入液体中。把充气瓶放入冰箱冷藏至少 20 分钟，然后打开。将酒小心地倒入装有冰块的高球杯后即可饮用。把充气瓶连同一个装满碎冰的高杯和一根条纹纸吸管一起端上桌，就像冷饮机常用的杯子。

黑麦派

大卫·弗尼和马修·布朗，2016

1½ 盎司瑞顿房黑麦威士忌

½ 盎司圣乔治覆盆子白兰地

¼ 盎司克利尔溪樱桃白兰地

1 盎司自制柠檬浓糖浆

½ 盎司单糖浆

装饰：穿在酒签上的 1 个柠檬圈和 1 颗白兰地樱桃

将所有原料加冰摇匀，滤入装有冰块的双重老式杯。用柠檬圈和樱桃装饰。

救世茉莉普

乔纳森·阿姆斯特朗，2015

2 盎司保罗博 VS 干邑

¾ 盎司苏玳葡萄酒

¼ 盎司柑曼怡

1 茶匙玛斯尼桃子利口酒

½ 茶匙吉发得白薄荷利口酒

装饰：1 根薄荷嫩枝

将所有原料倒入茉莉普杯，然后加入碎冰至半满。按住杯沿搅拌 10 秒左右，要让碎冰也一起转动。加入更多碎冰至 2/3 处，搅拌至杯子的外壁完全结霜。加入更多碎冰，让它们高高地超出杯沿。用薄荷嫩枝装饰，插入吸管。

SS 巡洋舰

德文·塔比和亚历克斯·戴，2015

1 盎司杜凌白味美思

¼ 盎司圣乔治覆盆子白兰地

¼ 盎司阿佩罗

½ 盎司新鲜柠檬汁

¼ 盎司单糖浆

1 茶匙橙子酱

3 盎司桃红克雷芒

装饰：1 根薄荷嫩枝和 1 颗覆盆子

将除了克雷芒之外的所有原料加冰摇匀，双重滤入装有冰的葡萄酒杯。倒入克雷芒，将吧勺迅速伸入杯中轻轻搅拌一下，使克雷芒融入整杯酒中。用薄荷嫩枝和覆盆子装饰。

亲密无间

杰拉德·维岗，2015

1 盎司御鹿干邑

1 盎司萨卡帕 23 年朗姆酒

1 茶匙以咖啡浸渍的卡拉尼椰子利口酒

1 茶匙玛丽·布里扎德白可可利口酒

1 茶匙德梅拉拉树胶糖浆

将所有原料加冰搅匀，滤入冰过的尼克和诺拉杯。无须装饰。

烦恼的悠闲

亚历克斯·戴，2016

2 盎司以乌龙茶浸渍的伏特加

¾ 盎司杜凌白味美思

¼ 盎司君度

1 滴自制橙味苦精

装饰：1 个柠檬皮卷

将所有原料加冰搅匀，滤入冰过的尼克和诺拉杯。在酒的上方挤一下柠檬皮卷，然后放在杯沿上。

不明花香物体

亚历克斯·戴，2016

1 盎司杜邦奥日地区经典卡尔瓦多斯

½ 盎司怀俄明威士忌

¼ 盎司莱尔德 50°纯苹果白兰地

¼ 盎司布鲁姆·马里伦杏子生命之水

1 茶匙德梅拉拉树胶糖浆

1 滴自制橙味苦精

装饰：1 个橙皮卷

将所有原料加冰搅匀，滤入装有 1 块大方冰的双重老式杯。在酒的上方挤一下橙皮卷，然后用它轻轻抹一下整个杯沿并放入酒杯。

厌战号

马特·贝朗葛，2016

1¼ 盎司普利茅斯金酒

½ 盎司普利茅斯黑刺李金酒

¼ 盎司克利尔溪蓝梅白兰地

¾ 盎司阿佩罗

1 茶匙圣伊丽莎白多香果利口酒

装饰：1 个橙皮卷

将所有原料加冰搅匀，滤入装有 1 块大方冰的双重老式杯。在酒的上方挤一下橙皮卷，然后用它轻轻抹一下整个杯沿并放入酒杯。

狼音

亚历克斯·戴，2012

1 盎司坎波德恩坎托特选皮斯科

¾ 盎司克利尔溪黑皮诺格拉帕

¾ 盎司圣哲曼

1 滴自制橙味苦精

1 滴泰拉香料桉树提取液

装饰：1 个柠檬片卷

将所有原料加冰搅匀，滤入装有 1 块大方冰的双重老式杯。在酒的上方挤一下柠檬皮卷，然后放入酒杯。

糖浆和浓糖浆

罗勒茎糖浆

500 克水

50 克罗勒茎

500 克未经漂白的蔗糖

将水倒入平底锅，加热至沸腾。关火，加入罗勒茎，浸泡 30 分钟。用包有几层粗棉布的细孔滤网过滤，然后加糖，搅打至糖溶化。倒入储存容器，冷藏一段时间后即可使用。保质期 2 周。

烤菠萝糖浆

1 只菠萝

500 克未经漂白的蔗糖

2.5 克柠檬酸粉

菠萝去皮，切成 ¾ 英寸厚的菠萝圈，放在烧木头的烤架上烧烤，直到稍微带有烟熏味（但不能烧焦）。冷却后放入榨汁机。取 500 克榨好的菠萝汁，其余的待用。将菠萝汁、糖和柠檬酸倒入搅拌机，搅打至质地顺滑。用包有几层粗棉布的细孔滤网过滤，然后倒入储存容器，冷藏一段时间后即可使用。保质期 4 周。

自制柠檬浓糖浆

约 3 夸特柠檬圈或柠檬角，或 10 只柠檬的皮

600 克白糖

1400 克新鲜柠檬汁

诺维信果胶酶 Ultra SP-L

将柠檬圈或柠檬角和糖放入大号容器。盖上盖子，冷藏 2 天。间或搅拌一下（柑橘油会被糖吸收，柠檬和糖会慢慢变成液体）。

过滤，称一下过滤出来的液体重量（固体物丢弃不用）。加入柠檬汁，搅拌至溶化。计算一下混合液体重量的 0.2% 是多少（乘以 0.002），得出结果为 X 克。加入 X 克诺维信果胶酶 Ultra SP-L，并搅匀。盖上盖子，静置 15 分钟。

将混合液体均分倒入离心管。称一下装好的离心管的重量，如果需要再对管内的液体量进行调整，确保每根离心管的重量都完全一样，以保持离心机的平衡。将离心机的转速设置为 4500rpm，运转 12 分钟。

取出离心管，用咖啡滤纸或超级袋小心滤出浓糖浆，千万不要让沉在离心管底部的固体物混进来。如果浓糖浆中有颗粒残留，再过滤 1 次。倒入储存容器，冷藏一段时间后即可使用。保质期 1 个月。

自制杏仁糖浆

800 克杏仁奶

1.2 千克超细白糖

14 克皮埃尔·费朗琥珀干邑

18 克拉扎罗尼杏仁利口酒

3 克玫瑰水

将杏仁奶和糖倒入平底锅，中低火加热，间或搅拌一下，直至糖溶化。关火，倒入干邑、杏仁利口酒和玫瑰水，搅拌均匀。冷却至室温，倒入储存容器，冷藏一段时间后即可使用。保质期 2 周。

北京柠檬浓糖浆

500 克未经漂白的蔗糖

250 克新鲜北京柠檬汁（需过滤）

250 克过滤水

100 克爱斯勃雷鸭伏特加

15 克北京柠檬皮屑

2 克柠檬酸粉

0.5 克犹太盐

在一个大水盆中装满水，将浸入式循环器放进水中。将循环器的温度设置到 54.44℃。

将所有原料倒入碗中，搅拌至糖溶化，然后把原料装入可密封的防热塑料袋。要将塑料袋近乎完全密封，以排出尽可能多的空气，然后将塑料袋浸入水里（没有封住的部分不要浸入）。来自水的反压力会把剩下的空气挤压出去。将塑料袋完全密封，从水里拿出。

水温达到 54.44℃ 之后，将密封塑料袋放入水盆，煮 2 小时。

将塑料袋放入冰水中，冷却至室温。用细孔滤网过滤浓糖浆。如果浓糖浆中有颗粒残留，要用咖啡滤纸或超级袋再次过滤。将浓糖浆倒入储存容器，冷藏一段时间后即可使用。保质期 2 周。

葡萄干蜂蜜糖浆

1 千克蜂蜜糖浆

200 克金色葡萄干

在一个大水盆中装满水，将浸入式循环器放进水中。将循环器的温度设置到 62.78℃。

将糖浆和葡萄干倒入碗中搅拌，然后把它们装入可密封的防热塑料袋。要将塑料袋近乎完全密封，以排出尽可能多的空气，然后将塑料袋浸入水里（没有封住的部分不要浸入）。来自水的反压力会把剩下的空气挤压出去。将塑料袋完全密封，从水里拿出。

水温达到 62.78℃ 之后，将密封塑料袋

放入水盆，煮 2 小时。

将塑料袋放入冰水中，冷却至室温。用细孔滤网过滤糖浆。如果糖浆中有颗粒残留，要用咖啡滤纸或超级袋再次过滤。将糖浆倒入储存容器，冷藏一段时间后即可使用。保质期 4 周。

草莓奶油糖浆

500 克澄清草莓糖浆

500 克香草乳酸糖浆

130 克柠檬酸溶液

将所有原料倒入碗中，搅拌均匀。倒入储存容器，冷藏一段时间后即可使用。保质期 2 周。

香草乳酸糖浆

500 克单糖浆

1 粒香草豆（需碾碎）

0.5 克盐

2.5 克乳酸粉

在一个大水盆中装满水，将浸入式循环器放进水中。将循环器的温度设置到 57.22℃。

将所有原料倒入碗中，搅拌均匀。然后把原料装入可密封的防热塑料袋。要将塑料袋近乎完全密封，以排出尽可能多的空气，然后将塑料袋浸入水里（没有封住的部分不要浸入）。来自水的反压力会把剩下的空气挤压出去。将塑料袋完全密封，从水里拿出。

水温达到 57.22℃ 之后，将密封塑料袋放入水盆，煮 1 小时。

将塑料袋放入冰水中，冷却至室温。用细孔滤网过滤糖浆。如果糖浆中有颗粒残留，要用咖啡滤纸或超级袋再次过滤。将糖

浆倒入储存容器,冷藏一段时间后即可使用。保质期 4 周。

白蜂蜜糖浆

500 克生白蜂蜜

500 克热水

将蜂蜜和热水倒入隔热碗中,搅拌至完全均匀。倒入储存容器,冷藏一段时间后即可使用。保质期 4 周。

浸渍原料

以因斯布鲁克田野茶浸渍的苹果白兰地

1 瓶（750 毫升）克利尔溪 2 年苹果白兰地

20 克八月奇异茶牌因斯布鲁克田野茶

以因斯布鲁克田野茶浸渍的苹果白兰地 1 瓶（750 毫升）克利尔溪 2 年苹果白兰地 20 克 八月奇异茶牌因斯布鲁克田野茶 将白兰地和茶倒入碗中,搅拌均匀。在室温下静置 10 分钟,间或搅拌一下。用包有几层粗棉布的细孔滤网过滤,然后用漏斗灌回白兰地酒瓶,冷藏一段时间后即可使用。保质期 3 个月。

以桦木浸渍的好奇都灵味美思

4.75 克泰拉香料桦木提取物

1 瓶（750 毫升）好奇都灵味美思

将桦木提取物直接放入味美思酒瓶中。密封,把瓶子轻轻上下颠倒几次,以混合均匀。冷藏一段时间后即可使用。保质期 3 周。

以血橙浸渍的卡帕诺·安提卡配方

1 瓶（750 毫升）卡帕诺·安提卡配方味美思

55 克血橙皮屑

将味美思和血橙皮屑倒入 iSi 发泡器。盖紧瓶盖。装入一颗 N$_2$O 气弹并充气,然后晃动发泡器 5 次左右。换上一颗新气弹,充气后再次晃动发泡器。静置 15 分钟,每 30 秒左右晃动一下,然后放气。将发泡器的喷嘴以 45° 角对准容器。尽量快速地让气体释放,同时不要让液体喷得到处都是。放气速度越快,浸渍效果越好。气体释放完毕之后,打开瓶盖听一下里面的声音。如果你听不到气泡的声音了,立刻用细孔滤网或超级袋过滤。用漏斗将酒液灌回味美思酒瓶中,冷藏一段时间即可使用。保质期 4 周。

以棕黄油浸渍的苹果白兰地

225 克（2 根）不加盐的黄油,切成小块

1 瓶（750 毫升）克利尔溪 2 年苹果白兰地

1 瓶（750 毫升）克利尔溪 8 年苹果白兰地

将黄油放入平底锅,中低火加热,间或搅拌一下,直到它变成棕色并且散发出坚果香气。将黄油倒入隔热容器,倒入白兰地,搅打至完全均匀。盖上盖子,冷冻 12 小时或隔夜。

把容器从冰柜里取出,在变硬的黄油上戳一个孔,将酒倒出。剩下的黄油可以作为他用（试试用它来做爆米花！）。用包有几层粗棉布的细孔滤网过滤酒,然后用漏斗灌回白兰地酒瓶,冷藏一段时间后即可使用。保质期 3 个月。

以可可豆浸渍的特索罗微酿特其拉

1 瓶（750 毫升）克利尔溪梨子白兰地

30 克可可豆

将特其拉和可可豆倒入 iSi 发泡器。盖紧瓶盖。装入一颗 N₂O 气弹并充气，然后晃动发泡器 5 次左右。换上一颗新气弹，充气后再次晃动发泡器。静置 15 分钟，每 30 秒左右晃动一下，然后放气。将发泡器的喷嘴以 45° 角对准容器。尽量快速地让气体释放，同时不要让液体喷得到处都是。放气速度越快，浸渍效果越好。气体释放完毕之后，打开瓶盖听一下里面的声音。如果你听不到气泡的声音了，立刻用细孔滤网或超级袋过滤。用漏斗将酒灌回特其拉酒瓶中，冷藏一段时间即可使用。保质期 4 周。（你也可以用文中介绍的箱式真空机来浸渍。）

以可可豆浸渍的拉玛佐蒂

1 瓶（750 毫升）拉玛佐蒂

30 克可可豆

将拉玛佐蒂和可可豆倒入 iSi 发泡器。盖紧瓶盖。装入一颗 N₂O 气弹并充气，然后晃动发泡器 5 次左右。换上一颗新气弹，充气后再次晃动发泡器。静置 15 分钟，每 30 秒左右晃动一下，然后放气。将发泡器的喷嘴以 45° 角对准容器。尽量快速地让气体释放，同时不要让液体喷得到处都是。放气速度越快，浸渍效果越好。气体释放完毕之后，打开瓶盖听一下里面的声音。如果你听不到气泡的声音了，立刻用细孔滤网或超级袋过滤。用漏斗将酒灌回特其拉酒瓶中，冷藏一段时间即可使用。保质期 4 周。（你也可以用箱式真空机来浸渍。）

以小豆蔻浸渍的圣哲曼

1 瓶（750 毫升）圣哲曼

10 克小豆蔻

将圣哲曼和小豆蔻倒入碗中，搅拌均匀。在室温下静置 12 小时。用包有几层粗棉布的细孔滤网过滤，然后用漏斗灌回圣哲曼酒瓶，冷藏一段时间后即可使用。保质期 3 个月。

以芹菜根浸渍的杜凌白味美思

1 瓶（750 毫升）杜凌白味美思

200 克芹菜根（需切碎）

将味美思和芹菜根倒入 iSi 发泡器。盖紧瓶盖。装入一颗 N₂O 气弹并充气，然后晃动发泡器 5 次左右。换上一颗新气弹，充气后再次晃动发泡器。静置 15 分钟，每 30 秒左右晃动一下，然后放气。将发泡器的喷嘴以 45° 角对准容器。尽量快速地让气体释放，同时不要让液体喷得到处都是。放气速度越快，浸渍效果越好。气体释放完毕之后，打开瓶盖听一下里面的声音。如果你听不到气泡的声音了，立刻用细孔滤网或超级袋过滤。用漏斗将酒液灌回味美思酒瓶中，冷藏一段时间即可使用。保质期 4 周。（你也可以用箱式真空机来浸渍。）

以洋甘菊浸渍的银特其拉

1 瓶（750 毫升）普布罗维乔银特其拉

5 克干洋甘菊

将特其拉和洋甘菊倒入碗中，搅拌均匀。在室温下静置 1 小时。用包有几层粗棉布的细孔滤网过滤，然后用漏斗灌回特其拉酒瓶，冷藏一段时间后即可使用。保质期 3 个月。

以洋甘菊浸渍的卡尔瓦多斯

1 瓶（750 毫升）皮埃尔·费朗琥珀卡尔瓦多斯

5 克干洋甘菊

将卡尔瓦多斯和洋甘菊倒入碗中，搅拌均匀。在室温下静置 1 小时，间或搅拌一下。用包有几层粗棉布的细孔滤网过滤，然后用漏斗灌回卡尔瓦多斯酒瓶，冷藏一段时间后即可使用。保质期 3 个月。

以洋甘菊浸渍的杜凌白味美思

1 瓶（750 毫升）杜凌白味美思

5 克干洋甘菊

将味美思和洋甘菊倒入碗中，搅拌均匀。在室温下静置 1 小时，间或搅拌一下。用包有几层粗棉布的细孔滤网过滤，然后用漏斗灌回味美思酒瓶，冷藏一段时间后即可使用。保质期 3 个月。

以洋甘菊浸渍的黑麦威士忌

1 瓶（750 毫升）瑞顿房黑麦威士忌

5 克干洋甘菊

将黑麦威士忌和洋甘菊倒入碗中，搅拌均匀。在室温下静置 1 小时，间或搅拌一下。用包有几层粗棉布的细孔滤网过滤，然后用漏斗灌回威士忌酒瓶，冷藏一段时间后即可使用。保质期 3 个月。

以樱桃木烟熏的杏仁奶

1 升杏仁奶

1 小撮干樱桃木刨花（足够装满烟熏枪的量）

将杏仁奶倒入带盖的宽口容器，然后用放入了樱桃木的波利赛斯烟熏枪进行烟熏处理。立刻盖上盖子，最大程度地将烟雾留住。约 10 分钟之后，烟雾会散尽。将杏仁奶倒入储存容器，冷藏一段时间后即可使用。保质期 3 小时。

以可可黄油浸渍的绝对亦乐伏特加

100 克溶化了的可可黄油

1000 克绝对亦乐伏特加

在一个大水盆中装满水，将浸入式循环器放进水中。将循环器的温度设置到 62.78℃。

将可可黄油和伏特加倒入碗中，搅拌均匀。然后把它们装入可密封的防热塑料袋。要将塑料袋近乎完全密封，以排出尽可能多的空气，然后将塑料袋浸入水里（没有封住的部分不要浸入）。来自水的反压力会把剩下的空气挤压出去。将塑料袋完全密封，从水里拿出。

水温达到 62.78℃之后，将密封塑料袋放入水盆，煮 2 小时。

将塑料袋放入冰水中，冷却至室温。用细孔滤网过滤酒。如果酒中有颗粒残留，要用咖啡滤纸或超级袋再次过滤。将酒倒入储存容器，冷藏一段时间后即可使用。保质期 3 个月。

以椰子浸渍的波本威士忌

50 克不加糖的椰子片

1 瓶（1 升）老护林人 86 波本威士忌

在一个大水盆中装满水，将浸入式循环器放进水中。将循环器的温度设置到

62.78℃。取一个小号平底锅，中火加热椰子片，期间不时搅拌，直到椰子片呈淡金色。稍微冷却一下。

将椰子片和波本威士忌倒入碗中，搅拌均匀。然后把它们装入可密封的防热塑料袋。要将塑料袋近乎完全密封，以排出尽可能多的空气，然后将塑料袋浸入水里（没有封住的部分不要浸入）。来自水的反压力会把剩下的空气挤压出去。将塑料袋完全密封，从水里拿出。

水温达到 62.78℃ 之后，将密封塑料袋放入水盆，煮 2 小时。

将塑料袋放入冰水中，冷却至室温。用细孔滤网过滤酒。如果酒中有颗粒残留，要用咖啡滤纸或超级袋再次过滤。将酒倒入储存容器，盖上盖子，冷冻 24 小时。（这会让含有脂肪的椰子油凝结，使浸渍好的酒变得透明。）用包有几层粗棉布的细孔滤网过滤酒，然后用漏斗灌回威士忌酒瓶，冷藏一段时间后即可使用。保质期 3 个月。

以咖啡浸渍的卡帕诺·安提卡配方

1 瓶（750 毫升）卡帕诺·安提卡配方味美思

15 克整粒咖啡豆

将味美思和咖啡豆倒入 iSi 发泡器。盖紧瓶盖。装入一颗 N₂O 气弹并充气，然后晃动发泡器 5 次左右。换上一颗新气弹，充气后再次晃动发泡器。静置 15 分钟，每 30 秒左右晃动一下，然后放气。将发泡器的喷嘴以 45° 角对准容器。尽量快速地让气体释放，同时不要让液体喷得到处都是。放气速度越快，浸渍效果越好。气体释放完毕之后，打开瓶盖听一下里面的声音。如果你听不到气泡的声音了，立刻用细孔滤网或超级袋过滤。用漏斗将酒灌回味美思酒瓶中，冷藏一段时间即可使用。保质期 4 周。（你也可以用箱式真空机来浸渍。）

以咖啡浸渍的卡拉尼椰子利口酒

1 瓶（750 毫升）卡拉尼椰子利口酒

15 克整粒咖啡豆

将椰子利口酒和咖啡豆倒入 iSi 发泡器。盖紧瓶盖。装入一颗 N₂O 气弹并充气，然后晃动发泡器 5 次左右。换上一颗新气弹，充气后再次晃动发泡器。静置 15 分钟，每 30 秒左右晃动一下，然后放气。将发泡器的喷嘴以 45° 角对准容器。尽量快速地让气体释放，同时不要让液体喷得到处都是。放气速度越快，浸渍效果越好。气体释放完毕之后，打开瓶盖听一下里面的声音。如果你听不到气泡的声音了，立刻用细孔滤网或超级袋过滤。用漏斗将酒灌回利口酒酒瓶中，冷藏一段时间即可使用。保质期 4 周。（你也可以用箱式真空机来浸渍。）

以全麦饼干浸渍的波本威士忌

2 瓶（1500 毫升）爱利加小批量波本威士忌

408 克全麦饼干

诺维信果胶酶 Ultra SP-L

将所有原料倒入搅拌机，搅打至质地顺滑。过滤，称一下液体重量（固体物丢弃不用）。计算一下液体重量的 0.4% 是多少（乘以 0.004），得出结果为 X 克。加入 X 克诺维信果胶酶 Ultra SP-L 并搅匀。盖上盖子，静置 15 分钟。

将混合液体均分倒入离心管。称一下装好的离心管的重量，如有需要再对管内的液体量进行调整，确保每根离心管的重量都完全一样，以保持离心机的平衡。将离心机的转速设置为 4500rpm，运转 12 分钟。

取出离心管，用咖啡滤纸或超级袋小心滤酒，千万不要让沉在离心管底部的固体物混进来。如果酒中有颗粒残留，再过滤 1 次。用漏斗将酒灌回波本威士忌酒瓶，冷藏一段时间后即可使用。保质期 2 周。

以山核桃木浸渍的干邑

1 瓶皮埃尔·费朗 1840 干邑
1 小撮磨成细粉的山核桃木刨花（足够装满烟熏枪的量）

将干邑倒入带盖的宽口容器，然后用放入了山核桃木的波利赛斯烟熏枪进行烟熏处理。立刻盖上盖子，最大程度地将烟雾留住。约 10 分钟之后，烟雾会散尽。将干邑倒入储存容器，冷藏一段时间后即可使用。保质期 3 小时。

以山核桃木浸渍的皮埃尔·费朗琥珀干邑

1 瓶皮埃尔·费朗琥珀干邑
1 小撮磨成细粉的山核桃木刨花（足够装满烟熏枪的量）

将干邑倒入带盖的宽口容器，然后用放入了山核桃木的波利赛斯烟熏枪进行烟熏处理。立刻盖上盖子，最大程度地将烟雾留住。约 10 分钟之后，烟雾会散尽。将干邑倒入储存容器，冷藏一段时间后即可使用。保质期 3 小时。

以甜瓜浸渍的卡帕皮斯科

1 瓶（750 毫升）卡帕皮斯科
200 克去皮的成熟蜜瓜，切成 ¼ 英寸长的小段

将皮斯科和蜜瓜倒入 iSi 发泡器。盖紧瓶盖。装入一颗 N_2O 气弹并充气，然后晃动发泡器 5 次左右。换上一颗新气弹，充气后再次晃动发泡器。静置 15 分钟，每 30 秒左右晃动一下，然后放气。将发泡器的喷嘴以 45° 角对准容器。尽量快速地让气体释放，同时不要让液体喷得到处都是。放气速度越快，浸渍效果越好。气体释放完毕之后，打开瓶盖听一下里面的声音。如果你听不到气泡的声音了，立刻用细孔滤网或超级袋过滤。用漏斗将酒灌回皮斯科酒瓶中，冷藏一段时间即可使用。保质期 4 周。（你也可以用箱式真空机来浸渍。）

以哈雷派尼奥辣椒浸渍的伏特加

4 只哈雷派尼奥辣椒
1 瓶（1 升）灰雁伏特加

将哈雷派尼奥辣椒对半切开，把辣椒籽和最外层的薄膜刮到一个容器中。放入两只辣椒的果肉（另两只辣椒的果肉可以留作他用）倒入伏特加，搅拌均匀。在室温下静置 20 分钟，期间不时尝味，确保是你想要的辣度。用包有几层粗棉布的细孔滤网过滤，然后用漏斗灌回伏特加酒瓶，冷藏一段时间后即可使用。保质期 1 个月。

以马德拉斯咖喱浸渍的金酒

1 瓶（750 毫升）多罗西帕克金酒
5 克马德拉斯咖喱粉

将金酒和咖喱粉倒入碗中，搅拌均匀。在室温下静置 15 分钟，间或搅拌一下。用包有几层粗棉布的细孔滤网过滤，然后用漏斗灌回金酒瓶，冷藏一段时间后即可使用。保质期 3 个月。

奶洗朗姆酒

1 瓶（1 升）富佳娜 4 年白朗姆酒
250 毫升全脂牛奶
15 克柠檬酸溶液
诺维信果胶酶 Ultra SP-L

将朗姆酒和牛奶倒入容器，计算一下重量的 0.2% 是多少（乘以 0.002），得出结果为 X 克。静置 5 分钟，然后倒入柠檬酸溶液，并搅拌均匀。冷藏至少 12 小时。

加入 X 克诺维信果胶酶 Ultra SP-L，并搅匀，然后盖上盖子，静置 15 分钟。

将混合液体均分倒入离心管。称一下装好的离心管的重量，如有需要再对管内的液体量进行调整，确保每根离心管的重量都完全一样，以保持离心机的平衡。将离心机的转速设置为 4500rpm，运转 12 分钟。

取出离心管，用咖啡滤纸或超级袋小心滤酒，千万不要让沉在离心管底部的固体物混进来。如果酒中有颗粒残留，再过滤 1 次。用漏斗将酒液灌回朗姆酒瓶，冷藏一段时间后即可使用。保质期 2 个月。

以乌龙茶浸渍的伏特加

1 瓶（1 升）绝对亦乐伏特加
20 克乌龙茶叶

将伏特加和茶叶倒入碗中，搅拌均匀。在室温下静置 20 分钟，间或搅拌一下。用包有几层粗棉布的细孔滤网过滤，然后用漏斗灌回伏特加酒瓶，冷藏一段时间后即可使用。保质期 3 个月。

以葡萄干浸渍的黑麦威士忌

1 瓶（750 毫升）布莱特黑麦威士忌
150 克金色葡萄干

在一个大水盆中装满水，将浸入式循环器放进水中。将循环器的温度设置到 60℃。

将所有原料倒入碗中，搅拌均匀。然后把原料装入可密封的防热塑料袋。要将塑料袋近乎完全密封，以排出尽可能多的空气，然后将塑料袋浸入水里（没有封住的部分不要浸入）。来自水的反压力会把剩下的空气挤压出去。将塑料袋完全密封，从水里拿出。

水温达到 60℃ 之后，将密封塑料袋放入水盆，煮 2 小时。

将塑料袋放入冰水中，冷却至室温。用包有几层粗棉布的细孔滤网过滤酒，然后用漏斗灌回威士忌酒瓶，冷藏一段时间后即可使用。保质期 3 个月。

以葡萄干浸渍的威士忌

1 瓶（750 毫升）威雀苏格兰威士忌

150 克金色葡萄干

在一个大水盆中装满水，将浸入式循环器放进水中。将循环器的温度设置到 60℃。

将所有原料倒入碗中，搅拌均匀。然后把原料装入可密封的防热塑料袋。要将塑料袋近乎完全密封，以排出尽可能多的空气，然后将塑料袋浸入水里（没有封住的部分不要浸入）。来自水的反压力会把剩下的空气挤压出去。将塑料袋完全密封，从水里拿出。

水温达到 60℃ 之后，将密封塑料袋放入水盆，煮 2 小时。

将塑料袋放入冰水中，冷却至室温。用包有几层粗棉布的细孔滤网过滤酒，然后用漏斗灌回威士忌酒瓶，冷藏一段时间后即可使用。保质期 3 个月。

以根汁啤酒浸渍的好奇美国佬

1 瓶（750 毫升）好奇美国佬白味美思

2.75 克泰拉香料根汁啤酒提取物

将根汁啤酒提取物直接放入味美思瓶中。密封，把瓶子轻轻上下颠倒几次，以混合均匀。冷藏一段时间后即可使用。保质期 2 周。

以芝麻浸渍的朗姆酒

25 克白芝麻

1 瓶（750 毫升）埃尔多拉多 12 年朗姆酒

将芝麻放入小号平底锅，中火加热，期间不时搅拌一下，直到芝麻开始散发出香气，并呈淡金色（约 4 分钟）。稍微冷却一下。

将芝麻和朗姆酒倒入碗中，搅拌均匀。

在室温下静置 5 分钟。用包有几层粗棉布的细孔滤网过滤，然后用漏斗灌回朗姆酒瓶，冷藏一段时间后即可使用。保质期 3 个月。

以酸樱桃浸渍的瑞顿房黑麦威士忌

1 瓶（750 毫升）瑞顿房黑麦威士忌

50 克酸樱桃干

诺维信果胶酶 Ultra SP-L

将黑麦威士忌和酸樱桃倒入搅拌机，搅打至质地顺滑。过滤，称一下液体重量（固体物丢弃不用）。计算一下液体重量的 0.2% 是多少（乘以 0.002），得出结果为 X 克。加入 X 克诺维信果胶酶 Ultra SP-L 并搅匀。盖上盖子，静置 15 分钟。

将混合液体均分倒入离心管。称一下装好的离心管的重量，如有需要再对管内的液体量进行调整，确保每根离心管的重量都完全一样，以保持离心机的平衡。将离心机的转速设置为 4500rpm，运转 12 分钟。

取出离心管，用咖啡滤纸或超级袋小心滤酒，千万不要让沉在离心管底部的固体物混进来。如果酒中有颗粒残留，再过滤 1 次。用漏斗将酒灌回黑麦威士忌酒瓶，冷藏一段时间后即可使用。保质期 1 周。

以草莓浸渍的干邑和梅斯卡尔

625 克皮埃尔·费朗琥珀干邑

375 克德尔玛盖维达梅斯卡尔

700 克去掉了花萼的草莓

诺维信果胶酶 Ultra SP-L

10 克抗坏血酸

将干邑、梅斯卡尔和草莓倒入搅拌机，搅打至质地顺滑。过滤，称一下液体重量（固

体物丢弃不用）。计算一下液体重量的 0.2%
是多少（乘以 0.002），得出结果为 X 克。
加入 X 克诺维信果胶酶 Ultra SP-L 和抗坏
血酸，并搅匀。盖上盖子，静置 15 分钟。

将混合液体均分倒入离心管。称一下
装好的离心管的重量，如有需要再对管内的
液体量进行调整，确保每根离心管的重量都
完全一样，以保持离心机的平衡。将离心机
的转速设置为 4500rpm，运转 12 分钟。

取出离心管，用咖啡滤纸或超级袋小
心滤酒，千万不要让沉在离心管底部的固体
物混进来。如果酒中有颗粒残留，再过滤 1
次。用漏斗将酒灌回干邑酒瓶，冷藏一段时
间后即可使用。保质期 2 周。

以泰国红辣椒浸渍的波本威士忌

10 只新鲜泰国红辣椒

1 瓶（750 毫升）爱利加小批量波本威士忌

将泰国红辣椒对半切开，把辣椒籽和最
外层的薄膜刮到一个容器中。放入 5 只辣
椒的果肉（另 5 只辣椒的果肉可以留作他用。）
倒入波本威士忌，搅拌均匀。在室温下静置
5 分钟，期间不时尝味，确保是你想要的辣
度。用包有几层粗棉布的细孔滤网过滤，然
后用漏斗灌回波本威士忌酒瓶，冷藏一段时
间后即可使用。保质期 1 个月。

以烤杏仁浸渍的杏子利口酒

100 克去皮白杏仁

1 瓶（750 毫升）吉发得鲁西荣杏子利口酒

在一个大水盆中装满水，将浸入式
循环器放进水中。将循环器的温度设置到
62.78℃。取一个小号平底锅，中火加热杏仁，
期间不时搅拌一下，直到杏仁呈淡金色（约
5 分钟）。稍微冷却一下。

将杏仁和利口酒倒入碗中，搅拌均匀。
然后把原料装入可密封的防热塑料袋。要将
塑料袋近乎完全密封，以排出尽可能多的空气，
然后将塑料袋浸入水里（没有封住的部分不
要浸入）。来自水的压力会把剩下的空气挤
压出去。将塑料袋完全密封，从水里拿出。

水温达到 62.78℃ 之后，将密封塑料袋
放入水盆，煮 2 小时。

将塑料袋放入冰水中，冷却至室温。用
包有几层粗棉布的细孔滤网过滤，然后用
漏斗灌回利口酒瓶，冷藏一段时间后即可使
用。保质期 3 个月。

以烤碧根果浸渍的蔗园朗姆酒

150 克碧根果

1 瓶（750 毫升）蔗园巴巴多斯 5 年朗姆酒

在一个大水盆中装满水，将浸入式循
环器放进水中。将循环器的温度设置到
62.78℃。取一个小号平底锅，中火加热碧
根果，期间不时搅拌，直到碧根果呈淡金色
（约 5 分钟）。稍微冷却一下。

将碧根果和朗姆酒倒入碗中，搅拌均匀。
然后把原料装入可密封的防热塑料袋。要将
塑料袋近乎完全密封，以排出尽可能多的空气，
然后将塑料袋浸入水里（没有封住的部分不
要浸入）。来自水的反压力会把剩下的空气
挤压出去。将塑料袋完全密封，从水里拿出。

水温达到 62.78℃ 之后，将密封塑料袋
放入水盆，煮 2 小时。

将塑料袋放入冰水中，冷却至室温。用
包有几层粗棉布的细孔滤网过滤酒，然后用
漏斗灌回朗姆酒瓶，冷藏一段时间后即可使
用。保质期 1 个月。

以西洋菜浸渍的金酒

1 瓶（750 毫升）富兹金酒

75 克西洋菜叶

诺维信果胶酶 Ultra SP-L

将所有原料倒入搅拌机，搅打至质地顺滑。过滤，称一下液体重量（固体物丢弃不用）。计算一下液体重量的 0.2% 是多少（乘以 0.002），得出结果为 X 克。加入 X 克诺维信果胶酶 Ultra SP-L 和抗坏血酸，并搅匀。盖上盖子，静置 15 分钟。

将混合液均分倒入离心管。称一下装好的离心管的重量，如有需要再对管内的液体量进行调整，确保每根离心管的重量都完全一样，以保持离心机的平衡。将离心机的转速设置为 4500rpm，运转 12 分钟。

取出离心管，用咖啡滤纸或超级袋小心滤酒，千万不要让沉在离心管底部的固体物混进来。如果酒中有颗粒残留，再过滤 1 次。用漏斗将酒灌回干邑酒瓶，冷藏一段时间后即可使用。保质期 1 周。

以白胡椒浸渍的伏特加

1 瓶（750 毫升）绝对亦乐伏特加

150 克白胡椒

将伏特加和白胡椒倒入 iSi 发泡器。盖紧瓶盖。装入一颗 N_2O 气弹并充气，然后晃动发泡器 5 次左右。换上一颗新气弹，充气后再次晃动发泡器。静置 15 分钟，每 30 秒左右晃动一下，然后放气。将发泡器的喷嘴以 45° 角对准容器。尽量快速地让气体释放，同时不要让液体喷得到处都是。放气速度越快，浸渍效果越好。气体释放完毕之后，打开瓶盖听一下里面的声音。如果你听不到气泡的声音了，立刻用细孔滤网或

超级袋过滤。用漏斗将酒灌回伏特加酒瓶中，冷藏一段时间即可使用。保质期 4 周。（你也可以用箱式真空机来浸渍。）

自制混合原料和苏打水

苹果芹菜苏打水

12 盎司水

9 盎司澄清澳洲青苹果汁

3 盎司澄清芹菜汁

7 盎司单糖浆

1 盎司抗坏血酸溶液

1½ 盎司乳酸溶液

将所有原料冷却至冰凉。将它们倒入充气瓶，充入二氧化碳，轻轻摇晃，令二氧化碳溶入液体中。把充气瓶放入冰箱冷藏至少 20 分钟，但冷藏 12 小时效果最佳。开盖即可使用。

基础血腥玛丽原浆

1100 克有机番茄汁

180 克伍斯特郡酱

30 克美极酱油

72 克过滤新鲜柠檬汁

72 克过滤新鲜青柠汁

30 克塔巴蒂奥辣椒酱

将所有原料倒入碗中，搅拌均匀。倒入储存容器，冷藏一段时间后即可使用。保质期 1 周。

唐氏混合香料 1 号

400 克过滤新鲜西柚汁

200 克肉桂糖浆

将西柚汁和肉桂糖浆倒入碗中，搅打至完全均匀。倒入储存容器，冷藏一段时间后即可使用。保质期 2 周。

自制西柚苏打水

5 盎司赛尔兹气泡水

1¾ 盎司西柚糖浆

1 茶匙柠檬酸溶液

1 茶匙抗坏血酸溶液

1 滴泰拉香料西柚提取液

将所有原料冷却至冰凉。将它们倒入充气瓶，充入二氧化碳，轻轻摇晃，令二氧化碳溶入液体中。把充气瓶放入冰箱冷藏至少 20 分钟，但冷藏 12 小时效果最佳。开盖即可使用。

自制橙味苦精

100 克费氏兄弟西印度橙味苦精

100 克安高天娜橙味苦精

100 克里根橙味苦精

将所有原料倒入碗中，搅拌均匀。倒入储存容器，室温下静置一段时间后即可使用。保质期 1 年。

奶与蜜自制橙皮利口酒

500 克柑曼怡

500 克单糖浆

将柑曼怡和单糖浆倒入碗中，搅拌均匀。倒入储存容器，冷藏一段时间后即可使用。保质期 6 个月。

诺曼底俱乐部血腥玛丽原浆

6 盎司新鲜番茄汁

2 盎司瓶装番茄汁

2 盎司新鲜芹菜汁

1½ 盎司新鲜红灯笼椒汁

1 盎司番茄浓汤宝

½ 盎司新鲜柠檬汁

½ 盎司新鲜青柠汁

½ 盎司莳萝泡菜汁（推荐使用波比牌泡菜）

4 茶匙伍斯特郡酱

2 茶匙布拉格有机无盐酱油

2 茶匙是拉差辣椒酱

2 茶匙山葵酱（推荐使用波比牌）

将所有原料倒入碗中，搅拌均匀。倒入储存容器，冷藏一段时间后即可使用。保质期 1 周。

番茄肉汤浓缩液

75 克家乐牌番茄鸡汤浓汤宝

25 克沸水

将浓汤宝和沸水倒入储存容器中，用力搅拌，直至浓汤宝溶化。冷藏一段时间后即可使用。保质期 6 个月。

诺曼底俱乐部自制甜味美思

25 克卡帕诺·安提卡配方味美思

7 克马里奥勒酒庄黑味美思

将味美思和黑味美思倒入碗中，搅拌均匀。倒入储存容器，冷藏一段时间后即可使用。保质期 3 个月。

汤姆和杰瑞蛋糊

450 克未经漂白的蔗糖

1 餐勺肉桂粉

1 餐勺肉豆蔻皮粉

1 餐勺多香果粉

½ 餐勺丁香粉

12 只蛋（分离蛋清和蛋黄）

½ 茶匙塔塔粉

将蔗糖、肉桂粉、肉豆蔻皮粉、多香果粉和丁香粉倒入容器，用打蛋器搅打均匀。将蛋黄倒入大碗中，用浸入式搅拌器打匀。在打蛋的过程中慢慢放入蔗糖香料混合物，注意速度要均匀。充分混合之后，盖上盖子，放在凉爽处静置。取一个清洁干燥的碗，倒入蛋清和塔塔粉后用力搅拌或搅打，直到形成适度的尖角。轻轻地把蛋清倒入蛋黄混合物中调匀。倒入储存容器，冷藏一段时间后即可使用。保质期 3 天。

绿色原浆

1200 克黄瓜

1000 克黏果酸浆汁

650 克绿灯笼椒汁

500 克新鲜菠萝汁

250 克新鲜青柠汁

150 克盐溶液

25 克塞拉诺辣椒（去籽）

15 克大蒜

黄瓜去皮后切成泥状。将黄瓜泥、所有果汁、盐溶液、塞拉诺辣椒和大蒜放入搅拌机，搅拌至质地顺滑。倒入储存容器，冷藏一段时间后即可使用。保质期 1 周。

盐和杯沿边

柠檬胡椒盐

20 克脱水柠檬片

10 克现磨黑胡椒粉

50 克犹太盐

将柠檬片、胡椒粉和一半的盐放入香料研磨器，磨至粉末状。倒入储存容器，加入剩下的盐摇匀。在干燥处保存一段时间即可使用。保质期无限长。

加糖烟熏盐

25 克美顿烟熏海盐

25 克未经漂白的蔗糖

将盐和糖倒入储存容器，密封后摇匀。在干燥处保存一段时间即可使用。无保质期。

溶液、酊剂和浓缩液

滑雪之后酊剂

250 克伏特加

20 克百分百雪松熏香屑

10 克压碎的肉桂棒

将所有原料倒入广口瓶中，盖上盖子，摇动瓶子使原料混合。在凉爽阴暗处静置 1 周。用包有几层粗棉布的细孔滤网过滤，冷藏一段时间后即可使用。保质期 3 个月。

雪松熏香屑

请注意，滑雪之后酊剂的主要作用是给鸡尾酒增添木头香气，所以不适合单独饮用。我们建议选用仅以雪松为原料的熏香（不添加任何化学物！），然后从熏香上刮下雪松屑，用于制作酊剂。

可可豆酊剂

1 瓶（750 毫升）绝对亦乐伏特加

75 克可可豆

将伏特加和可可豆倒入 iSi 发泡器。盖紧瓶盖。装入一颗 N$_2$O 气弹并充气，然后晃动发泡器 5 次左右。换上一颗新气弹，充气后再次晃动发泡器。静置 15 分钟，每 30 秒左右晃动一下，然后放气。将发泡器的喷嘴以 45° 角对准容器。尽量快速地让气体释放，同时不要让液体喷得到处都是。放气速度越快，浸渍效果越好。气体释放完毕之后，打开瓶盖听一下里面的声音。如果你听不到气泡的声音了，立刻用细孔滤网或超级袋过滤。用漏斗将酒灌回伏特加酒瓶中，冷藏一段时间即可使用。保质期 4 周。（你也可以用箱式真空机来浸渍。）

雪松酊剂

1 瓶（750 毫升）绝对亦乐伏特加

20 克百分百雪松香薰刨花（详见滑雪之后酊剂）

将伏特加和雪松刨花倒入 iSi 发泡器。盖紧瓶盖。装入一颗 N$_2$O 气弹并充气，然后晃动发泡器 5 次左右。换上一颗新气弹，充气后再次晃动发泡器。静置 15 分钟，每 30 秒左右晃动一下，然后放气。将发泡器的喷嘴以 45° 角对准容器。尽量快速地让气体释放，同时不要让液体喷得到处都是。放气速度越快，浸渍效果越好。气体释放完毕之后，打开瓶盖听一下里面的声音。如果你听不到气泡的声音了，立刻用细孔滤网或超级袋过滤。用漏斗将酒灌回伏特加酒瓶中，冷藏一段时间即可使用。保质期 4 周。（你也可以用箱式真空机来浸渍。）

柠檬酸溶液

100 克过滤水

25 克柠檬酸粉

将水和柠檬酸粉倒入玻璃碗中，搅拌至柠檬酸粉溶化。倒入玻璃滴瓶或其他玻璃容器中，冷藏一段时间即可使用。保质期 6 个月。

乳酸溶液

90 克过滤水

10 克乳酸粉

将水和乳酸粉倒入玻璃碗中，搅拌至乳酸粉溶化。倒入玻璃滴瓶或其他玻璃容器中，冷藏一段时间即可使用。保质期 6 个月。

苹果酸溶液

90 克过滤水

10 克苹果酸粉

将水和苹果酸粉倒入玻璃碗中，搅拌至苹果酸粉溶化。倒入玻璃滴瓶或其他玻璃容器中，冷藏一段时间即可使用。保质期 6 个月。

迷迭香盐溶液

300 克绝对伏特加

15 克迷迭香

100 克盐溶液

将伏特加和迷迭香倒入带盖的容器中，盖上盖子轻轻摇晃，使原料混合。在凉爽阴暗处静置 1 周。用包有几层粗棉布的细孔滤网过滤。倒入储存容器中，加入盐溶液搅匀或摇匀。冷藏一段时间后即可使用。保质期 6 个月。

盐溶液

75 克过滤水

25 克犹太盐

将水和盐倒入储存容器中，搅拌或摇晃至盐溶化。冷藏一段时间后即可使用。保质期 6 个月。

灰盐溶液

80 克过滤水

20 克灰盐

将水和盐倒入储存容器中，搅拌或摇晃至盐溶化。冷藏一段时间后即可使用。保质期 6 个月。

资源推荐

酒饮艺术
(artofdrink.com)
可购买磷酸溶液，商品名为"失传的磷酸溶液"。

阿斯特烈酒与葡萄酒
(astorwines.com)
可购买各种烈酒。

八月奇异茶
(august.la)
可购买茶叶，包括因斯布鲁克田野茶。

酒吧用品
(barproducts.com)
可购买各种酒吧设备和工具。

酒饮资源
(beveragealcoholresource.com)
适合求知欲旺盛的调酒师和酒类专业人士。

主厨商店
(chefshop.com)
可购买蜂蜜、聚变纳帕谷酸葡萄汁、马拉斯奇诺樱桃和其他常见烹饪原料。

鸡尾酒王国
(cocktailkingdom.com)
可购买各种调酒工具，以及苦精、糖浆和鸡尾酒书，包括古董书影印本。

水晶典范
(crystalclassics.com)
可购买肖特圣维莎和其他品牌的玻璃器皿。

干杯纽约
(drinkupny.com)
可购买小众烈酒和其他含酒精原料。

双数特色商店
(dualspecialtystorenyc.com)
可购买香料、坚果和苦精。

觅茶
(inpursuitoftea.com)
可购买稀有和异域茶叶。

iSi
(iSi.com)
可购买发泡器、苏打水枪和气弹。

桶装艺术
（kegworks.com）
可购买充气和桶装鸡尾酒工具，以及酸性原料、玻璃器皿和酒吧必备用品。

市集香料
(marketspice.com)
可购买各种特色拼配茶。

微酿达人
(micromatic.com)
可购买桶装鸡尾酒设备。

现代主义食品室
(modernistpantry.com)
可购买超级袋、戴夫·阿诺德的 Spinzall 离心机、充气工具和用于浸渍及澄清的各种粉末。

金钱湾香料公司
(herbco.com)
可批发药草、香料和茶。

多些啤酒
(morebeer.com)
可购买桶装鸡尾酒设备。

奥扎克生物医学
(ozarkbiomedical.com)
可购买医用离心机，翻新后使用。

波利赛斯
(polyscienceculinary.com)
可购买浸入式循环器、烟熏枪和其他高科技工具。

斯蒂莱特
(steelite.com)
可购买碟形杯及尼克和诺拉杯。

泰拉香料公司
(terraspice.com)
可购买种类繁多的香料、糖、干果和干辣椒。

T 沙龙
(tsalon.com)
可购买茶叶和药草茶。

鲜味市场
(umamimart.com)
可购买日式调酒工具、玻璃器皿等。

鸡尾酒相关专有名词中英文对照表

Whiskey 威士忌

Martini 马天尼

Gin 金酒

Vermouth 味美思

Champagne Cocktail 香槟鸡尾酒

Negroni 内格罗尼

Flip 弗利普

Brandy 白兰地

The Old-Fashioned 老式鸡尾酒

Our Ideal Old-Fashioned 我们的理想老式鸡尾酒

American Whiskey 美国威士忌

Golden Boy 金色男孩

Vermouth Cocktail 味美思鸡尾酒

Exit Strategy 撤退策略

Ti' Punch 小潘趣

Fancy-Free 任逍遥

Chrysanthemum 秋菊

Stinger 史丁格

Monte Carlo 蒙特卡洛

Normandie Club Old-Fashioned 诺曼底俱乐部老式鸡尾酒

Improved Whiskey Cocktail 改良威士忌鸡尾酒

Pop Quiz 突击测试

Night Owl 猫头鹰

Dave Fernie's Old-Fashioned 戴夫·弗尼的老式鸡尾酒

Snowbird 雪鸟

Cold Girl Fever 酷女孩狂热

Ned Ryerson 奈德·瑞尔森

Deadpan 冷面笑将

Autumn Old-Fashioned 秋日老式鸡尾酒

Bad Santa 圣诞坏老人

Beach Bonfire 海滩篝火

Champagne Cocktail 香槟鸡尾酒

The Field Marshall 陆军元帅

Pretty Wings 美丽的翅膀

Celebrate 欢庆

Mint Julep 薄荷茱莉普

Last One Standing 最后赢家

Heritage Julep 传统茱莉普

Camellia Julep 山茶茱莉普

Sazerac 萨泽拉克

Cut and Paste 剪切和黏贴

Traction 牵引

Peeping Tomboy 偷窥假小子

Sherry Cobbler 雪莉寇伯乐

Save Tonight 相约今宵

Bananarac 香蕉拉克

Hot Toddy 热托蒂

In Hot Water 水深火热

Gun Club Toddy 枪械俱乐部托蒂

Heat Miser 热魔

Hand-Mixed Syrups 手工混合糖浆

Simple Syrup 单糖浆

Honey Syrup 蜂蜜糖浆

Blended Strawberry Syrup 电动搅拌草莓糖浆

Cane Sugar Syrup 蔗糖浆

House Grenadine 自制红石榴糖浆

House Ginger Syrup 自制姜味糖浆

Immersion Circulator Syrups 浸入式循环器糖浆

Raspberry Syrup 覆盆子糖浆

Cinnamon Syrup 肉桂糖浆

Grapefruit Cordial 西柚糖浆

Demerara Gum Syrup 德梅拉拉树胶糖浆

Pineapple Gum Syrup 菠萝树胶糖浆

Direct-Heat Syrups 明火糖浆

Spiced Almond Demerara Gum Syrup 加香杏仁德梅拉拉树胶糖浆

Centrifuge Syrups 离心机糖浆

Clarified Strawberry Syrup 澄清草莓糖浆

Gin Martini 金酒马天尼

Vodka Martini 伏特加马天尼

Our Ideal Gin Martini 我们的完美金酒马天尼

Our Ideal Vodka Martini 我们的理想伏特加马天尼

Vodka 伏特加

Vesper 维斯帕

Dean Martin 迪恩·马丁

Martini (Very Dry) 马天尼 1 号（极干）

Martini (Our Root Recipe) 马天尼 2 号（我们的基础配方）

Martini (Wet) 马天尼 3 号（湿）

Normandie Club Martini #1 诺曼底俱乐部马天尼 1 号

Little Victory 小胜利

Six Ways to Season a Martini:A Garnish Experiment 马天尼调味的 6 种方式：装饰试验

David Kaplan's Favorite Martini 大卫·卡普兰最爱的马天尼

Manhattan 曼哈顿

Perfect Manhattan 完美曼哈顿

Blood Orange 血橙

Martinez 马丁内斯

Mea Culpa 过失在我

Beth's Going to Town 贝丝进城

Brooklyn 布鲁克林

Poet's Dream 诗人的梦

European Union 欧盟

Watercress 西洋菜

Strawberry Negroni 草莓内格罗尼

White Negroni 白色内格罗尼

La Rosita 罗西塔

Boulevardier 浪子

Old Pal 老朋友

Abbot Kinney 艺术大道

Bamboo 翠竹

Sonoma 索诺玛

Meyer Lemon Aperitif 北京柠檬餐前酒

Room-Temperature Infusions 室温浸渍原料

Sous Vide Infusions 真空低温慢煮原料

Vacuum Infusions 真空浸渍原料

Rapid Pressurized Infusions 快速压力浸渍原料

Centrifuge Infusions 离心机浸渍原料

Daiquiri 大吉利

Our Ideal Daiquiri 我们的完美大吉利

Basic Sour 基础酸酒

Rum 朗姆酒

Daiquiri (Light Rum) 大吉利 4 号（淡朗姆酒）

Daiquiri (Funky Rum) 大吉利 5 号（浓烈朗姆酒）

Daiquiri (Aged Rum) 大吉利 6 号（陈年朗姆酒）

Amaretto Sour 杏仁酸酒

Fresh Gimlet 清新螺丝锥

Daiquiri (Classic) 大吉利 1 号（经典配方）

Daiquiri (Less Sweetener) 大吉利 2 号（减少甜味剂用量）

Daiquiri (More Lime Juice) 大吉利 3 号（增加青柠汁用量）

Pisco Sour 皮斯科酸酒

Hemingway Daiquiri 海明威大吉利

Tarby Party 塔比的派对

Zombie Punch 僵尸潘趣

Southside 南区

Boukman Daiquiri 布克曼大吉利

Jack Rose 杰克·罗斯

Bee's Knees 出类拔萃

Pink Lady 粉红佳人

Whiskey Sour 威士忌酸酒

Cat Video 猫咪视频

Smoke and Mirrors 烟与镜

Pompadour 蓬巴杜

Smokescreen 烟幕

Kentucky Maid 肯塔基少女

High Five 击掌

Brown Derby 布朗·德比

Mojito 莫吉托

Jack Frost 杰克冻人

Mai Tai 迈泰

Touch and Go 一触即发

Caipirinha 凯匹林纳

Tom Collins 汤姆·柯林斯

Grapefruit Collins 西柚柯林斯

Parachute 降落伞

Moscow Mule 莫斯科骡子

Dark and Stormy 黑暗风暴

Silver Fizz 银菲兹

Ramos Gin Fizz 拉莫斯·金·菲兹

Presbyterian 长老会

Old Cuban 老古巴

French 75 法式 75

The Eliza 伊莉莎

Ice Queen 冰雪女王

Accidental Guru 无心法师

Daiquiri 大吉利

Clarified Daiquiri 澄清大吉利

Monkey Gland (Classic) 猴腺 1 号（经典配方）

Monkey Gland (Made with Clarified Orange Juice) 猴腺 2 号（以澄清橙汁为原料）

Juice with Agar 琼脂澄清果汁

Juice with a Centrifuge 离心机澄清果汁

Cognac 干邑

Cognac Sour 干邑酸酒

Agave-Based Spirits 龙舌兰烈酒

Margarita (Dry) 玛格丽特 1 号（偏干）

Margarita (Sweet) 玛格丽特 2 号（偏甜）

Between the Sheets 床笫之间

White Lady 白色佳人

Rational Thought 理性观点

Peaches and Smoke 桃与烟

Beausoleil 博索莱伊

20th Century 20 世纪

Last Word 临别一语

Crop Top 露脐装

Why Not 有何不可

Pegu Club Cocktail 佩古俱乐部鸡尾酒

Clarified Cosmopolitan 澄清大都会

Cosmopolitan 大都会

Lily Pad 睡莲叶

Modern Display 现代演示

Champs-élysées 香榭丽舍

Four to the Floor 千真万确

La Valencia 瓦伦西亚

Corpse Reviver #2 僵尸复活 2 号

Fish House Punch 鱼库潘趣

Chatham Cocktail 查塔姆鸡尾酒

Twist of Menton 芒通回旋

Long Island Iced Tea 长岛冰茶

Blood and Sand 血与沙

Americano 美国佬

Paloma 帕洛玛

Cuba Libre 自由古巴

Negroni Sbagliato 另类内格罗尼

Screwdriver 螺丝起子

Tequila Sunrise 龙舌兰日出

Gin and Tonic 金汤力

Harvey Wallbanger 哈维撞墙

Normandie Club Bloody Mary 诺曼底俱乐部血腥玛丽

Calvados and Tonic 卡尔瓦多斯汤力

Bloody Mary Verde 绿色血腥玛丽

Nobody's Robots 独立机器人

Mimosa 含羞草

Apple Pop 苹果汽水

Bellini 贝里尼

Kir Royale 皇家基尔

St-Germain Cocktail 圣哲曼鸡尾酒

Normandie Club Spritz #1 诺曼底俱乐部汽酒 1 号

Daisy Chain 雏菊花环

Normandie Club Spritz #3 诺曼底俱乐部汽酒 3 号

Improved Wine Spritz 改良葡萄酒汽酒

Wine Spritz 葡萄酒汽酒

King's Landing 君临城

Our Ideal Flip 我们的理想弗利普

Brandy Flip 白兰地弗利普

Coffee Cocktail 咖啡鸡尾酒

Almond Milk 杏仁奶

Eggnog 蛋奶酒

Brandy Alexander 白兰地亚历山大

New York Flip 纽约弗利普

Almond Orchard 杏园

Barnaby Jones 巴纳比·琼斯

Jump in the Line 加入队列

Bean Me Up Biscotti 提神意式脆饼

White Russian 白俄罗斯

Irish Coffee 爱尔兰咖啡

Grasshopper 绿蚱蜢

Tom and Jerry 汤姆和杰瑞

Golden Cadillac 金色凯迪拉克

Piña Colada 椰林飘香

Frozen Mudslide 冰冻泥石流

Hans Gruber 汉斯·克鲁伯

Indulge 沉溺

Saturday Morning Cartoons 周六上午的卡通片

Campfire Flip 篝火弗利普

Smoky Colada 烟熏飘香

本书参考书目

Arnold, Dave. Liquid Intelligence: The Art and Science of the Perfect Cocktail. *W. W. Norton*, 2014.

Baiocchi, Talia. Sherry: A Modern Guide to the Wine World's Best-Kept Secret, with Cocktails and Recipes. *Ten Speed Press*, 2014.

Baiocchi, Talia, and Leslie Pariseau. Spritz: Italy's Most Iconic Aperitivo Cocktail, with Recipes. *Ten Speed Press*, 2016.

Bartels, Brian. The Bloody Mary: The Lore and Legend of a Cocktail Classic, with Recipes for Brunch and Beyond. *Ten Speed Press*, 2017.

Chartier, Francois. Taste Buds and Molecules: The Art and Science of Food, Wine, and Flavor. *Houghton Mifflin Harcourt*, 2012.

Craddock, Harry. The Savoy Cocktail Book. *Pavilion*, 2007.

Curtis, Wayne. And a Bottle of Rum: A History of the New World in Ten Cocktails. *Crown*, 2006.

DeGroff, Dale. Craft of the Cocktail: Everything You Need to Know to Be a Master Bartender, with 500 Recipes. *Clarkson Potter*, 2002.

DeGroff, Dale. The Essential Cocktail: The Art of Mixing Perfect Drinks. *Clarkson Potter*, 2008.

Dornenburg, Andrew, and Karen Page. What to Drink with What You Eat: The Definitive Guide to Pairing Food with Wine, Beer, Spirits, Coffee, Tea—Even Water—Based on Expert Advice from America's Best Sommeliers. *Bulfinch*, 2006.

Embury, David A. The Fine Art of Mixing Drinks. *Mud Puddle Books*, 2008.

Ensslin, Hugo. Recipes for Mixed Drinks. *Mud Puddle Books*, 2009.

Haigh, Ted. Vintage Spirits and Forgotten Cocktails: From the Alamagoozlum to the Zombie—100 Rediscovered Recipes and the Stories Behind Them. *Quarry Books*, 2009.

Jackson, Michael. Whiskey: The Definitive World Guide. *Dorling Kindersley*, 2005.

Lord, Tony. The World Guide to Spirits, Aperitifs, and Cocktails. *Sovereign Books*, 1979.

Madrusan, Michael, and Zara Young. A Spot at the Bar: Welcome to the Everleigh: The Art of Good Drinking in Three Hundred Recipes. *Hardie Grant*, 2017.

McGee, Harold. On Food and Cooking: The Science and Lore of the Kitchen. *Scribner*, 2004.

Meehan, Jim. Meehan's Bartender Manual. *Ten Speed Press*, 2017.

Myhrvold, Nathan, Chris Young, and Maxime Bilet. Modernist Cuisine: The Art and Science of Cooking. *Cooking Lab*, 2011.

Pacult, F. Paul. Kindred Spirits 2. *Spirit Journal*, 2008.

Page, Karen, and Andrew Dornenburg. The Flavor Bible: The Essential Guide to Culinary Creativity, Based on the Wisdom of America's Most Imaginative Chefs. *Little, Brown*, 2008.

Parsons, Brad Thomas. Amaro: The Spirited World of Bittersweet, Herbal Liqueurs, with Cocktails, Recipes, and Formulas. *Ten Speed Press*, 2016.

Parsons, Brad Thomas. Bitters: A Spirited History of a Classic Cure-All, with Cocktails, Recipes, and Formulas. *Ten Speed Press*, 2011.

Petraske, Sasha, with Georgette Moger-Petraske. Regarding Cocktails. *Phaidon Press*, 2016.

Regan, Gary. The Bartender's Gin Compendium. *Xlibris*, 2009.

Regan, Gary. The Joy of Mixology: The Consummate Guide to the Bartender's Craft. *Clarkson Potter*, 2003.

Stewart, Amy. The Drunken Botanist: The Plants That Create the World's Great Drinks. *Algonquin Books*, 2013.

Thomas, Jerry. The Bar-Tender's Guide: How to Mix Drinks. *Dick and Fitzgerald*, 1862.

Wondrich, David. Imbibe! *Perigree*, 2007.

Wondrich, David. Punch: The Delights (and Dangers) of the Flowing Bowl. *Perigee*, 2010.

鸣　谢

在我们从事调酒工作之前，众多调酒师、主厨和烹饪先锋早已对本书想要探讨的主题进行了各种探索。本书代表了许多人共同积累的创意与经验，最重要的是美食、鸡尾酒和娱乐界一直以来都有着勇于问"接下来是什么"的传统，而本书正是沿着这一传统迈出的一小步。未来一定还有像你这样的人继续向前迈进。

如果没有德文·塔比，本书就不可能实现。随便看一眼书中的配方，你就会知道她是位十分多产的鸡尾酒创造者。年复一年，她创造出了大量既有创意又好喝的鸡尾酒，与此同时，她还帮助我们去理解和重塑风味与鸡尾酒的力量，并且以一种清晰、充满激情的方式向调酒师们讲解这个抽象、困难的话题，在这一点上，她做得比其他人都要多。她的智慧和创意深深铭刻在本书中。

许多行业传奇人物也对本书的方方面面起到了指导作用，尽管他们可能并没有直接教导过我们。戴尔·德格罗夫、奥黛丽·桑德斯、格瑞·里根、朱莉·赖纳、吉姆·米汉和厄本·弗里曼，谢谢你们的友谊、教导（不管你们有没有意识到）和从一开始就对我们事业的支持。

致已经逝去的、亲爱的莎萨·彼特里斯克，谢谢你教会了我们"简单才是王道"，而酒杯里的液体只是整体的一部分。我们对鸡尾酒的理解——既是人类社会不可或缺的组成部分，又是艺术品——在很大程度上得益于你的教诲和极其有益的建议。我们深深缅怀你。

菲尔·沃德，我们知道你读到这段文字时一定会浑身不自在，但是你——既作为调酒师，又作为导师——坦率的调酒理念对本书的撰写、对我们的事业都有着深刻影响。布莱恩·米勒、华金·西莫、杰西卡·冈萨雷斯和托马斯·佛夫，谢谢你们在亚历克斯·戴刚加入死亡公社时对他的支持，并且一直是我们的好朋友、好同事，共同为突破调酒师的职业极限而不断努力。

我们之所以能够对优质鸡尾酒形成一套自己的理念和观点，还离不开许多调酒师、主厨、主理人和客人的帮助。总体而言，最大的灵感来自我们多年来培训、管理的酒吧团队，谢谢你们，让我们通过疯狂地开店对书中的观点和方法进行了实践与磨练。死亡公社、夜饮、诺曼底俱乐部（特别感谢你们帮忙拍摄了本书中的照片！）、哈尼卡特和沃克小馆的团队是业内最棒的。谢谢你们每天都准时打开酒吧里的灯，在冰槽里倒满冰。如果没有像你们这样每晚都在酒吧里工作的专业调酒师，本书的存在也就失去了意义。同样，也要感谢我们的合伙人的支持与耐心，他们是拉维·德罗西、克雷格·曼兹诺、娜塔沙·大卫、切德·摩西和埃里克·尼德尔顿。还有我们的现任和历任经理，能够每天和我们打交道的你们都是天使。谢谢，你们是业内最棒的，为本书带来了很多创意，感谢娜塔沙·大卫（再次感谢！）、劳伦·克里沃、尼克·塞特尔、泰森·布勒、吉莲·沃斯、埃琳·瑞斯、丹尼尔·恩、特雷弗·伊斯特、凯莉·海勒、大卫·弗尼、玛丽·巴特勒特和马修·布朗。

餐饮从业者多是不循规蹈矩的人，他们都是技术狂，而且都热爱这个职业。在吧台后、厨房中和全球顶级酒吧餐厅的办公室里有我们的许多朋友和同事，真的太多了，我们无法在这里一一列出来，但他们所有人的专业和开放心态为我们提供了很多灵感。

调酒师和酿造、推广酒的人之间有着紧密的联系。多年来，我们很幸运能够与他们结下深厚友谊，尤其是保乐力加、帝亚吉欧、克利尔溪酒厂、费朗酒庄、辛加尼63、德尔玛盖、怀俄明威士忌、后吧台行动、百加得美国的团队。在我们深入研究烈酒的过程中，他们非常慷慨地分享了他们的故事，并为我们提供了支持。

本书不仅仅是配方和酒类信息合集，在多位艺术家的参与下，本书还以文字之外的形式为你提供指导。感谢我们的摄影师迪伦·霍和杰尼·阿弗索，你们不但拥有非凡的眼界和创意，而且合作起来非常愉快（和你们一起拍照真的很有趣！）。感谢我们的插画师蒂姆·汤姆金森，你的出色审美和精湛画艺总是让我们为之惊叹。

我们对十速出版社团队怀有深深的钦佩和感激。谢谢你们为我们提供了出版第二本书的机会，并且耐心地等待了 3 年，让我们完成本书的撰写。埃米莉·汀布莱克，尽管我们和你聊的最多的是科幻小说，但本书能够最终出版离不开你对它的热情和你对每一稿的中肯修改意见。感谢贝西·斯特隆伯格和艾玛·坎皮恩，你们出色的设计让我们的文字得到了完整呈现，也要感谢简·钦为制作本书的付出。亚伦·维纳，谢谢你组建了这支全明星团队，并且让我们和他们一起合作。

感谢校对编辑杰斯敏·斯塔尔，你对本书（以及我们的上一本书）的贡献和影响远远超出了"校对"的范畴。你再次让我们的混乱文字变成了一本真正的书。不管你去我们的哪一家酒吧，喝酒都免费！

感谢我们的代理人乔纳·施特劳斯和大卫·布莱克，是你们一直在引领这个项目，并且时时督促着我们。

最后要感谢我们在生活中的伙伴，在我们努力撰写本书的这些年里，你们表现出了极大的耐心。安德鲁·阿席，言语无法表达你给亚历克斯·戴带来的灵感。罗特姆·拉菲，你在整个过程中的耐心令人感动。詹娜·卡普伦，谢谢你的支持和一如既往的深刻见解。